林药间作

王俊英 郜玉钢 主编

U0343152

中国农业出版社

内 容 简 介

本书介绍了主要的林药间作药用植物种类以及引种驯化方法和实用栽培技术，以期促进林药间作的科学管理，提高药材产量、品质和生态价值。

全书共 3 章。第一章为适于林药间作的药用植物图谱，从双子叶植物和单子叶植物两个方面来论述，介绍每种植物的分类地位、形态特征、生长环境和分布、药用部位、性味、功能和主治等方面，为读者提供基本的知识。第二章主要讲述药用植物的引种驯化。首先从温度、光照、光周期和水分几方面将药用植物分为几种反应类型，然后阐述了引种驯化的原则、步骤和方法，并列举了几种药用植物引种驯化成功的事例。第三章是本书的重点章节，主要论述林药间作实用技术。重点介绍了寒温带针叶林、寒温带常绿针叶林、温带针阔叶混交林、暖温带落叶林和针叶林以及亚热带常绿阔叶林和针叶林 5 种类型树林的树种组成、生态条件和宜栽植的药材种类；间作药用植物的种质资源；主要药材的林药间作实用技术，包括每种药材的生长习性、生育特点，选地与整地、繁殖方法、田间管理、病虫害防治等林药间作条件下的栽培技术，采收和初加工，以及市场行情。

本书的主要读者对象是从事中药材种植研究和推广的科技人员以及从事中药材种植的农户。本书作者有大学教授和研究人员，也有推广部门的技术人员，具有较高的理论水平和实践经验。

编 写 人 员

主　编　王俊英（北京市农业技术推广站，

北京市中药材种植业协会）

郜玉钢（吉林农业大学中药材学院）

副主编（按姓名汉语拼音排序）

曹广才（中国农业科学院作物科学研究所）

段碧华（北京农学院植物科学技术学院）

李　琳（北京市农业技术推广站，

北京市中药材种植业协会）

时祥云（北京市延庆县农业技术推广站）

魏胜利（北京中医药大学中药学院）

赵　岩（吉林农业大学中药材学院）

其他编写人员（按姓名汉语拼音排序）

高　媛（北京市延庆县农业技术推广站）

谷艳蓉（北京市平谷区农业科学研究所）

韩宝平（北京农学院植物科学技术学院）

韩烈刚（北京市农业技术推广站）

蒋金成（北京市延庆县农业技术推广站）

李　英（北京市密云县农业技术推广站）

刘　洋（北京市延庆县农业技术推广站）

刘学周（吉林农业大学中药材学院）

佟国香（北京市房山区农业技术推广站）

王　丹（北京中医药大学中药学院）

王凤英（北京市怀柔区农业技术推广站）

王秋玲（北京中医药大学中药学院）

肖长坤（北京市密云县农业技术推广站）

徐立军（石家庄市农业科学研究院）

许永华（吉林农业大学中药材学院）

杨　鹤（吉林农业大学中药材学院）

臧　埔（吉林农业大学中药材学院）

张爱华（吉林农业大学中药材学院）

张　浩（中国农业科学院特产研究所）

前　言

　　中国是林木资源丰富的国家。据《2010 中国统计年鉴》资料，第七次全国森林资源清查结果显示，截至 2009 年，全国林地面积 30 590.41 万公顷（所谓林地指生长乔木、竹类、灌木、沿海红树林等林木的土地面积，包括有林地、灌木林、疏林地、未成林造林地、迹地、苗圃等）；森林面积 19 545.22 万公顷（指由乔木树种构成，郁闭度 0.2 及 0.2 以上的林地或冠幅宽度 10 米以上的林带面积，即有林地面积。包括天然起源和人工起源的针叶林面积、阔叶林面积、针阔叶混交林面积和竹林面积。不包括灌木林地面积和疏林地面积），其中的人工林面积 6 168.84 万公顷（所谓人工林指由人工播种、植苗或扦插造林形成的生长稳定，每公顷保存株数大于或等于造林设计植树株数的 80% 或郁闭度 0.20 及 0.20 以上的林分面积。一般造林 3～5 年后或飞机播种 5～7 年后即可统计面积）。到 2009 年，全国果园面积 1 140 千公顷，茶园面积 1 849 千公顷。

　　再以北京市为例，《2010 中国统计年鉴》和《2010 北京统计年鉴》的统计结果显示，截至 2009 年，北京市林地面积 101.46 万公顷；森林面积 52.05 万公顷，其中的人工林面积 36.65 万公顷。到 2009 年，果园面积 66.7 千公顷。

　　以经济发展而论，丰富的林木资源除为林、果业发展提供了资源优势外，近些年来，各地开展的形式多样的林下经济也是方兴未艾，前景广阔。而在成林、幼林、果园、幼龄果树、灌木林、疏林等的林下、林间、林缘等环境中开展林药间作，是发展林下经济的一个重要方面。对于林药间作，已经积累了不少科研成果和生产成就，为进一步开展这方面的工作提供了经验和借鉴。

中国是药用植物资源丰富的国家。利用药用植物防病治病已有悠久的历史和传统。仅以明代伟大的医药学家李时珍的巨著《本草纲目》为例，即记载了植物药物 1 039 种。根据 1999 年对 1998 年 2 月中国履行《生物多样性公约》的国家报告统计，中国的被子植物约有 3 万种。据《中国植物志》统计，中国的被子植物归属于 288 个科中。被子植物是药用植物的主体。中国的药用植物到底有多少种，不同来源的统计结果不尽一致，但都在 1 万种以上。以 20 世纪 80 年代全国中药资源普查为据，国内药用植物有 11 146 种，其中种子植物（裸子植物和被子植物）有 10 188 种。

对于药用植物的开发利用，包括对野生药源的采挖和人工种植两大途径。随着野生资源的日益减少，除加强资源保护外，人工种植具有重要的意义和作用，而林药间作即是药用植物人工种植的重要补充形式。丰富的林木资源和药用植物资源是开展林药间作的基础和保证。

林药间作不侵占农民可耕土地，农民可在可耕土地上继续发展现代农业，充分利用原有的林地、果园，提高土地使用率和土地生产效益。北京市近几年开展了林药间作品种的筛选以及配套技术的研究、示范和推广，使全市中药材种植面积稳步增加。2010 年全市中药材种植面积达到了 9.15 万亩[①]。中药材种植模式以林药间作为主，面积为 4.96 万亩，占全市中药材总种植面积的 54.16%。以目前北京市中药材种植面积最大的黄芩为例，其全市总种植面积为 5.02 万亩，林药间作面积则为 3.85 万亩，占黄芩种植面积的 76.69%。与黄芩间作的树种也多种多样，包括苹果、梨、枣、樱桃、杏、板栗和核桃等。果类林木间作药材，可使农民年年获得经济效益，达到生态保护效益和农民经济效益双赢的目的，从而推动退耕还林工程的顺利进行和提高农民

---

① 亩为非法定计量单位，1 亩≈667 米^2。——编者注

造林管林护林的积极性。

　　为了反映国内林药间作的成果和成就，便于在生产上提供指导，并对其发展和完善提供借鉴，是我们编写和出版《林药间作》一书的初衷。

　　此书的作者来自北京市农业技术推广站、吉林农业大学、北京中医药大学、北京农学院、中国农业科学院作物科学研究所、中国农业科学院特产研究所以及北京市各区县的农业技术推广部门。他们都具有深厚的理论基础和丰富的实践经验。

　　全书分为 3 章。第一章为适于林药间作的药用植物图谱。有助于读者识别在林药间作体系中的常见药用植物。选用了 45 种被子植物药材，分为双子叶植物和单子叶植物两节，对每种药用植物予以图文并茂地介绍，所用反映原生态的彩色图片均为作者实地拍摄。这 45 种植物分别属于 21 个科 40 个属。对每种植物的文字介绍部分包括该植物的正名、常用别名、学名（用拉丁文双名法表示）、分类地位、形态特征、生长环境和分布、药用部位及其性味、功能和主治。在性味、功能和主治部分的叙述，完全引用《中华人民共和国药典》中的结论。对于 45 种药用植物，依据植物分类学的恩格勒系统编排顺序。第二章介绍了药用植物的引种驯化。第一节从对温度、光照、光周期的反应以及对水分的依赖程度等方面介绍了显花植物的生活类型。第二节在简介了中国药用植物区系之后，较具体地阐述了药用植物引种驯化的意义和原则，介绍了引种驯化的具体步骤和方法。第三章是林药间作实用技术。第一节介绍了适宜间作的林地类型及其生态条件，分别对寒温带针叶林（落叶针叶林、常绿针叶林）、温带针阔叶混交林、暖温带落叶林和针叶林、亚热带常绿阔叶林和针叶林、热带季雨林和雨林的树种组成、气候特点、宜栽药材种类作了具体介绍。第二节按第一章 45 种药用植物的顺序，介绍了每种药用植物的种质资源。第三节是这一章的重点，也是全书的重点。仍按 45 种植物在第一章的对应顺序，逐一介绍了有实用价值的栽培技术。对于每种药用植物，从种质利用的角度予以简要概括之后，在包括生长习性和生育特点在内的特征特性、林药间作条件下的栽培技术、采收和初加工、市场行情几个大的方面，按照统一的撰写体例，作了具体阐述。在栽培技术部分，从选地与整地、繁殖方法、田间管理（包括间苗定苗、肥水措施、中耕除草等）、病虫害防治等环节上，介绍得简要而具体，实用性强。

本书的编写分工如下：绪论由王俊英编写；第一章第一节由曹广才、段碧华、李琳编写，第二节由曹广才、时祥云编写；第二章第一节由郜玉钢、刘学周、许永华编写，第二节由郜玉钢、赵岩、张爱华编写；第三章第一节由魏胜利编写，第二节由曹广才、段碧华、李琳编写，第三节编写人员分别在每种植物栽培技术之后署名。全书由曹广才统稿。

主要参考文献按章编排。以作者姓名的汉语拼音顺序排列。同一作者的文献，则以发表年代先后为序。所引文献皆为在正式发行刊物上发表的文章和由出版社出版发行的书籍。未公开发表和内部刊物的文章不作为引用文献。

读者对象主要是从事中药材种植的研究和推广人员，也适于从事中药材种植的农户阅读。

限于作者水平，不当或错误之处敬请同行专家和读者指正。

王俊英
2011 年 5 月 6 日

目　录

目　录

目　录

绪　　论

一、林药间作的意义

近几年，随着人们保健意识的增强和国家中医药产业扶持政策的落实，中药材的使用量大幅度增加。由于多年的大规模采挖，中药材野生资源已十分匮乏，人工栽培势在必行。但是，中国人口众多，耕地面积有限，为了保证国家粮食安全，药材生产不能与粮争地，而多年的封山造林、退耕还林使林地面积逐年增加，为林药间作提供了很大空间，林药间作也作为一种主要的林下经济模式进行推广。实践证明，林药间作是一条生态保护并兼顾农民长期效益和近期效益的双赢途径。

（一）增加林地经济收入

林药间作可以充分利用林地，提高土地使用率和土地生产效益。特别是退耕还林地和人工造林的幼林地，在几年甚至十几年内农民无法从植树方面获得经济效益，从而影响造林、管林、护林的积极性。而发展林下经济，特别是林药间作可使农民年年获得经济效益，达到生态保护效益和农民经济效益双赢的目的。如河北省安国县的杨树玫瑰混交示范林、杨树金银花混交示范林，以及核桃半夏间作林等都取得了很好的效益，亩效益在 1 500～3 000 元。北京地区在幼林下种植射干、桔梗、丹参、知母和黄芩等，亩年纯收入分别为 2 927 元、2 230 元、2 000 元、1 358 元和 510 元，平均年纯收入 1 805 元。成林下射干、天南星和黄芩 3 种中药材亩年纯收入分别为 2 237 元、1 299 元和 341 元，平均年纯收入 1 292 元。

（二）改善林地生态环境

1. 提高林地覆盖度　　特别在中国北方地区，大部分树林为落叶类型，冬季对地表覆盖率很低。林地间作黄芩等药材可以增加覆盖率，减少扬尘和水土流失，改善生态环境。据北京市农业技术推广站研究，在轻度、中度和重度遮阴条件下种植桔梗、射干、萱草、知母、黄芩、丹参、玉簪、天南星8种中药材，8月份的覆盖率均可达到75%以上，其中玉簪覆盖率为100%，丹参、黄芩、萱草和桔梗在轻（中）度遮阴下的覆盖率也都达到100%。王占军等人对宁夏干旱风沙区在柠条林内种植甘草的生态恢复研究结果表明，适宜的林药间作恢复措施一定程度上增加了土壤含水量、物种数和植被的覆盖度，改善了土壤的物理性状。

2. 增加物种多样性　人工造林物种单一，密集集中，直接影响生物物种繁衍，影响森林生物多样性的群落发展。开展林药间作，充分利用林地空间进行多层次的林药立体经营，形成一个多层次的复合"绿化器"，使能量和物质转化及生物产量比单一纯林显著提高，这是施行以短养长、长短结合、综合开发林地经济的新技术措施。

（三）稳定退耕还林工程成果

2002年，国家全面启动了退耕还林工程，退耕农户每年每公顷可得到750元种苗费和3 450元补助钱粮，保障了农户的基本生活。退耕还林工程的实施为生态建设作出了很大贡献。但是从生态效益及改善农民生活质量的长远考虑，做好工程的后续产业十分必要。2005年，国家提出退耕还林工作要按照"巩固成果，确保质量，完善政策，稳步推进"的总体要求，稳步推进退耕还林工程建设。从长远来看，促进退耕还林后续产业的发展，是今后退耕还林工作的中心任务。而林药间作模式能够充分利用光热资源，以短养长，弥补林木生长周期长的问题，是农村增加收入的好门路，也是稳定退耕还林成果的一条成功之路。

二、中国发展林药间作的优势

（一）丰富的林地资源为林药间作提供了场所

据国家林业局发布的信息，2004—2008年第七次全国森林资源清查结果表明，全国森林面积 19 545.22 万公顷，森林覆盖率 20.4%，中幼龄林占比例较大，为林药间作提供了场所。以 2008 年为例，林业重点工程完成造林面积 343.9 万公顷，占全部造林面积的 64.2%。其中天保工程、退耕还林工程（不含京津工程退耕）、京津风沙源治理工程、三北及长江流域等重点防护林体系工程、速生丰产用材林基地建设工程造林面积分别为 100.9 万公顷、119.0 万公顷、46.9 万公顷、76.6 万公顷和 0.4 万公顷，占全部造林面积的比例分别为 18.8%、22.2%、8.8%、14.3%和 0.1%，其他造林占全部造林面积的 35.8%。随着林业的发展，立体种植越来越受到重视。特别是在幼林地，由于树冠较小，不能充分利用土地、光能，土地生产效率低。因此，各地近年来不断地尝试林下经济和林药间作的方式，增加单位面积的产出，充分利用土地、光能、空气、水肥和热量等自然资源，使投入的能量和物质尽可能多的转化为经济产品，从而大幅度地提高土地经济效益。

（二）有利的扶持政策为林药间作提供了保障

1. 中药发展政策　2002 年国家制定的《中药现代化发展纲要》中指出："国家对中药材、中药饮片生产的规模化、规范化、集约化是鼓励的。"并要求"各地政府对发展中药种植（养殖）应给予各项农业优惠政策支持"。《国务院关于扶持和促进中医药事业发展的若干意见》（国发［2009］22 号）中明确指出：结合农业结构调整，建设道地药材良种繁育体系和中药材种植规范化、规模化生产基地，开展技术培训和示范推广。随后，山东、河北、甘肃、辽宁、吉林、北京等省市相继出台了"关于扶持中医药事业发展的若干意见"以贯彻落实国务院文件精神。贵州、四川、陕西、河北、山西等中药材主产区还制订了当地的优势中药材发展规划，进一步明确了中药材产业发展重点，逐步形成了一批大的中药材优势和特色产区。以安徽省为例，2011 年安徽省人民政府办公厅关于加快中药材产业化发展的意见，明确表示对中药材种植及加工达一定规模的中药材种植、加工企业，给予政策性土地使用、税收优惠等方面的扶持政策；鼓励中药材主产区开展中药材种植（养殖）政策性农业保险试点；加大资金投入和整合力度，形成省级中药材产业转型升级专项资金，统筹用于中药材规范化种植、种苗筛选培育、新品种开发研制、新技术推广应用、野生药材资源保护、中药材生产加工企业新上项目的补贴等；重点市、县也应设立专项配套资金，加大金融扶持，为成长性好、社会效益明显的省级龙头企业和带动基地农户 500 户以上的项目建设及中药材收购提供信贷资金支持；加大招商引资力度，实施以奖代补，吸引国内外投资者来皖投资中药材产业。同时，加强中药材专业人才的培养和技术支持。

2. **林药间作扶持政策** 近年来，为了保证退耕还林政策的落实，各地出台了一系列的配套政策，以保证退耕还林地区农户的收入增长。如北京市延庆、密云、门头沟等山区县为了扶持本地林下中药材种植，相继出台了补贴政策。延庆县对林下种植中药材的农户每亩补贴 400 元的种苗费。另外，北京市风沙源项目每年都支出大量资金支持中药材种植。宁夏回族自治区隆德县对千亩以上集中连片林药间作示范点每亩补贴种子种苗费 20 元，百亩以上集中连片规范种植的大田种植示范点种子直播每亩补贴50 元，种苗移栽每亩补贴 100 元。辽宁省西丰县把退耕还林、扶贫开发、流域治理、综合开发等资金捆绑使用，重点向中草药材种植区域倾斜，对集中连片种植耕地中草药材在 50 亩以上的，县里每亩补贴种苗款 100 元。坡度在 25 度以下的退耕还林地块，可以实行林药间作。

（三）强劲的市场需求为林药间作提供了动力

据有关资料显示，全球草药市场值达 160 亿美元，并以每年10％的速度增长。有 120 个国家和地区从中国购买天然药物。国内市场对草药的需求量也日益增长，由于受人口增长、老龄化、城镇化及收入增加等因素影响，全国中药产品需求呈两位数增长，天然药物、生物制品备受关注。与此同时，近年来中药材市场价值节节攀升。以金银花为例，20世纪80年代以前收购价不足10元/千克，1988年上升到16元/千克，从2007年后快速上涨，最高时达到330元/千克。又如白术，从2000年至今，除2002年和2009年外，其他年份价格均为上涨趋势，2010年比2000年上涨了1.3倍，达到了31.4元/千克。因此，药农的种植效益也有较大增长，促进了药材种植。龙兴超对中药材天地网2002年1月至2010年9月大盘指数运行情况进行统计分析看出，2009年3月开始，中药材行业大盘指数从1 621.6点暴涨到3 743.3点，升幅高达230.9%，并有继续冲高之势。纳入指数统计的常用中药材种类在近一年半时间里全线上扬，其中升幅超过100%的多达151个，较为极端的如太子参甚至从21元/千克上升到205元/千克；其他如板蓝根、三七、补骨脂、桔梗等常用种类升幅也都超过500%。可见，中药材需求量和价格均呈上升趋势，为林下中药材的种植与发展提供了市场条件。

三、中国林药间作的现状

许多地区将林药间作作为发展林业的一个模式，并进行了大量的实践活动，取得了很好的效果，也总结出一些经验。

（一）林药间作的原则

第一，依托当地资源优势，因地制宜地引进和种植适合当地生态条件的道地中药材。第二，根据不同果树与中药材的生物学特性组成合理的田间结构，如选用的中药材品种要以耐阴性、浅根性为主。第三，配置比例要适当，坚持果树为主、优势互补的原则。第四，要加强田间管理，互促互利，控制矛盾，以确保双丰收。同时，还要注意不能互相传播病虫害，所种中药材不能是果树病虫害的中间寄主等。

（二）果药间作套种的品种选择

1. 要适应当地的土壤、气候条件　选定的中药材品种必须适应当地的土壤、气候条件，适应在退耕还林地上栽培。由于退耕还林地多为山区坡地、平原废荒地和河流滩地，此类耕地大多土壤贫瘠、肥力差，易受旱，易发生草荒。因此在中药材种类和品种选择上应选用耐瘠薄、耐干旱、与杂草竞争能力强的粗生易长品种，如栝楼、柴胡、留兰香、金银花等。

2. 要综合考虑海拔、朝向、土壤湿度等因素 如低山潮湿的阴坡地、河滩地宜栽培耐阴耐湿的鱼腥草、绞股蓝等；高山阳坡地可种植耐寒喜阳的白芍、川芎等。

3. 要充分考虑树龄大小 树龄小时，可种植对光照条件要求高的阳性药材品种，如板蓝根、桔梗、丹参、远志、留兰香等；树龄较大时，应种植对光照条件要求不高、比较耐阴的品种，如半夏、天南星、黄连、黄精等阴生植物。以观光采摘为主的果园，可以种植观赏性较高的或药食同源的中药材品种，如桔梗等。

4. 要注意药材品种是否能重茬 大多数药材种植后 3~5 年内不宜重茬，在种植过程中要注意合理轮作。（李建挺、杨国阁，2008）

（三）林药间作的模式

合理安排株行距，增强通风透光条件，减少植株间争肥、水、光能等矛盾，创造适宜的单植株生长环境，同时利用其行距空间，合理套种一些茎秆低矮、生长期短、株型瘦小的中药材品种，还可防止杂草生长。

1. 幼龄林与中药材的间作模式 林木栽种后一般需 2~3 年才能形成树冠，形成一定的荫蔽度。在这期间，合理套种茎秆低矮、株型瘦小、喜阳的中药材品种，可减少土壤养分流失、抑制杂草生长、增加效益。如杨树栽植后第 1~3 年，在 4~5 米宽的行距中套种中药材板蓝根、金银花、桔梗、贝母、西红花等植株较小、喜阳的品种。

2. 成龄果林与中药材的套种模式 随着树苗长大，第 3~5 年的树林已形成较荫蔽的环境条件，可种植一些喜阴的中药材，如柴胡、旱半夏、黄连、天南星、天麻、灵芝、三七、猪苓、西红花等。

（四）林药间作技术研究

目前各地对林药间作有关的技术内容研究较少，大部分地区林药间作技术以传统经验为主。下面是部分研究的结果。

1. 中药材品种筛选　北京市农业技术推广站李琳等人近几年开展了适于不同林地的药材新品种筛选，通过对中药材的移栽成活率、越冬成活率、生长发育和产量等方面的测定，筛选出适宜轻度和中度遮阴下种植的桔梗、射干、萱草、知母、黄芩、丹参、玉簪 7 种中药材；适宜重度遮阴下种植的天南星、黄芩、射干和玉簪 4 种中药材。

王继永等人对林药间作系统中药用植物产量的空间分布规律进行研究，结果表明甘草和桔梗产量在行间呈现低—高—低的抛物线形分布，而天南星产量在行间呈现高—低—高曲线分布；另外，甘草产量随着毛白杨行距的减小而减小，桔梗和天南星的产量先增加后降低。说明桔梗和天南星适宜在林地间作，而甘草则不太适合。

2. 栽培技术研究　北京市农业技术推广站李琳等人对黄芩、知母、桔梗、丹参和天南星 5 种主要林下中药材的播种期和播种量、移栽苗密度、移栽苗施肥种类和施肥量、移栽苗追肥氮、磷、钾配比及用量进行研究，结果表明黄芩、知母、桔梗、丹参和天南星 5 种药材春、秋季播种的出苗率均比较高，除了天南星表现为春播比秋播好外，其他的没有明显的差异；对于适宜播种量来讲，不同药材有较大差异，其中以天南星 6.0 千克/亩、黄芩 2.0～2.6 千克/亩、知母 1.3 千克/亩、桔梗 2.2 千克/亩、丹参 0.5～0.67 千克/亩为最好。

四、林药间作的问题及解决措施

（一）制定林药间作中药材发展规划，实现有序发展

目前，各地还没有将林药间作纳入中药材种植整体规划，造

成林药间作发展盲目性强、种植规模小、产量效益低，不利于林下中药材持续高效发展。应组织有关专家，对全国林药间作的地理条件、种植现状、市场前景等多方面进行调查分析，按照因地制宜、市场导向、生态友好、总体协调的原则，结合林业发展总体规划、生态环境保护规划，提出林药间作产业发展目标、优势区域布局、主要措施和建设目标，形成发展规划，实现有序发展。

（二）筛选适宜林下种植的中药材，提高种苗质量

一是选择道地品牌中药材。要选择具有本地道地优势的中药材品种进行种植，尤其要重视其产品开发及产后加工，扩大中药材的附加值。做高端品牌产品，增加药农的收入。二是选择药食同源中药材。建立药用蔬菜栽培基地，开发无污染、无毒副作用的绿色健康产品，挖掘市场潜力。三是选择观光生态中药材。引进示范观光生态中药材，结合沟峪经济开发、新农村建设和都市农业发展等工程，充分展示中药材的经济、生态、观赏等多方面的功能。

目前，药农生产用种一部分是由野生品种直接采种种植，另一部分从安国、亳州等外地购进，这些种子基本未经过科学的繁育程序。中药材缺乏稳定的种苗基地、良种标准、种子（苗）质量分级标准、种子（苗）检验规程和收获、清选、质量检测等仪器设备。因此，应尽快建立中药材种子（苗）繁育基地，收集、整理、鉴定、提纯复壮传统道地中药材，并配备中药材种子的检测仪器和设备，加强中药材种子（苗）新品种选育，建立区域试验基地，加快良种推广和新品种保护，规范市场，建立质量管理体系，推进中药材种子种苗生产向标准化、产业化方向发展。

（三）完善林下中药材栽培技术，建立质量保证体系

近年来，各地对林下种植中药材栽培技术进行了一些研究，但其研究深度还远远达不到高产、优质的目标，特别是在林药互作控制技术以及中药材产品加工技术等方面的研究还比较少。各地应选择几种本地的道地中药材品种，对其核心技术进行研究，进一步提高其产量、品质和效益。特别是由于药农种植不规范，常常造成农药残留、重金属含量超标；同时，由于缺乏对采收加工过程的有效监控，致使中药材有效成分含量不合格、质量不稳定。因此要加快制定和完善中药材的安全生产技术规程、产地环境标准和中药材加工、贮运、包装质量标准，建立一套与国际接轨，形成涵盖产前、产中、产后全过程的中药材质量保证体系。

（四）开发林药间作的多种功能，适应现代农业发展

大部分退耕还林地区环境较好、风景优美，为了进一步提高这些地区农户的收入，应结合观光生态中药材品种的引进与示范推广，拓宽中药材的生活功能，开发药浴、药膳等健康产业，建立中药材观光采摘园、中药材主题公园等，吸引市民到农村体验中药文化。也可以将中药材形成一系列的产品，例如盆景、药茶、药酒等，并进入市民家庭。

五、本书的主要目的

本书主要针对目前林药间作缺乏规范的技术问题，介绍了不同地区主要的林药间作药用植物，以及引种驯化方法，重点介绍各种林下中药材的实用栽培技术，以促进林药间作的科学管理，提高药材产量和品质，促进药农增产增收。

主要参考文献

定明谦，白应统，定光凯，等.2005.庆阳退耕还林林药间作模式初探〔J〕.甘肃林业科技，30（2）：69-73.

房用，慕宗昭，蹇兆忠，等.2006.林药间作及其前景〔J〕.山东林业科技（3）：101，60.

李建挺，杨国阁.2008.退耕林地间作药材要注意的关键问题〔J〕.河南林业科技，28（3）：52-52.

李琳，韩烈刚，王俊英.2010.京郊中药材种植现状、存在问题及对策

［J］．北京农业（12）：53-55.

刘新波，孙江，燕天.2004.北方林药间作的几种模式［J］.黑龙江科技信息（12）：134-134.

田光金.2007.林药间作生产模式的优势与推行策略［J］.现代农业科技（1）：103-104.

王继永，王文全，刘勇，等.2003.林药间作系统中药用植物光合生理适应性规律研究［J］.林业科学研究，16（2）：129-134.

王继永，王文全，刘勇.2003.林药间作系统对药用植物产量的影响［J］.北京林业大学学报，25（6）：55-59.

王继永，王文全，武惠肖.2003.林药间作系统光照效应及其对药用植物高生长的影响［J］.浙江林学院学报，20（1）：17-22.

王占军，蒋齐，刘华，等.2007.宁夏干旱风沙区林药间作生态恢复措施与土壤环境效应响应的研究［J］.水土保持学报，21（4）：90-93.

郑平.2010.药材涨价探因［J］.中国现代中药，12（10）：50-51.

第一章

适于林药间作的药用植物图谱

第一节　双子叶植物

【马兜铃科　Aristolochiaceae】

一、华细辛　*Asarum sieboldii* Miq.

别名白细辛、大药、马蹄香等。

【科属地位】马兜铃科细辛属。

【形态特征】多年生草本植物。

植株较矮。地下根状茎横走，较长，生多数细长的根，节间短。地上茎端生2～3片叶，通常为2片。叶柄细长；叶片肾状心脏形，先端渐尖或急尖，基部深心形，边缘有粗糙刺毛，叶的两面疏生短柔毛。花单生于叶腋；花被筒较厚，筒部扁球形，顶端3裂，裂片平展；雄蕊12枚；雌蕊子房下位，花柱6条，上部分歧。蒴果近球形，肉质（图1-1）。

图1-1　华细辛

（张连学　摄）

花期5月，果期6月。

【生长环境和分布】生于山谷、溪边、山坡林下阴湿处。分布于东北、西北以及山东、安徽、浙江、江西、湖北、湖南等地。

【药用部位】带根全草。

【性味、功能和主治】味辛，性温。归心、肺、肾经。有祛风散寒、通窍止痛、温肺化饮功能。用于风寒感冒、头痛、牙痛、鼻塞鼻渊、风湿痹痛、痰饮喘咳。

【蓼科　Polygonaceae】

二、何首乌　*Fallopia multiflora*（Thunb.）Harald.
别名首乌等。

【科属地位】蓼科何首乌属。

【形态特征】多年生草本植物。

根的先端膨大成肥厚的块根，长椭圆形，红褐色或暗褐色。缠绕茎，很长，无毛，上部多分枝，具纵棱，微粗糙，下部木质化。叶互生，有长柄，托叶鞘膜质，抱茎；叶片卵形或长卵形，顶端渐尖，基部心形或近心形，两面粗糙，全缘。花多数，密集为大型圆锥花序，顶生或腋生；小花具梗，细弱，下部具关节，基部有膜质小苞片，苞片三角状卵形，具小突起，顶端尖，每苞内具 2～4 朵或更多的小花；花被 5 深裂，白色或淡绿色，花被片椭圆形，大小不等，外面 3 片较大，背部具翅，果时增大；雄蕊 8 枚，不等长，比花被片短，花丝下部较宽；雌蕊有极短的花柱 3 条，柱头头状。瘦果小型，卵状，具 3 棱，黑褐色，有光泽，包于宿存花被内（图 1-2）。

图 1-2　何首乌
（曹广才　摄）

花期 8～10 月，果期 9～11 月。

【生长环境和分布】生于海拔 200～3 000 米的山谷灌丛、山坡林下、沟边石缝等处。分布于河北、河南、陕西和甘肃南部以及长江以南各地。

【药用部位】块根。

【性味、功能和主治】味苦、甘、涩，性温。归肝、心、肾经。有解毒、消痈、润肠通便功能。用于瘰疬疮痈、风疹瘙痒、肠燥便秘，以及高血脂。

【毛茛科　Ranunculaceae】

三、北乌头　*Aconitum kusnezoffii* Reichb.

别名草乌、蓝附子、鸦头等。

【科属地位】毛茛科乌头属。

【形态特征】多年生草本植物。

地下块根圆锥状或胡萝卜形。茎直立，粗壮高大，无毛。单叶互生，有叶柄；叶片五角形，基部心形，3全裂，中裂片宽菱形，小裂片披针形。总状花序顶生，有花9～22朵，有花梗，小苞片线形，此种花序与其下的腋生花序形成圆锥花序；每花有蓝紫色的5萼片，上萼片盔形或高盔形，具短喙或长喙，侧萼片和下萼片各2片；花瓣2片，有唇，也有距，距向后弯曲或近拳状卷曲；雄蕊多数，花丝全缘或有2窄长小齿；雌蕊4～5心皮。蓇葖果。种子多数，有膜质翅（图1-3）。

图1-3　北乌头
（曹广才　摄）

花期7～9月，果期8～10月。

【生长环境和分布】野生环境是山坡、草地或疏林中。分布于东北、华北各省（自治区、直辖市）。

【药用部位】干燥块根，可当"附子"用。有毒，炮制后应用。

【性味、功能和主治】味辛、甘，性大热，有毒。归心、肾、脾经。有回阳救逆、补火助阳、逐风寒湿邪功能。用于亡阳虚脱、肢冷脉微、阳痿、宫冷、心腹冷痛、虚寒吐泻、阴寒水肿、阳虚外感、寒湿痹痛。

四、白头翁 *Pulsatilla chinensis*（Bge.）**Regel**

别名毛姑朵花、老公花、老冠花、头痛棵等。

【科属地位】毛茛科白头翁属。

【形态特征】多年生草本植物。

主根粗壮而直立，圆锥形，有纵纹，黄褐色。全株密被白色长柔毛。基生叶 4～5 片，有长柄，3 全裂，有时为三出复叶，叶片宽卵形，基部楔形。花茎 1～2，总苞片 3 片，基部愈合抱茎，小苞片 3 深裂，裂片线形或披针形，外面密被白色长柔毛；花单朵顶生，较大，花梗较长；花钟形，萼片花瓣状，6 片排成 2 轮，蓝紫色，外被白色柔毛；无花瓣；雄蕊多数，鲜黄色；雌蕊有多数心皮。聚合瘦果，头状，顶端有细长羽毛状的宿存花柱，花落后的整个头状聚合瘦果形似老翁之白头（图 1-4）。

图 1-4 白头翁
（曹广才 摄）

花期 3～5 月，果期 5～6 月。

【生长环境和分布】生于山野、山坡草地等处。分布于东北、华北、西北、华东等地。

【药用部位】干燥根。

【性味、功能和主治】味苦，性寒。归胃、大肠经。有清热解毒、凉血止痢功能。用于热毒血痢、阴痒带下、阿米巴痢。

【小檗科　Berberidaceae】

五、淫羊藿　*Epimedium brevicornum* Maxim.

别名短角淫羊藿、心叶淫羊藿、仙灵牌、野蔓莲等。

【科属地位】小檗科淫羊藿属。

【形态特征】多年生草本植物。

根茎横走，粗壮，木质化，暗棕褐色。茎直立，有棱。茎生叶生于茎顶，对生，有长柄；二回三出复叶，小叶片9枚，卵形或宽卵形，顶生小叶基部裂片圆形，近等大，侧生小叶基部裂片稍偏斜，急尖或圆形。聚伞状圆锥花序顶生，有花20～50朵，花梗基部有卵状披针形的膜质苞片，花白色或淡黄色；花萼8片，排成2轮，外轮萼片卵状三角形，暗绿色，内轮萼片披针形，白色或淡黄色；花冠4瓣；雄蕊4枚；雌蕊1，花柱长。蓇葖果纺锤形，成熟时2裂。种子1～2粒，褐色（图1-5）。

图 1-5　淫羊藿
（曹广才　摄）

花期4～7月，果期8月。

【生长环境和分布】生于林下、灌丛或山坡阴湿处。分布于黑龙江、吉林、辽宁、山东、江苏、江西、湖南、广西、四川、贵州、陕西、甘肃各地。

【药用部位】全草。

【性味、功能和主治】味辛、甘，性温。归肝、肾经。有补肾阳、强筋骨、祛风湿功能。用于阳痿遗精、筋骨痿软、风湿痹痛、麻木拘挛，以及更年期高血压。

【十字花科 Cruciferae】

六、菘蓝 *Isatis indigotica* Fortune

别名蓝靛、大蓝、大靛、大青叶、板蓝根等。

【科属地位】十字花科菘蓝属。

【形态特征】二年生草本植物。

主根深长，外皮浅黄棕色。茎直立，上部多分枝，稍带白粉。基生叶较大，具柄，叶片长圆状椭圆形，淡粉灰色；茎生叶互生，叶片长圆形或长圆状倒披针形，下部的叶较大，往上逐渐变小，叶片先端钝尖，基部箭形，半抱茎，全缘或有不明显的细锯齿。圆锥状总状花序；花小，花梗细长，无苞片；花萼4片，绿色；花冠4瓣，黄色，呈十字形排列，花瓣倒卵形；雄蕊6枚，4强；1雌蕊，长圆形。长角果扁平椭圆形，边缘翅状，具中肋，紫色。种子1粒（图1-6）。

图1-6 菘 蓝

（李琳 摄）

花期4～5月，果期6月。

【生长环境和分布】适应性广。耐寒，喜温暖。怕水涝。适宜在疏松肥沃、排水良好的沙壤土中生长。全国各地均有栽培。

【药用部位】根和叶。根入药称板蓝根，干燥的叶入药称大青叶。

【性味、功能和主治】板蓝根味苦，性寒。有清热解毒、凉血利咽功能。用于温病、发斑、喉痹、丹毒、痈肿；可防治流行性乙型脑炎、急慢性肝炎、流行性腮腺炎、骨髓炎。

大青叶味苦，性寒。归心、胃经。有清热解毒、凉血消斑功能。用于温邪入营、高热神昏、发斑发疹、黄疸、热痢、痄腮、喉痹、丹毒、痈肿。

【豆科　Leguminosae】

七、决明子　*Cassia tora* Linn.

别名小决明、草决明等。

【科属地位】豆科决明属。

【形态特征】一年生草本植物。

茎直立粗壮，有柔毛，上部多分枝，有特殊气味。互生偶数羽状复叶，叶柄上无腺体，叶轴上第一和第二对小叶间有 1 个刺状腺体；托叶线状，早落；小叶 3 对，纸质，倒心形或倒卵状长椭圆形，顶端钝而有小尖头，基部渐狭，偏斜，两面被柔毛，小叶柄短。秋末开花，腋生，通常 2 朵聚生，总梗较短，花梗较长，丝状；花萼 5 片，膜质，下部合生成短管，外面被柔毛；花冠 5 瓣，倒卵形或椭圆形，有短爪，黄色，下面 2 片略长；雄蕊 10 枚，上面 3 枚退化，下面 7 枚发育；雌蕊子房细长，弯曲，被白色柔毛，花柱短，柱头头状。荚果纤细，近线形，有 4 直棱，两端渐尖，果梗较长。种子菱形，光亮（图 1-7）。

图 1-7　决明子

（曹广才　摄）

花期 8～10 月，果期 9～11 月。

【生长环境和分布】生于山坡、林边等处。分布于辽宁、河北、河南、山西、陕西、山东以及长江以南各地。

【药用部位】种子。

【性味、功能和主治】味甘、苦、咸，性微寒。归肝、大肠经。有清热明目、润肠通便功能。用于目赤涩痛、羞明多泪、头痛眩晕、目暗不明、大便秘结。

八、甘草　*Glycyrrhiza uralensis* Fisch.

别名乌拉尔甘草、甜草、甜根子、甜甘草等。

【科属地位】豆科甘草属。

【形态特征】多年生草本植物。

地下根状茎圆柱形，粗壮。主根长且粗壮，根皮红棕色，味甜。茎直立，多分枝。奇数羽状复叶互生，总叶柄较长，小叶柄短或近无柄；小叶 7～17 片，叶片卵形或宽卵形，两面有短毛和腺体。总状花序腋生，花密集；花萼钟状，外面有短毛和刺毛状腺体，5 个披针形萼齿；花冠蝶形，5 瓣，紫红色或蓝紫色；雄蕊 10 枚，呈 9＋1 式二体雄蕊；雌蕊子房无柄。荚果狭长圆形，镰刀状或环状弯曲，密生棕褐色刺毛状腺体。每荚内有 2～8 粒黑亮的肾形种子（图 1-8）。

图 1-8　甘　草
（曹广才　摄）

花期 6～7 月，果期 7～9 月。

【生长环境和分布】生于山野和草原。分布于西北、华北和东北。

【药用部位】根茎和根。用途广泛，有"十药九草"之誉。

【性味、功能和主治】味甘，性平。有补脾益气、清热解毒、祛痰止咳、调和诸药功能。用于脾胃虚弱、倦怠乏力、心悸气短、咳嗽痰多、缓解药物毒性。

九、补骨脂　*Psoralea corylifolia* L.

别名破故纸、怀故子、川故子等。

【科属地位】豆科补骨脂属。

【形态特征】一年生草本植物。

茎直立，坚硬，具纵棱，全株被白色柔毛。托叶成对，三角状披针形，膜质；有柄单叶互生，有时侧生于枝端；叶片阔卵形或三角状卵形，先端尖，基部心形或圆形，边缘具粗锯齿，两面均具显著黑色腺点。花多数密集成穗状的总状花序，腋生，总梗长；花小，梗短；花萼淡黄绿色，钟状，5 萼齿，上面 2 萼齿连合；花冠蝶形，淡紫色或黄色，旗瓣倒阔卵形，翼瓣阔线形，龙骨瓣长圆形，先端钝，稍内弯；雄蕊 10 枚，结合成 1 束，花药小；雌蕊 1，子房上位，倒卵形或线形，花柱丝状。荚果椭圆形，不开裂，果皮黑色，与种子粘贴。种子 1 粒，有香气（图1 - 9）。

图 1 - 9　补骨脂
（曹广才　摄）

花期 7～8 月，果期 9～10 月。

【生长环境和分布】生于山坡、溪旁、草丛等环境中。分布于河南、山西、陕西、四川、安徽、江西、云南、贵州等地。

【药用部位】干燥成熟果实。

【性味、功能和主治】味辛、苦，性温。归肾、脾经。有温肾助阳、纳气、止泻功能。用于阳痿遗精、遗尿尿频、腰膝冷痛、肾虚作喘、五更泄泻；外用治白癜风、斑秃。

【远志科 Polygalaceae】

十、远志 *Polygala tenuifolia* Willd.

别名细叶远志、细草、小草、线儿茶等。

【科属地位】远志科远志属。

【形态特征】多年生草本植物。

植株矮小细弱。根圆柱形，长且弯曲，肥厚，淡黄白色，具少数侧根。茎由基部丛生，直立或斜上，上部多分枝。单叶互生，叶片线形或线状披针形，先端渐尖，基部楔形，全缘，无柄或近无柄。顶生或腋生疏总状花序，花梗细弱；3 极小苞片，易脱落；花萼 5 片，宿存，内轮 2 片较大，花瓣状，呈稍弯的长圆状倒卵形，外轮 3 片较小，线状披针形；花冠 3 瓣，蓝紫色，其中 1 瓣较长，背面呈龙骨瓣状，顶端有流苏状附属物，2 侧瓣倒卵形；雄蕊 8 枚，花丝连合成鞘状；雌蕊子房上位，2 室，倒卵形，扁平，花柱线形，弯垂，柱头 2 裂，不等长。蒴果扁平，卵圆形，边有狭翅，绿色，光滑无毛。种子卵形，微扁，棕黑色，密被白色细绒毛，上端有发达的种阜（图 1-10）。

图 1-10 远 志
（曹广才 摄）

花期 4～5 月，果期 7～9 月。

【生长环境和分布】生于海拔 400～1 000 米的山坡疏林下、灌丛边、荒山草地或路旁。分布于东北、华北、西北至中部各省（自治区、直辖市）。

【药用部位】干燥根。

【性味、功能和主治】味苦、辛，性温。归心、肾、肺经。

有安神益智、祛痰、消肿功能。用于心肾不交引起的失眠多梦、健忘惊悸、神志恍惚、咳痰不爽、疮疡肿毒、乳房肿痛。

【五加科　Araliaceae】

十一、人参　*Panax ginseng* C. A. Meyer

别名棒槌、山参、圆参、神草等。

【科属地位】五加科人参属。

【形态特征】多年生宿根草本植物。

主根肥厚，肉质，黄白色，圆柱形或纺锤形，下面稍有分枝，须根细长。根状茎（芦头）短，直立，上有茎痕（芦碗）和芽苞。茎单生，直立，圆柱形，不分枝。叶为有 3～5 片小叶的掌状复叶，生于茎顶，依年龄而异；复叶柄较长，小叶柄明显；一年生植株茎顶只有 1 个具 3 小叶的复叶，二年生茎有 1 个具 5 小叶的复叶，三年生具 2 个对生 5 小叶的复叶，四年生增至 3 个轮生复叶，五年生增至 4 个轮生复叶，六年生茎顶有 5 个轮生复叶，年限再长的最多有 7 个复叶；复叶中部的 1 片小叶最大，卵形或椭圆形，基部楔形，先端渐尖，边缘有细尖锯齿，上面沿中脉疏被刚毛。伞形花序顶生，总花梗较长，每花序有 4～40 朵小花；小花有梗，苞片小，条状披针形；花萼钟形，具 5 齿，绿色，与子房愈合；花冠 5 瓣，卵形，全缘，淡黄绿色；雄蕊 5 枚，花丝短，花药球形；雌蕊子房下位，2 室，花柱 1，柱头 2 裂。浆果状核果，扁球形或肾形，成熟时鲜红色。每果内有种子 2 粒，扁圆形，黄白色（图 1-11）。

图 1-11　人　参
（才卓　摄）

人参通常 3 年开花，

5～6 年结果。花期 6～7 月，果期 7～9 月。

【生长环境和分布】多生长在北纬 40°～45°地区。这些地区 1 月平均温－23～5℃，7 月平均温 20～26℃。耐寒性强，可耐－40℃低温。适宜生长的条件为温度 15～25℃，积温 2 000～3 000℃，无霜期 125～150 天，积雪 20～44 厘米，年降水量 500～1 000 毫米。土壤以排水良好、疏松肥沃、腐殖质层深厚的棕色森林土或山地灰化棕色森林土为宜，pH 5.5～6.2。多生于深山阴湿林下，以红松为主的针阔叶混交林或落叶阔叶林下多见，所谓"三桠五叶，背阳向阴，欲来求我，椴树相寻"，郁闭度 0.7～0.8。

分布于吉林、辽宁、黑龙江，河北（雾灵山、都山）、山西、湖北也有。

【药用部位】干燥根和根茎。

【性味、功能和主治】味甘、微苦，性微温。归脾、肺、心、肾经。有大补元气、复脉固脱、补脾益肺、生津、安神功能。用于体虚欲脱、肢冷脉微、脾虚食少、肺虚喘咳、津伤口渴、内热消渴、久病虚羸、惊悸失眠、阳痿宫冷、心力衰竭、心原性休克。

十二、西洋参 *Panax quinquefolium* L.

别名洋参、花旗参、广东人参、美国人参等。

【科属地位】五加科人参属。

【形态特征】多年生宿根草本植物。

全株无毛。根茎较人参短。根肉质，呈纺锤形或圆柱形，少有分枝状。茎圆柱形，有细纵条纹，或略具棱。掌状五出复叶，通常 3～4 枚轮生于茎端；小叶片膜质，广卵形至倒卵形，先端突尖，边缘具粗锯齿。伞形花序，总花梗由茎端叶柄中央抽出，稍长于叶柄，或与叶柄近等长，小花多数；萼片绿色，钟状，先端 5 齿裂；花冠 5 瓣，绿白色；雄蕊 5 枚，花药卵形至矩圆形；雌蕊 1 子房，花柱 2 条，上部分离成叉状。浆果扁圆形，成对

状，熟时鲜红色，果柄伸长（图
1-12）。

花期 7 月，果期 9 月。

【生长环境和分布】常见于
海拔 1 000 米左右的山地阔叶林
地带。适宜生长在年降水量
1 000 毫米左右、年平均温度
13℃左右、无霜期 150～200 天、
气候温和、雨量充沛的环境。喜
阴湿，忌强光和高温，生长期最
适温度 18～24℃，空气相对湿度
80% 左右，对土壤要求较严，适
生于土质疏松、土层较厚、肥
沃、富含腐殖质的森林沙质壤土
上，pH5.5～6.5。忌连作。

图 1-12　西洋参
（国学利　摄）

原产于美国和加拿大。中国吉林、山东、北京、陕西、云南
等地有引种。

【药用部位】干燥根。

【性味、功能和主治】味甘、微苦，性凉。归心、肺、肾
经。有补肺阴、清火、养胃生津功能。用于肺虚咳血、潮热、
肺胃津亏、烦渴、气虚。

【伞形科　Umbelliferae】

十三、当归　*Angelica sinensis* (Oliv.) Diels

别名粉当归、山蕲、白蕲、干白等。

【科属地位】伞形科当归属。

【形态特征】多年生草本植物。

植株较高大。主根粗短，肉质，肥大，圆锥形，黄棕色，有
香气。茎直立，上部稍分枝，无毛。基生叶和茎下部叶为二至三

回三出或羽状全裂，最终裂片卵形至卵状披针形，2～3浅裂，边缘具不整齐的缺刻状粗齿，齿端有短尖头，叶脉及边缘有白色短硬毛；茎上部叶简化为羽状分裂；有叶柄。复伞形花序，无总苞片，小总苞片2～4，狭线形；花梗丝状；花小，无萼齿；花冠5瓣，白色或绿白色；雄蕊5枚，与花瓣互生；雌蕊2心皮合生，子房下位，2室，每室1胚珠，花柱2条。双悬果，椭圆形（图1-13）。

图 1-13　当　归
（曹广才　摄）

花、果期6～8月。

【生长环境和分布】生于海拔800～1 300米处的山沟阴湿处、灌丛间。原产陕西、甘肃、湖北、四川、云南、贵州各地。分布于东北、华北、西北以及四川、江苏、浙江、江西、湖北等地。

【药用部位】干燥根。

【性味、功能和主治】味甘、辛，性温。归肝、心、脾经。有补血活血、调经止痛、润肠通便功能。用于血虚萎黄、眩晕心悸、月经不调、经闭痛经、虚寒腹痛、肠燥便秘、风湿痹痛、跌扑损伤、痈疽疮疡。酒当归活血通经，用于经闭痛经、风湿痹痛、跌扑损伤。

十四、防风 *Saposhnikovia divaricata*（Turcz.）**Schischk.**
别名关防风、东防风等。

【科属地位】伞形科防风属。

【形态特征】多年生草本植物。

根粗壮，有分枝，根茎处密被纤维状的叶残基。茎单生，二歧分枝，分枝斜上升，与主茎近等长，有细棱。基生叶有长柄，基部鞘状，稍抱茎，叶片卵形或长圆形，二至三回羽状分裂，第一次分裂的裂片卵形，有小叶柄，第二次分裂的裂片在顶端的无柄，在下部的有短柄，再分裂成狭窄的裂片，顶端尖锐；茎生叶较小，有较宽的叶鞘。复伞形花序多数，顶生，形成聚伞状圆锥花序，伞辐 5～7，不等长，无总苞片；每个小伞形花序有 4～9朵小花，小总苞片 4～5；5 萼齿，短三角形；花冠 5瓣，白色，内卷；雄蕊 5枚；雌蕊子房下位，2 室，花柱 2 条，基部圆锥形。双悬果卵形，幼嫩时有疣状突起，成熟时较平滑，每个棱槽中通常有 1 油管，合生面有 2 油管（图 1-14）。

图 1-14　防　风
（曹广才　摄）

花期 8～9 月，果期 9～10 月。

【生长环境和分布】常生于丘陵地带的山坡草丛中、高山中下部，有时田边或路旁也可见。分布于黑龙江、吉林、辽宁、河北、北京、山东、陕西、山西、内蒙古、宁夏等地。

【药用部位】干燥根。

【性味、功能和主治】味辛、甘，性微温。归膀胱、肝、脾经。有解表祛风、胜湿、止痉功能。用于感冒头痛、风湿痹痛、风疹瘙痒、破伤风。

【木樨科　Oleaceae】

十五、连翘　*Forsythia suspensa*（Thunb.）**Vahl**

别名黄链条花、青翘、空翘、黄花树、黄绶丹、落翘等。

【科属地位】木樨科连翘属。

【形态特征】落叶灌木。

枝条开展或下垂，有 4 棱，节间中空，仅在节部有髓。叶对生，通常为单叶或 3 裂至三出复叶，叶柄较长；叶片卵形或长椭圆状卵形，先端渐尖、急尖或钝，基部阔楔形或圆形，边缘有不整齐的锯齿，半革质。花先叶开放，1 至数朵簇生于叶腋；花萼 4 深裂，裂片与花冠等长，宿存；花冠基部管状，上部 4 裂，裂片卵圆形，金黄色；雄蕊 2 枚，着生于花冠基部；雌蕊 1，子房卵圆形，花柱细长，柱头 2 裂。蒴果狭卵形略扁，先端有短喙，成熟时 2 瓣裂。种子多数，棕色，狭椭圆形，扁平，一侧有薄翅（图 1 - 15）。

图 1 - 15　连　翘

（张琴英　摄）

花期 3～5 月，果期 7～8 月。

【生长环境和分布】生于海拔 250～2 200 米的山坡灌丛、林下、草丛或山谷、山沟疏林中。分布于辽宁、河北、河南、山东、江苏、湖北、湖南、安徽、江西、云南、山西、陕西、甘肃、四川等地。除华南外，各地均有栽培。

【药用部位】干燥果实入药。秋季果实初熟尚带绿色时采收，除去杂质，蒸熟，晒干，习称"青翘"；果实熟透时采收，晒干，除去杂质，习称"老翘"。

【性味、功能和主治】味苦，性微寒。归肺、心、小肠经。有清热解毒、消肿散结功能。用于痈疽、瘰疬、乳痈、丹毒、风热感冒、温病初起、温热入营、高热烦渴、神昏发斑、热淋尿闭。

【龙胆科 Gentianaceae】

十六、秦艽 *Gentiana macrophylla* Pall.

别名大叶龙胆、萝卜艽、西大荶、左秦艽等。

【科属地位】龙胆科龙胆属。

【形态特征】多年生草本植物。

全株光滑无毛，基部包裹着枯存的纤维叶鞘。须根多条，扭结或黏结成一个圆柱形的根丛。茎枝少数，丛生，直立或斜生，黄绿色或有时上部带紫红色，近圆形。基生叶莲座状，叶片卵状椭圆形或狭椭圆形，先端钝或急尖，基部渐狭，边缘平滑，叶脉5～7条，叶柄宽，包被于枯存的纤维状叶鞘中；茎生叶对生，无柄，基部连合，叶片椭圆状披针形或狭椭圆形，基部钝，边缘平滑，叶脉3～5条，在叶片两面均明显，并在下面突起。花多数，无花梗，排成聚伞花序簇生枝端，成头状或腋生作轮状；花萼筒膜质，黄绿色或有时带紫色，一侧开裂片呈佛焰苞状，萼齿4～5个，稀1～3个，甚小；花冠筒黄绿色，冠檐蓝色或蓝紫色，裂片卵形或卵圆形，先端钝或钝圆，全缘，褶整齐，三角形，全缘；雄蕊5枚，着生于冠筒中下部，整齐，花丝线状钻形，花药矩圆形；雌蕊子房无柄，柱头2裂。蒴果长圆形或椭圆形，内藏或先端外露。种子深黄色，有光泽，表面具细网纹（图1-16）。

图1-16 秦 艽
（曹臻 摄）

花期7～9月，果期8～10月。

【生长环境和分布】生于林缘灌丛、山区草地、溪边等处。

分布于东北、西北、华北、四川等地。主产于陕西、甘肃等省。

【药用部位】干燥根。

【性味、功能和主治】味辛、苦，性平。归胃、肝、胆经。有祛风湿、清湿热、止痹痛功能。用于风湿痹痛、筋脉拘挛、骨节酸痛、日晡潮热、小儿疳积发热。

十七、三花龙胆 *Gentiana triflora* **Pall.**

别名龙胆草、胆草、狭叶龙胆等。

【科属地位】龙胆科龙胆属。

【形态特征】多年生草本植物。

根茎短，簇生数条细长的根。茎直立，不分枝，光滑无毛。单叶对生，基部抱茎；叶片线状披针形，先端渐尖，边缘稍反卷，光滑无毛，有1条明显主脉。花无梗，1～3朵，罕5朵，成束着生于茎顶及上部叶腋；苞片披针形至线状披针形；花萼先端5裂，裂片长短不等；花冠深蓝色，钟形，先端5裂，裂片卵形，先端钝或近钝状；副冠5片，甚短小；雄蕊5枚，花丝基部变宽；雌蕊花柱短，柱头2裂。蒴果距圆形，有柄。种子多数，边缘具翅（图1-17）。

图1-17 三花龙胆
（张连学 提供）

花期8～9月，果期9～10月。

【生长环境和分布】生于灌木丛中、林间空地或草甸中。分布于黑龙江、吉林、辽宁、内蒙古等地。

【药用部位】干燥根和根茎。

【性味、功能和主治】味苦，性寒。归肝、胆经。有清热燥湿、泻肝胆火功能。用于湿热黄疸、阴肿阴痒、带下、强中、湿疹瘙痒、目赤、耳聋、胁痛、口苦、惊风抽搐等。

【唇形科　Labiatae】

十八、藿香　*Agastache rugosa*（Fisch. et Mey.）**O. Kuntze**
别名土藿香、苏藿香、野藿香、山薄荷等。

【科属地位】唇形科藿香属。

【形态特征】多年生草本植物。

全体有芳香。茎四棱形，略带红丝，上部微被柔毛。单叶对生，有叶柄；叶片心状卵形至长圆状披针形，先端渐尖，基部心形，边缘有不整齐钝锯齿，叶下表面有短柔毛和腺点。轮伞花序聚集成圆筒状的总状花序，生于主茎或侧枝的顶上；苞片披针形；花萼筒状，具15条纵脉，5齿裂，齿有缘毛，并有黄色小腺点；花冠蓝紫色或白色，二唇形，上唇微凹；雄蕊4枚，2强，伸出花冠管外；花盘圆盘状；雌蕊子房4深裂，花柱着生于子房底部，伸出花外，顶端2裂。小坚果倒卵形，黑褐色，腹面具棱，顶端有短硬毛（图1-18）。

图1-18　藿　香
（曹广才　摄）

花期6～7月，果期10～11月。

【生长环境和分布】多生于山坡林边湿地、路边、田边、溪边、村落附近。全国各地广泛分布。

【药用部位】根、种子和全草均可入药。

【性味、功能和主治】味辛，性微温。归肺、脾、胃经。有祛暑解表、化湿和胃功能。用于夏令感冒、寒热头痛、呕吐泄泻等。

十九、益母草 *Leonurus japonicus* Thunb.

别名茺蔚、益母蒿、益母花等。

【科属地位】唇形科益母草属。

【形态特征】一年生或二年生草本植物。

茎直立，钝四棱形，有节，微具槽，有倒向糙伏毛，多分枝。单叶对生，叶的两面密生细毛，有叶柄；基部叶圆心形，边缘5～9浅裂；茎下部叶片掌状3裂，中裂片再3裂，侧裂片各2裂；茎上部叶片羽状深裂。轮伞花序腋生，具8～15朵花，花梗短或无梗；小苞片刺状，比萼筒短；花萼筒管状钟形，具宽三角形5萼齿，先端刺尖，前2齿靠合，后3齿较短，呈二唇形；花冠粉红色至淡紫色，外被柔毛，冠檐二唇形，下唇与上唇约等长；雄蕊4枚，2强，花丝疏被鳞状毛；雌蕊子房4裂，花柱略超出于雄蕊，先端2浅裂；花盘平顶。4个小坚果，长圆状三棱形，淡褐色，光滑（图1-19）。

图1-19　益母草
（吴东兵　摄）

花期6～9月，果期9～10月。

【生长环境和分布】多生于山坡草地、田埂、路旁、溪边等处，以阴处为多。分布遍及全国。

【药用部位】新鲜或干燥地上部分；干燥成熟果实，称茺蔚子。

【性味、功能和主治】益母草味苦、辛，性微寒。归肝、心包、膀胱经。有活血调经、利尿消肿功能。用于月经不调、痛经经闭、恶露不尽、水肿尿少、急性肾炎水肿。

茺蔚子味辛、苦，性微寒。归心包、肝经。有活血调经、清肝明目功能。用于月经不调、经闭痛经、目赤翳障、头晕胀痛。

二十、薄荷 *Mentha haplocalyx* Briq.

别名鱼香草、见肿消、仁丹草等。

【科属地位】唇形科薄荷属。

【形态特征】多年生草本植物。

全株揉之有强烈香气。根茎匍匐，质脆，易折断。地上茎直立，四棱形，下部匍匐，节上生根，上部直立，有分枝，有倒生柔毛。有柄叶对生，叶形变化较大，披针形、卵状披针形、长圆状披针形至椭圆形，先端尖锐或渐尖，基部楔形，边缘具细锯齿，侧脉 5～6 对，上表面深绿色，下表面淡绿色，两面具柔毛及黄色腺点。花小，轮伞花序生于叶腋；花萼钟状，5 齿裂；花冠淡紫色或白色，冠檐 4 裂，上裂片顶端 2 裂，较大，花冠喉内部被柔毛；雄蕊 4 枚，2 强；雌蕊子房 4 裂，花柱外伸，柱头 2 裂。4 个小坚果，长卵圆形，褐色或淡褐色，具小腺窝（图 1 - 20）。

图 1 - 20 薄荷
（曹广才 摄）

花期 7～10 月，果期 10～11 月。

【生长环境和分布】生于河畔、沟旁、路边、小溪边及山野湿地。全国各地普遍分布。主产于河南、江苏、安徽、江西等地。

【药用部位】干燥地上部分。

【性味、功能和主治】味辛，性凉。归肺、肝经。有宣散风热、清头目、透疹功能。用于风热感冒、风温初起、头痛、目赤、喉痹、口疮、风疹、麻疹、胸胁胀闷。

二十一、丹参 *Salvia miltiorrhiza* Bge.

别名赤参、血参、红根等。

【科属地位】唇形科鼠尾草属。

【形态特征】多年生草本植物。

根圆柱形，肥厚，肉质，砖红色。全株密被柔毛。茎直立，四棱形，多分枝。有柄奇数羽状复叶对生，小叶 3～7 片，顶端小叶较大，叶片卵形或椭圆状卵形，先端钝，基部宽楔形或斜圆形，边缘具圆锯齿，两面被柔毛，下表面的毛较密。轮伞花序组成顶生或腋生总状花序，密被腺毛和长柔毛；小苞片披针形，被腺毛；花萼钟状，紫色，先端二唇形，萼筒喉部密被白色柔毛；花冠蓝紫色，二唇形，上唇直立，略呈镰刀状，先端微裂，下唇较上唇短，先端 3 裂，中央裂片较两侧裂片长且大，又作浅 2 裂；能育雄蕊 2 枚，伸出花冠管外，退化雄蕊线形；雌蕊子房上位，4 深裂，花柱较雄蕊长，柱头 2 裂。4 个小坚果，长圆形，熟时暗棕色或黑色，包于宿萼中（图 1-21）。

图 1-21 丹 参

（李琳 摄）

花期 5～8 月，果期 8～9 月。

【生长环境和分布】生于山坡草地、林下、溪旁等处。全国各地多有分布。

【药用部位】干燥根和根茎。

【性味、功能和主治】味苦，性微寒。归心、肝经。有祛瘀止痛、活血通经、清心除烦功能。用于月经不调、经闭痛经、癥瘕积聚、胸腹刺痛、热痹疼痛、疮疡肿痛、心烦不眠，以及肝脾肿大、心绞痛。

二十二、黄芩　*Scutellaria baicalensis* Georgi

别名黄芩茶、山茶根等。

【科属地位】唇形科黄芩属。

【形态特征】多年生草本植物。

全株稍有毛。根圆锥形，粗壮，断面鲜黄色。茎四棱形，自基部分枝多而细，基部稍木质化。叶交互对生，近无柄，叶片披针形，上表面深绿色，下表面淡绿色，被下陷的腺点。圆锥花序顶生，具叶状苞片；花萼于果实形成时增大；花冠紫色、紫红色或蓝色，二唇形，上唇盔状，先端微裂，下唇3裂，中间裂片近圆形，两侧裂片向上唇靠拢；雄蕊4枚，稍露出，药室裂口有白色髯毛；雌蕊子房4深裂，生于环状花盘上，花柱基生，先端2浅裂。4个球形黑褐色小坚果，有瘤，包围于增大的宿萼中（图1-22）。

花期6～9月，果期8～10月。

图1-22　黄　芩

（李琳　摄）

【生长环境和分布】生于山顶、山坡、林缘、路旁等向阳较干燥的地方。喜温暖，耐严寒，成年植株地下部分可忍受-30℃的低温。耐旱怕涝，地上积水或雨水过多则生长不良，重者烂根死亡。

分布于东北、华北、西北以及河南、山东等地。

【药用部位】干燥根。

【性味、功能和主治】味苦，性寒。归肺、胆、脾、大肠、小肠经。有清热燥湿、泻火解毒、止血、安胎功能。用于湿温、暑温、胸闷呕恶、湿热痞满、泻痢、黄疸、肺热咳嗽、高热烦渴、血热吐衄、痈肿疮毒、胎动不安。

【茄科 Solanaceae】

二十三、枸杞 *Lycium chinense* Miller

别名甘枸杞、山枸杞等。

【科属地位】茄科枸杞属。

【形态特征】落叶灌木。

枝条细长，常弯曲或俯垂，植株有刺。单叶互生或簇生于短枝上，叶柄短；叶片卵形、卵状菱形或卵状披针形，全缘。花单生或数朵簇生于长枝上部叶腋，花梗细；花萼钟状，通常 3 中裂或 4～5 齿裂；花冠漏斗状，淡紫色，5 深裂，花冠管短于花冠裂片，裂片卵形，边缘有缘毛；雄蕊 5 枚，花丝基部密生绒毛；雌蕊花柱线形，柱头头状。浆果卵形或长圆形，红色。种子扁肾形，黄色（图 1-23）。

图 1-23 枸 杞
（吴东兵 摄）

另有宁夏枸杞（*Lycium barbarum* L.），与枸杞的主要区别是花冠管长于花冠裂片；叶片线形至线状长圆形，即叶片比枸杞窄。

花期 6～9 月，果期 8～11 月。

【生长环境和分布】生于山坡、荒地、盐碱地、路旁、村边宅旁等处。分布几遍全国，野生或栽培。

【药用部位】干燥根皮入药，称地骨皮。宁夏枸杞的干燥根皮也作为地骨皮使用；宁夏枸杞的干燥成熟果实入药，称枸杞子。

【**性味、功能和主治**】地骨皮味甘，性寒。归肺、肝、肾经。有凉血除蒸、清肺降火功能。用于阴虚潮热、骨蒸盗汗、肺热咳嗽、咯血、衄血、内热消渴。

枸杞子味甘，性平。归肝、肾经。有滋补肝肾、益精明目功能。用于虚劳精亏、腰膝酸痛、眩晕耳鸣、内热消渴、血虚萎黄、目昏不明。

二十四、锦灯笼　*Physalis alkekengi* L. var. *franchetii* (Mast.) **Makino**

别名酸浆、红姑娘、灯笼草、挂金灯等。

【**科属地位**】茄科酸浆属。

【**形态特征**】多年生或一年生草本植物。

根茎横走。地上茎直立，节部稍膨大。下部叶互生，上部叶假对生；叶片长卵形、宽卵形或菱状卵形，先端渐尖，基部阔楔形，波状全缘或有疏齿，有柔毛；有叶柄。花单生叶腋处，有长柄；花萼钟状，绿色，顶端5浅裂，裂片三角形，花后增大成囊状，变成橙红色或深红色，宿存，有柔毛；花冠广钟状，黄白色，稍带绿色，喉部带黄绿色，有细点，顶端5浅裂，裂片阔而短尖，外表面有短柔毛；雄蕊5枚，短于花冠，花药呈淡黄绿色；雌蕊1个，子房卵球形，2室，花柱1条。浆果球形，成熟时橙红色，味甜，包围于橘红色灯笼状膨大的宿存膜质花萼中，有5棱角（图1-24）。

图1-24　锦灯笼
（曹广才　摄）

花期6～9月，果期7～11月。

【**生长环境和分布**】常生于旷野、山坡和林缘。分布于欧亚大陆。中国除西藏外，各地均有分布，但以北方为多。

【药用部位】干燥宿萼或带果实的宿萼。

【性味、功能和主治】味苦，性寒。归肺经。有清热解毒、利咽、化痰、利尿功能。用于咽痛音哑、痰热咳嗽、小便不利；外治天疱疮、湿疹。

【忍冬科　Caprifoliaceae】

二十五、金银花　*Lonicera japonica* Thunb.

别名忍冬、金银藤、鸳鸯藤等。

【科属地位】忍冬科忍冬属。

【形态特征】落叶攀缘性灌木。

幼枝密生柔毛和腺毛。单叶对生，叶柄短；叶片卵形至卵状椭圆形，幼时两面被毛，先端短渐尖或钝，基部圆形至近心形，全缘。2花成对生于叶腋；苞片叶状，边缘有纤毛；萼筒无毛，5裂；花冠二唇形，上唇4裂，常合并、直立，下唇反转，约与花冠筒等长，初开时白色，后变黄色，有芳香；雄蕊5枚，与雌蕊花柱均稍超出花冠；雌蕊子房下位，花柱细长，柱头头状，黄色。浆果球形，黑色（图1-25）。

图1-25　金银花
（吴东兵　摄）

花期6～8月，果期8～10月。有时秋季也开花。

【生长环境和分布】生于山坡灌丛和疏林中。原产于中国。除野生外，全国各地多栽培。

【药用部位】干燥花蕾和初开的花。

【性味、功能和主治】味甘，性寒。归肺、心、胃经。有清热解毒、凉散风热功能。用于痈肿疔疮、喉痹、丹毒、热毒血痢、风热感冒、温病发热。

【桔梗科 Campanulaceae】

二十六、党参 *Codonopsis pilosula* Nannf

别名西党、纹党、晶党等。

【科属地位】桔梗科党参属。

【形态特征】多年生草质藤本植物。

植株具臭味，有白色乳汁。根锥状圆柱形，外皮黄褐色至灰棕色。茎细长而多分枝，光滑无毛。叶互生或对生，叶柄有刺毛；叶片卵形或狭卵形，叶缘有波状齿或全缘。花1～3朵生于分枝顶端；花萼无毛，一般4裂，有时5裂，裂片长圆状披针形或三角状披针形；花冠淡黄绿色，具污紫色斑点，宽钟形，无毛，先端5浅裂，裂片正三角形；雄蕊5枚，花丝中下部略加宽；雌蕊子房半下位，3室，胚珠多数，柱头3裂。蒴果圆锥形，花萼宿存，3瓣裂。种子长圆形，棕褐色，有光泽（图1-26）。

花期7～8月，果期8～9月。

图1-26 党 参

（冯淑华 摄）

【生长环境和分布】生于山地林内、灌丛中。分布于东北、华北，以及河南、山西、宁夏、甘肃、四川等地。

【药用部位】干燥根。此外，素花党参 *Codonopsis pilosula* Nannf. var. *modesta*（Nannf.）L. T. Shen 或川党参 *Codonopsis tangshen* Oliv. 的干燥根也同样入药。

【性味、功能和主治】味甘，性平。归脾、肺经。有补中益气、健脾益肺功能。用于脾肺虚弱、气短心悸、食少便溏、虚喘咳嗽、内热消渴。

不宜与藜芦同用。

二十七、桔梗 *Platycodon grandiflorum* A. DC.

别名白药、梗草、铃铛花、六角花、和尚头花等。

【科属地位】桔梗科桔梗属。

【形态特征】多年生草本。

有乳汁。根圆柱形，肉质，分枝少。茎通常不分枝或上部略分枝。单叶，茎上部叶互生，中下部叶对生或轮生，无柄或有短柄，叶片卵形至卵状披针形，顶端尖锐，基部楔形，边缘有锐锯齿。花单生或数朵生于枝端，成疏生总状花序，有柄；花萼钟状，顶端5裂，裂片三角状披针形；花冠宽钟状，蓝色、蓝紫色，也有白色，较大，顶端5裂，裂片三角形，尖顶；雄蕊5枚，花丝短，基部宽，密生细毛；雌蕊子房下位，5室，柱头5裂，反卷，密被白毛。蒴果倒圆卵形，成熟时顶部5瓣裂。种子多数，卵形，黑褐色（图1-27）。

图1-27 桔 梗
（曹广才 摄）

花期7～10月，果期8～11月。

【生长环境和分布】生于山坡草地、林缘等环境中。喜阳光充足、凉爽湿润的环境，略耐半阴，耐寒、耐热，对土壤要求不严。原产中国，分布于南北各地。

【药用部位】干燥根。

【性味、功能和主治】味苦、辛，性平。归肺经。有宣肺、利咽、祛痰、排脓功能。用于咳嗽痰多、胸闷不畅、咽痛、音哑、肺痈吐脓、疮疡脓成不溃。

【菊科 Compositae】

二十八、紫菀 *Aster tataricus* L. f.

别名青牛舌头花、青菀、驴耳朵菜等。

【科属地位】菊科紫菀属。

【形态特征】多年生草本植物。

根茎短，密生多数须根。茎直立，粗壮，通常不分枝，被糙毛。基生叶丛生，大型，有长柄，叶片椭圆状匙形，基部下延；茎生叶互生，无柄，叶片长椭圆形或披针形，表面粗糙，先端急尖，边缘有不整齐的粗锯齿，基部楔形下延。头状花序多数，伞房状排列，有长柄；总苞半球形；花序边缘为雌性蓝紫色舌状花，先端 3 齿裂，花柱 1 条，柱头 2 分叉；花序中央为两性黄色管状花，先端 5 齿裂，雄蕊 5 枚，花药细长，聚药，包围花柱，雌蕊子房下位，柱头 2 分叉，冠毛白色。瘦果扁平，上部具短伏毛，顶端具宿存冠毛（图 1-28）。

图 1-28 紫 菀
（曹广才 摄）

花期 8～9 月，果期 9～10 月。

【生长环境和分布】生于低山阴坡湿地、河边草地。分布于东北、华北，以及安徽、陕西、甘肃、青海等地。

【药用部位】干燥根和根茎。

【性味、功能和主治】味辛、苦，性温。归肺经。有润肺下气、消痰止咳功能。用于痰多喘咳、新久咳嗽、劳嗽咳血。

二十九、苍术　*Atractylodes chinensis*（Bunge）**Koidz.**

别名北苍术、山刺儿菜、山苍术、枪头菜等。

【科属地位】菊科苍术属。

【形态特征】多年生草本植物。

根状茎肥大，呈结节状。茎单一，上部分枝，疏被柔毛。茎下部叶有短柄或无柄，革质，叶片倒卵形或倒卵状匙形，不分裂或 3～7（9）羽状浅裂至深裂，先端钝圆或稍尖，基部楔形至圆形，边缘有具硬刺的齿；茎上部叶渐小，披针形或狭长椭圆形，不分裂。头状花序单生于茎顶或分枝顶端，基部有 1 层叶状苞片，披针形，与头状花序近等长，其羽状裂片呈刺状；总苞杯状，总苞片 7～8 层，有微毛，外层长卵形，中层长圆形，内层长圆状披针形；管状花白色，先端 5 裂，裂片披针形；两性花的雄蕊花药基部箭形，雌蕊花柱分枝短，有白色纤毛；雌花的花柱舌状分枝，稍开展。瘦果圆柱形，密被白色长柔毛，冠毛羽毛状（图 1-29）。

图 1-29　苍　术
（曹广才　摄）

花期 7～9 月，果期 9～10 月。

【生长环境和分布】生于山坡、灌丛、林下、山坡草地等处。分布于东北、华北，以及山东、河南、陕西等地。

【药用部位】干燥块根。

【性味、功能和主治】味辛、苦，性温。归脾、胃、肝经。有燥湿健脾、祛风散寒、明目功能。用于脘腹胀满、泄泻、水肿、脚气痿躄、风湿痹痛、风寒感冒、夜盲。

三十、药菊　*Chrysanthemum morifolium* Ramat.

别名杭菊（浙江）、滁菊（安徽）、亳菊（安徽）、贡菊（安徽）、怀菊（河南）、川菊（四川）等，都是菊花 *Chrysanthemum morifolium* Ramat. 这个物种的不同栽培品种，因产地不同而有不同的名称。其种名也写作 *Dendranthema morifolium* (Ramat.) Tzvel.。其中的亳菊、滁菊、贡菊、杭菊是中国四大名菊，是菊花中的典型入药品种。

【科属地位】菊科菊属。

【形态特征】多年生草本植物。

根状茎多，稍有木质化。茎带紫色，有灰色细毛或绒毛。单叶互生，有叶柄，叶片卵形、卵圆形或卵状披针形，羽状浅裂，边缘有粗大锯齿或深裂。数个头状花序排列成聚伞状，外层苞片条形，绿色，边缘干膜质，被白色毛，内层苞片长椭圆形，干膜质；边缘舌状花雌性，花冠白色、黄色、红色或紫色，雌蕊柱头2裂；中间管状花两性，花冠黄色，5裂片，雄蕊5枚，雌蕊子房下位，柱头2裂。营养器官繁殖，不结实（图1-30）。

花期10～11月。

图1-30　药　菊

（时祥云　摄）

几个入药品种的特征如下。

1. 亳菊　头状花序呈倒圆锥形或圆筒形，有时稍压扁呈扇形，离散；总苞碟状，总苞片3～4层，卵形或椭圆形，草质，黄绿色或褐绿色，外面被柔毛，边缘膜质；花托半球形，无托片或托毛；舌状花数层，雌性，位于外围，类白色，劲直，上举，纵向折缩，散生金黄色腺点；管状花多数，两性，位于中央，为舌状花所隐藏，黄色，顶端 5 齿裂。瘦果不发育，无冠毛。体轻，质柔润，干时松脆。气清香，味甘、微苦。

2. 滁菊　头状花序呈不规则球形或扁球形。舌状花类白色，不规则扭曲，内卷，边缘皱缩，有时可见淡褐色腺点；管状花大多隐藏。

3. 贡菊　头状花序呈扁球形或不规则球形。舌状花白色或类白色，斜升，上部反折，边缘稍内卷而皱缩，通常无腺点；管状花少，外露。

4. 杭菊　头状花序呈碟形或扁球形，常数个相连成片。舌状花类白色或黄色，平展或微折叠，彼此粘连，通常无腺点；管状花多数，外露。

【生长环境和分布】典型的短日照植物。全国各地多栽培。药用品种主要栽培于河南、河北、山东、安徽、江苏、浙江、四川等地。

【药用部位】干燥花序。

【性味、功能和主治】味甘、苦，性微寒。归肺、肝经。有散风清热、平肝明目功能。用于风热感冒、头痛眩晕、目赤肿痛、眼目昏花。

三十一、蒲公英　*Taraxacum mongolicum* Hand. - Mazz.
别名婆婆丁、黄花地丁、蒲公草、乳汁草等。

【科属地位】菊科蒲公英属。

【形态特征】多年生草本植物。

全体有白色乳汁，植株被白色疏软毛。根深长，单一或分枝，外皮黄棕色。叶根生，排列成莲座状，有叶柄，叶柄基部两侧扩大成鞘状；叶片线状披针形、倒披针形或倒长圆形，先端尖或钝，基部狭窄，边缘线状浅裂或不规则羽状分裂，裂片齿状或三角形，全缘或有疏齿，裂片间具细齿，被白色蛛丝状毛。头状花序单生于花葶顶端，总苞淡绿色，内层总苞片长于外层；花序全部由两性舌状花组成，花冠黄色，先端平截，5齿裂，下部 1/3 连成管状；雄蕊 5 枚，聚药，花丝分离；雌蕊 1，子房下位，花柱细长，柱头 2裂，有短毛。瘦果倒披针形，有纵棱，并有横纹相连，全部有刺状突起，果顶具长喙，冠毛白色（图1-31）。

图 1-31　蒲公英
（李琳　摄）

花期 4～5 月，果期 6～7 月。

【生长环境和分布】生于山坡草地、路旁、河岸沙地和田野间。分布于东北、华北、西北、华东、西南各地。

【药用部位】干燥全草入药，称"公英"。

【性味、功能和主治】味苦、甘，性寒。归肝、胃经。有清热解毒、消肿散结、利尿通淋功能。用于疔疮肿毒、乳痈、瘰疬、目赤、咽痛、肺痈、肠痈、湿热黄疸、热淋涩痛。

第二节　单子叶植物

【天南星科　Araceae】

三十二、天南星　*Arisaema erubescens*（Wall.）Schott 或 *Arisaema consanquineum* Schott

别名一把伞南星、南星、白南星、山苞米、野苞谷等。

【科属地位】天南星科天南星属。

【形态特征】多年生草本植物。

块茎球形，稍扁，外皮黄褐色。基生叶直立如茎状，叶柄肉质，下部成鞘，基部包有透明膜质长鞘；叶片在叶柄顶端全裂成小叶片状，似掌状羽叶，小裂片7～23片，披针形至长披针形，末端细尖。雌雄异株，棒状肉穗花序自叶柄抽出，外包一个绿而微带紫色的佛焰苞；雄花序上部有中性花，雄花的雄蕊2～4，花丝愈合；雌花序的花无花柱。果实为鲜红色浆果（图1-32）。

花期5～7月，果期8～9月。

图1-32 天南星
（吴东兵 摄）

【生长环境和分布】生于林下、灌丛或荒草丛。分布于全国大部分省（自治区、直辖市）。

【药用部位】干燥块茎。

【性味、功能和主治】味苦、辛，性温，有毒。归肺、肝、脾经。有燥湿化痰、祛风止痉、散结消肿功能。用于顽痰咳嗽、风痰眩晕、中风痰壅、口眼歪斜、半身不遂、癫痫、惊风、破伤风；生用外治痈肿、蛇虫咬伤。

三十三、异叶天南星 *Arisaema heterophyllum* Blume

别名独角莲、虎掌、土南星等。

【科属地位】天南星科天南星属。

【形态特征】多年生草本植物。

块茎近球形，上表面扁平，常有侧生小球状块茎。叶单一，叶柄很长，下部鞘状；叶片趾状分裂，9～20小裂片，裂片倒披针形或狭长圆形，全缘，中裂片较侧裂片短小。花序柄比叶柄短，佛焰苞长且宽，喉部斜形，边缘稍外卷，檐部卵形或卵状披针形，有时下弯呈盔状，花序轴与佛焰苞分离；雌雄同株或雄花异株，两性花序和雄花序单生，附属器细长，鼠尾状，伸出佛焰苞外；两性花序上的雄花在上，疏生，每小花具 2～4 雄蕊；雌花在下，小花密生，子房球形，花柱明显。浆果红色、黄白色，密集。种子黄色，具红色斑点（图 1-33）。

图 1-33　异叶天南星
（曹广才　摄）

花期 5～7 月，果期 7～9 月。

【生长环境和分布】生于林下和灌丛中的阴湿地。分布于东北、华北、西北、西南及其他省（自治区、直辖市）。

【药用部位】干燥块茎。

【性味、功能和主治】味苦、辛，性温，有毒。归肺、肝、脾经。有燥湿化痰、祛风止痉、散结消肿功能。用于顽痰咳嗽、风痰眩晕、中风痰壅、口眼歪斜、半身不遂、癫痫、惊风、破伤风；生用外治痈肿、蛇虫咬伤。

三十四、掌叶半夏　*Pinellia pedatisecta* Schott

别名虎掌南星、狗爪半夏、大三步跳等。

【科属地位】天南星科半夏属。

【形态特征】多年生草本植物。

块茎扁球形，类似半夏，但较大，周围常有小块茎。叶基生，1～3 或更多，成丛生状；叶柄纤细柔弱，淡绿色，下部成鞘状；一年生叶片心形，二年生或多年生叶片掌状全裂，裂片 5～11，披针形或狭椭圆形，中裂片较大，两侧裂片依次渐小，全缘。肉穗花序顶生，花序柄很长，与叶柄等长或稍长，佛焰苞淡绿色，披针形，下部筒状，长圆形，先端锐尖；花单性，无花被，雌雄同株；雄花在花序上端，小花密生，雄蕊密集成圆筒状，有香蕉气味；雌花着生在花序下部，贴生于苞片上，子房卵圆形；雄花与雌花之间有极短的一段着生不育花；花序先端有线状稍弯曲的附属物。浆果卵圆形，黄白色，藏于佛焰苞内，内含 1 粒种子（图 1 - 34）。

图 1 - 34 掌叶半夏
（曹广才 摄）

花期 6 ～ 7 月，果期 9 ～ 11 月。

【生长环境和分布】生于林下、山谷、荒草丛中。分布于华北、华东、中南、华南以及西北、西南各地。

【药用部位】干燥块茎。

【性味、功能和主治】味辛，性平，有毒。功能和主治参看半夏（掌叶半夏目前尚未载入国家药典）。

三十五、半夏 *Pinellia ternata* (Thunb.) **Breit.**

别名三叶半夏、三叶老、三步跳、麻玉果、燕子尾、药狗丹、麻芋子。

【科属地位】天南星科半夏属。

【形态特征】多年生草本植物。

地下小块茎球形或扁球形，白色肉质，下部生多数须根。叶从块茎顶端生出，幼苗时常具单叶，卵状心形；老株的叶为 3 小叶的复叶，小叶椭圆形至披针形，中间一片较大，两边的较小，先端锐尖，基部楔形，有短柄，叶脉为羽状网脉，侧脉在近边缘处联合；叶柄下部内侧面生 1 白色珠芽，有时叶端也有 1 枚珠芽，卵形。花葶高出于叶，很长；佛焰苞下部细管状，绿色，内部黑紫色，上部片状，呈椭圆形；花单性同株，肉穗花序基部一侧与佛焰苞贴生，花序的上部生雄花，下部生雌花，花序轴先端附属物延伸呈鼠尾状；雄花的雄蕊2枚，花丝短；雌花的子房卵球形，花柱明显。浆果卵圆形，熟时绿色（图1-35）。

图1-35　半　夏
（曹广才　摄）

花期5～7月，果期8～9月。

【生长环境和分布】喜温和湿润气候，怕干旱、忌高温、畏强光。野生于山坡、溪边阴湿的草丛或疏林下。分布较广泛，除黑龙江、吉林、内蒙古、新疆、青海、西藏外，各地均有分布。主产于四川、湖北、河南、安徽、浙江、山东、贵州等地，以四川、湖北、河南、浙江、山东产者质量最佳。

【药用部位】干燥块茎。

【性味、功能和主治】味辛，性温，有毒。归脾、胃、肺经。有燥湿化痰、降逆止呕、消痞散结功能。用于痰多咳喘、痰饮眩悸、风痰眩晕、痰厥头痛、呕吐反胃、胸脘痞闷、梅核气；生用外治痈肿痰核。姜半夏多用于降逆止呕；外用适量，磨汁涂或研末以酒调敷患处。

注意不宜与乌头类药材同用。

【百部科　Stemonaceae】

三十六、蔓生百部　*Stemona japonica*（Bl.）Miq.

别名百部、药虱药等。

【科属地位】百部科百部属。

【形态特征】多年生缠绕草本植物。

地下块根成束，肉质，长纺锤形。茎下部直立，上部蔓生。叶轮生，叶柄较长，叶片卵形至卵状披针形，基部圆形、宽楔形或截形，边缘微波状，叶脉5～9条。花单生或数朵排成聚伞花序，总花梗基部与叶柄或叶中脉愈合；花被4片，淡绿色，卵状披针形至卵形，开放后向外反卷；雄蕊4枚，花丝短，花药内向，线形，雄蕊顶端有1短钻状附属物；雌蕊子房卵形，甚小，无花柱。蒴果卵形，稍扁。种子数粒，长椭圆形，深紫褐色（图1-36）。

图1-36 蔓生百部
（张琴英 摄）

花期4～5月。果期6月，8月中旬蒴果成熟开裂。11月植株进入休眠期。

【生长环境和分布】生于山地、丘陵灌丛、林边、竹林下。适宜温暖湿润气候，对土壤要求不严。分布于山东、安徽、江苏、浙江、福建、江西、河南、湖北、四川、陕西等地，在北京药圃有栽培。

【药用部位】干燥块根。

【性味、功能和主治】味甘、苦，性微温，有小毒。归肺经。有润肺下气止咳、杀虫功能。用于新久咳嗽、肺痨咳嗽、百日咳；外用于头虱、体虱、蛲虫病、阴痒。蜜百部润肺止咳，用于阴虚劳嗽。

【百合科 Liliaceae】

三十七、铃兰 *Convallaria majalis* L.

别名铃铛花、香水花、鹿铃草、草玉铃、小芦铃、芦藜花、草寸香、君影草。

【科属地位】百合科铃兰属。

【形态特征】多年生草本植物。

根状茎细长，匍匐，白色，有节，有多数细须根。叶通常2枚，叶片椭圆形或椭圆状披针形，顶端急尖，基部狭窄，下延成鞘状互抱的叶柄，有两面突起的弧形脉多条；植株基部有数枚鞘状的膜质鳞片。花葶由鳞片腋内抽出，顶端微弯，总状花序偏向一侧，花6～10朵，花被乳白色，广钟形，下垂，有芳香，先端6裂，裂片比筒部短，广三角形，钝尖，先端稍向外反卷；雄蕊6枚，花丝短，着生于花被筒的基部；雌蕊子房3室，卵球形，花柱柱状。浆果球形，熟时红色。种子4～6枚（图1-37）。

图1-37　铃　兰
（曹广才　摄）

花期5～6月，果期6～8月。

【生长环境和分布】喜凉爽湿润气候，耐严寒。生于山地阴坡林下或林边草丛中。分布于东北及河北、山东、河南、山西、陕西、甘肃、宁夏等地。

【药用部位】全草入药。

【性味、功能和主治】味甘、苦，性温，有毒。有强心利水功能（铃兰目前暂未载入国家药典）。

三十八、平贝母　*Fritillaria ussuriensis* Maxim.

别名平贝、贝母等。

【科属地位】百合科贝母属。

【形态特征】多年生草本植物。

由2枚鳞片组成鳞茎，周围常有少数易脱落的小鳞茎。茎直立，光滑。中部叶轮生，上部叶常对生或全为互生，条形至披针形，先端不卷曲或稍卷曲。花单生于腋下，花梗细，全株有花1～3朵，下垂；4～6枚叶状苞片，苞片先端强烈卷曲；花被狭钟形，外面污紫色，内面紫色而具黄色小方格纹，6片花被排成2轮，花被片长圆状倒卵形，外花被片比内花被片稍长而宽，蜜腺窝在内花被片背面明显凸出；雄蕊6枚，长约为花被片的3/5，花药近基生，花丝具小乳突，上部更多；雌蕊花柱具乳突，柱头有裂片。蒴果广倒卵形，具圆棱（图1-38）。

图1-38 平贝母
（田义新 摄）

花期5～6月，果期6月。

【生长环境和分布】生于林下、草甸或河谷。分布于黑龙江、吉林和辽宁等省。吉林多栽培。

【药用部位】干燥鳞茎。

【性味、功能和主治】味苦、甘，性微寒。归肺、心经。有清热润肺、化痰止咳功能。用于肺热燥咳、干咳少痰、阴虚劳嗽、咳痰带血。

注意不宜与乌头类药材同用。

三十九、北重楼　*Paris verticillata* **M. Bieb.**

别名重楼、上天梯、王孙、轮叶王孙、七叶一枝花、露水一颗珠等。

【科属地位】百合科重楼属。

【形态特征】多年生直立草本植物。

地下根状茎细长，圆柱形，肥厚肉质，具节状膨大，节上生根。茎单一，绿白色，有时带紫色。叶6～8枚轮生于茎顶，叶片倒卵圆状披针形，具短柄或近无柄。花柄单一，自叶轮中心抽出，顶生 1 花，萼片披针形至宽卵形；外轮花被片叶状，绿色，通常 4 或 5 枚，内轮花被片线形，黄绿色；雄蕊 8 枚，花药条形；雌蕊子房近球形，无棱，紫褐色，花柱有 4～5 个细长且外卷的分枝。浆果状蒴果，不开裂。种子多数（图 1-39）。

花期 5～7 月，果期 7～9 月。

图 1-39 北重楼
（向春玲、聂二保 摄）

【生长环境和分布】生于山坡林下、草丛中、阴湿地和沟边。东北、华北、西北和华东地区均有分布。

【药用部位】根茎。

【性味、功能和主治】味苦，性寒，有小毒。有消炎止痛、清热解毒功能（北重楼目前暂未载入国家药典）。

四十、玉竹 *Polygonatum odoratum* (Mill.) **Druce**

别名萎蕤、玉参、尾参等。

【科属地位】百合科黄精属。

【形态特征】多年生草本植物。

根状茎横生，肉质，淡黄白色，呈稍扁的圆柱形，多节，节间长，密生多数须根。茎单一，向一边稍倾斜，具纵棱，光滑无毛，绿色，有时稍带紫红色。单叶互生，呈 2 列，叶柄短或几无柄，叶片椭圆形或窄椭圆形，先端钝尖，基部楔形，全缘，上表面绿色，下表面粉绿色，中脉隆起。花腋生，单一或 2 朵生于长梗顶端；花梗俯垂，无苞片；花被管窄钟形，白色

至黄绿色，先端 6 裂；雄蕊 6
枚，花丝白色，近光滑至有乳
头状突起，花药黄色，不外露；
雌蕊子房上位，3 室，花柱单
一，线形。浆果熟时紫黑色，
光滑（图 1 - 40）。

图 1 - 40　玉　竹
（吴东兵　摄）

花期 5～6 月，果期 7～9 月。

【生长环境和分布】喜凉爽
湿润气候，耐寒、不耐旱。生于
山野林下、林缘、灌丛、草丛或
石缝间阴湿处。分布于东北、华
北、西北及山东、安徽、河南、
湖北、四川等地。

【药用部位】干燥根茎。

【性味、功能和主治】味甘，性微寒。归肺、胃经。有养阴
润燥、生津止渴功能。用于肺胃阴伤、燥热咳嗽、咽干口渴、内
热消渴。

四十一、黄精　*Polygonatum sibiricum* Delar. ex Redoute

别名龙衔、兔竹、鹿珠、马箭、笔管菜、野生姜、山生姜、
鸡头参、鸡头黄精、黄鸡菜。

【科属地位】百合科黄精属。

【形态特征】多年生草本植物。

根状茎横生，黄白色，肉质肥厚，略成扁圆柱形，有数个，
或多个形如鸡头的部分连接而成为大头小尾状，生茎的一端较肥
大，且向一侧分叉，茎枯后留下圆形茎痕如鸡眼，节明显，节部
生少数根。茎直立，单一，稍弯曲，圆柱形，光滑无毛。叶无
柄，通常 4～6 枚轮生；叶片条状披针形，先端渐尖并卷曲，上
表面绿色，下表面粉绿色，主脉平行，中央脉粗壮在下面隆起。
花腋生，下垂，2～4 朵集成伞形花丛，总花梗顶端通常 2 分叉，各生花 1 朵；苞片膜质且小，比花梗短或几等长；花被筒状，白色至淡黄色，先端 6 齿裂，裂片披针形；雄蕊 6 枚，着生于花被筒的 1/2 以上处，花丝短；雌蕊 1，子房上位，花柱长为子房的 1.5～2 倍。浆果球形，成熟时呈暗黑色（图 1-41）。

图 1-41　黄　精
（曹广才　摄）

花期 5～6 月，果期 7～8 月。

【生长环境和分布】喜凉爽湿润气候，耐寒、耐阴湿。生于阴湿的山地灌丛中或林边。分布于东北、华北以及宁夏、甘肃、陕西、河南、山东、安徽等地。

【药用部位】干燥根茎。

【性味、功能和主治】味甘，性平。归脾、肺、肾经。有补气养阴、健脾、润肺、益肾功能。用于脾胃虚弱、体倦乏力、口干食少、肺虚燥咳、精血不足、内热消渴。

四十二、知母　*Anemarrhena asphodeloides* **Bge.**

别名蒜辫子草、羊胡子根等。

【科属地位】百合科知母属。

【形态特征】多年生草本植物。

地下根状茎横走，肥厚粗壮，覆盖着成纤维状残留的叶鞘，黄褐色，下部生多数肉质须根。叶基生，线形，很长，先端渐尖，基部渐宽而成鞘状，叶片上的叶脉为平行脉，中脉不明显。花葶比叶长得多，小花排成总状花序，苞片小，卵形或卵圆形；花粉红色、淡紫色至白色，有短梗，多在夜间开放，有香气；花序上的小花具花被 6 片，2 轮，长圆形，外轮有紫色脉纹，内轮淡黄色；雄蕊 3 枚，着生于内轮花被片上；雌蕊子房长卵形，3 室。蒴果长圆形，具 6 纵棱，有短喙。种子长三棱形，黑色，两侧有翼（图 1-42）。

花期 5～8 月，果期 8～9 月。

【生长环境和分布】生于山坡、丘陵或草原。分布于东北、华北、西北等地。

图 1-42 知 母
（李琳 摄）

【药用部位】干燥根茎。

【性味、功能和主治】味苦、甘，性寒。归肺、胃、肾经。有清热泻火、生津润燥功能。用于外感热病、高热烦渴、肺热燥咳、骨蒸潮热、内热消渴、肠燥便秘。

四十三、石刁柏 *Asparagus officinalis* L.

别名芦笋、小百部、山文竹等。

【科属地位】百合科天门冬属。

【形态特征】多年生草本植物。

根稍肉质。茎直立，光滑无刺，上部在后期常俯垂，分枝较柔弱；嫩茎粗厚，有紧贴的鳞片状叶；叶状枝每 3～6 枚成簇，近圆柱形，稍压扁，纤细，略弧曲。叶鳞片状，基部具刺状短矩或近无矩。花每 1～4 朵腋生，单性，雌雄异株，绿黄色，有梗，关节位于上部或中部；雄花的花被 6 片，花丝中部以下

图 1-43（1） 石刁柏
（曹广才 摄）

贴生于花被片上，花药矩圆形；雌花较小，花被具6枚退化雄蕊。浆果球形，成熟时红色，具2～3粒黑色种子［图1-43（1）、图1-43（2）］。

图1-43（2）　石刁柏
（曹广才　摄）

花期5～7月，果期8～9月。

【生长环境和分布】喜夏季温暖、冬季冷凉的气候，生长最适气温20～30℃，地温15～20℃，耐寒。新疆有野生，其他地区多有栽培。

【药用部位】块根。

【性味、功能和主治】味苦、微辛，性微温。有润肺镇咳、祛痰杀虫功能。用于肺热咳嗽、杀疳虫；外治皮肤疥癣及寄生虫。

【石蒜科　Amaryllidaceae】

四十四、石蒜　*Lycoris radiata*（L. Herit.）Herb.

别名红花石蒜、老鸦蒜、龙爪花等。

【科属地位】石蒜科石蒜属。

【形态特征】多年生草本植物。

地下鳞茎宽椭圆形或近球形，外被紫褐色皮，下端密生须根，鳞茎上端有时再生鳞茎。基生叶，秋冬生出，翌年夏枯死，叶片条形或带形，很长，先端钝圆，全缘。叶枯后生出很长的实心花葶，具

图1-44（1）　石　蒜
（张琴英　摄）

2 片披针形干膜质总苞片，伞形花序顶生，4～6 朵花，花被有 6 裂片，红色或具白色边缘，裂片狭倒披针形，边缘皱波状，向外卷曲，花被管短，绿色，喉部有鳞片；雄蕊 6 枚，着生在花被管喉部，长约为花被裂片的 2 倍；雌蕊子房下位，3 室，花柱细弱，伸出花被外，柱头头状且小。蒴果，一般不能成熟［图 1 - 44（1）、图 1-44（2）］。

图 1 - 44（2） 石 蒜
（张琴英 摄）

花期 8～10 月，果期 10～11 月。

【生长环境和分布】 生于山地阴湿处、林缘等处。多栽培。分布于华东以及陕西、甘肃、湖北、湖南、广东、广西、贵州、四川、云南等地。

【药用部位】 鳞茎。

【性味、功能和主治】 味辛，性平，有小毒。有解毒、祛痰、利尿、催吐功能（石蒜目前暂未载入国家药典）。

【鸢尾科 Iridaceae】

四十五、射干 *Belamcanda chinensis*（L.）DC.

别名鸟扇、扁竹、黄远、草姜、凤翼、绞剪草、剪刀草、山蒲扇、扇子草、野萱花、蝴蝶花。

【科属地位】 鸢尾科射干属。

【形态特征】 多年生草本植物。

根茎横走，扁圆形，有鲜黄色不规则结节，断面黄色，生有多数须根。茎直立，光滑无毛。叶互生，无柄，常聚生于茎基，互相嵌叠而抱茎，排成 2 列，广剑形，扁平，革质，长且宽，顶端锐尖，有平行脉多条。伞房状聚伞花序顶生，总花梗和每花的花梗基部有膜质苞片；花被 6 片，排为 2 轮，上面橘黄色，散生暗红色斑点，下面淡黄色；雄蕊 3 枚，贴生于花被基部，花丝红色；雌蕊子房下位，3 室，有 3 纵槽，花柱 1，倾斜，柱头膨大，3 裂。蒴果三角状倒卵形至长椭圆形，3 室，每室有种子 3～8 粒，成熟时室背开裂，顶部有部分凋萎的花被宿存。种子多数，圆形，黑色，有光泽 [图 1 - 45 (1)、图 1 - 45 (2)]。

图 1 - 45 (1)　射　干
（曹广才　摄）

图 1 - 45 (2)　射　干
（李琳　摄）

花期 7～9 月，果期 8～9 月。

【生长环境和分布】喜温暖干燥气候，耐寒、耐旱。人工栽培或野生于山坡、草地、田边、沟谷、林缘等处。分布于全国各地。

【药用部位】干燥根茎。

【性味、功能和主治】味苦，性寒。归肺经。有清热解毒、消痰利咽功能。用于热毒痰火郁结、咽喉肿痛、痰涎壅盛、咳嗽气喘。

主要参考文献

曹广才，沈漫 . 2009. 野生草本花卉及引种栽培 [M] . 北京：中国农业科学技术出版社.

曹广才，王俊英，王连生．2008．中国北方药用农田杂草［M］．北京：中国农业科学技术出版社．

曹广才，张金文，许永新，等．2008．北方草本药用植物及栽培技术［M］．北京：中国农业科学技术出版社．

丁自勉，孙宝启，曹广才．2008．观赏药用植物［M］．北京：中国农业出版社．

甘肃植物志编辑委员会．2005．甘肃植物志［M］．兰州：甘肃科学技术出版社．

国家药典委员会．2005．中华人民共和国药典（一部）［M］．北京：化学工业出版社．

国家药典委员会．2010．中华人民共和国药典（一部）［M］．北京：中国医药科技出版社．

河北植物志编辑委员会．1986．河北植物志［M］．石家庄：河北科学技术出版社．

贺士元，等．1993．北京植物志［M］．北京：北京出版社．

李书心，等．1988．辽宁植物志［M］．沈阳：辽宁科学技术出版社．

李廷华，曹广才，姚高宽．2004．食药用花卉［M］．北京：中国农业出版社．

马毓泉，等．1991．内蒙古植物志［M］．呼和浩特：内蒙古人民出版社．

全国中草药汇编编写组．2000．全国中草药汇编彩色图谱［M］．北京：人民卫生出版社．

王恭祎，赵波．2009．林地间作［M］．北京：中国农业科学技术出版社．

肖培根，连文琰．1999．中药植物原色图鉴［M］．北京：中国农业出版社．

新疆植物志编辑委员会．1993．新疆植物志［M］．乌鲁木齐：新疆科技卫生出版社．

中国科学院中国植物志编辑委员会．1978—1999．中国植物志（1～80卷）［M］．北京：科学出版社．

中国药物大全编委会．2005．中国药物大全·中药卷［M］．北京：人民卫生出版社．

中华人民共和国卫生部药典委员会．1995．中华人民共和国药典中药彩色图集［M］．广州：广东科技出版社．

周以良，等．2001．黑龙江省植物志［M］．哈尔滨：东北林业大学出版社.

第二章

药用植物的引种驯化

第一节　显花植物的生活类型

一、对温度的反应类型

植物的生理活动、生化反应都必须在一定的温度条件下才能进行，其生长发育都有温度"三基点"，即最低温度、最适温度、最高温度。超过这个温度范围，生理活动就会停止，甚至全株死亡。在此温度范围内，植物处在最适温度条件下的时间越长，对其生长发育和代谢越有益。植物的发育有时也要靠特定温度诱导。

显花植物种类很多，对温度的要求也各不一样。根据其对温度的要求不同可分为耐寒植物、半耐寒植物、喜温植物和耐热植物。

（一）耐寒植物

耐寒植物一般能耐 $-2 \sim -1 \, \text{℃}$ 的低温，短期内可以忍耐 $-10 \sim -5 \, \text{℃}$ 低温，同化作用最旺盛的温度为 $15 \sim 20 \, \text{℃}$ ，或到了冬季地上部分枯死，地下部分越冬能耐 $0 \, \text{℃}$ 以下，甚至到 $-10 \, \text{℃}$ 低温的一类植物。如人参、细辛、百合、平贝母、五味子、薤白、刺五加等。

（二）半耐寒植物

半耐寒植物能耐短时间 $-2 \sim -1 \, \text{℃}$ 的低温，在长江以南可以露地越冬，在华南各地冬季可以露地生长，同化作用最适温度为 $17 \sim 23 \, \text{℃}$ 的一类植物。如萝卜、菘蓝、芥菜、黄连、枸杞、知母等。

（三）喜温植物

喜温植物种子萌发、幼苗生长、开花结果都要求较高的温度，同化作用最适温度为 20～30℃，花期气温低于 10～15℃ 则授粉不良或落花落果的一类植物。如曼陀罗、颠茄、川芎、金银花等。

（四）耐热植物

耐热植物生长发育要求温度较高，同化作用最适温度多在 30℃ 左右，个别可在 40℃ 下正常生长的一类植物。如丝瓜、罗汉果、刀豆、冬瓜、南瓜等。

二、对光照的反应类型

长期生长在不同光强环境下的显花植物在形态结构和生理等方面产生了相应的适应。根据植物种间对光照度表现出的适应性差异，可以将植物分为阳生植物、阴生植物和中间性植物。

（一）阳生植物

阳生植物是只有在充足的直射阳光的环境中才能生长健壮和繁殖，它们需要光的最下限度量是全光照的 10%～20%，光饱和点在全光照的 40%～50% 以上，光补偿点为全光照的 3%～5%，在荫蔽和弱光条件下生长发育不良甚至死亡的一类植物。该类植物的光补偿点和光饱和点均较高，光合及呼吸速率也较高，多生长在旷野、路边、向阳坡地等光照条件好的地方。如雪莲、红景天、蒲公英、甘草、肉苁蓉、锁阳、枸杞、山药、红花、薏苡、地黄、薄荷、知母等。

（二）阴生植物

阴生植物是适宜生长在荫蔽的环境中，光饱和点在全光照的 50% 以下，一般为全光照的 10%～30%，光补偿点为全光照的 1% 左右（多数不足 1%），在较弱光照条件下比在强光下生长良好的一类植物。但阴生植物对光照的要求也不是越弱越好，当光照度低于其光补偿点时也不能生长。该类植物光补偿点和光饱和点均较低，光合及呼吸速率也较低，如暴露在全光照下会被晒伤或晒死，因此多生长在潮湿背阴的地方或密林中。如人参、西洋参、三七、黄连、细辛、天南星、淫羊藿、半夏、鱼腥草、刺五加等。

（三）中间性植物

中间性植物是介于以上两类植物之间，尤其是成熟植株在全光照条件下生长最好，但也能忍受适度的荫蔽或是在生育期间需要适度遮阴的一类植物。它们既能在阳地生长，又能在较阴的地方生长，只是不同的植物种类其耐阴性不同而已。如桔梗、黄精、肉桂、党参、麦冬、款冬、紫花地丁、大叶柴胡、莴苣、豆蔻、芹菜等。

以树木而言，阳生树种一般枝叶稀疏、透光，自然整枝良好，枝下高长，树皮通常较厚，叶色较淡，植株开花结实力较强，一般生长较快，寿命较短。阴生树种一般枝叶浓密、透光度小，自然整枝不良，枝下高短，树皮通常较薄，叶色较深，通常生长较慢，寿命较长。

从茎的形态结构来看，阳生植物的茎通常较粗，节间较短，分枝也多。如很多高山植物由于生长在强烈阳光下节间强烈缩短，常常变成矮态或莲座状。茎的内部结构是细胞体积较小、细胞壁厚，木质部和机械组织发达，维管束数目较多，结构紧密，含水量较少。阴生植物的茎通常细长，节间较长，分枝较少，茎内部细胞体积较大，细胞壁薄，细胞的大部分充满着细胞液，木质化程度较低，机械组织不太发达，维管束数目较少，结构疏松，含水量较多。

叶片是直接接受阳光的器官，因此形态结构受光的影响也最大。阳生植物的叶片一般较小，质地较厚，叶面上常有很厚的角质层覆盖，有的叶片表面有绒毛，气孔通常较小，较密集，叶脉细密而长；其内部结构是叶细胞较小，细胞壁较厚，且排列紧密，细胞间隙小，叶肉细胞强烈分化，栅栏组织较发达，常有2～3层，有时在上、下表皮层内都有栅栏组织，而海绵组织不发达。这种形态构造的叶子称为阳生叶。阴生植物叶片的形态结构与上述相反，称为阴生叶。就是同一个体上着生于不同受光部位的叶片，其形态结构也会明显地表现出阳生叶和阴生叶的不同特征（图2-1、图2-2）。

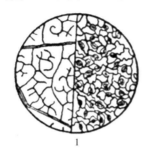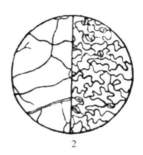

图 2-1　菜豆叶片内部结构比较

1. 菜豆的阳生叶，气孔密集，叶脉细密而长

2. 菜豆的阴生叶，气孔数较少，叶脉稀少

（引自曲仲湘、吴玉树、王焕校等，1983）

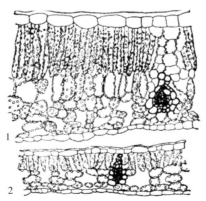

图 2-2　在不同光照情况下槭树叶片内部结构的变化

1. 着生在树冠南面受到充分光照处的叶子

2. 着生在同一树冠里面比较阴暗处的叶子

（引自曲仲湘、吴玉树、王焕校等，1983）

　　阳生植物的叶片在着生排列上常常与直射光成一定的角度；而阴生植物的叶柄常或长或短，叶形也或大或小，使叶片成镶嵌状排列在同一平面上，以充分利用阴暗不足的光线，这也是植物在形态上对不同光照度的适应特征。

　　阳生植物与阴生植物在生理上也有明显不同的适应特征。阳生植物的耐阴能力较弱，光补偿点和光饱和点较高，呼吸作用和蒸腾作用都较强，体内含盐分多，渗透压高，在原生质失水20%～30%时还不一定萎蔫，抗高温、干旱、病害的能力较强。阴生植物的耐阴能力较强，有的甚至能生长在非常阴暗的生境中，光补偿点和光饱和点较低，呼吸作用和蒸腾作用都较弱，体内含盐分较少，含水分较多，渗透压低，在原生质失水1%～5%时就会发生萎蔫，抗高温、干旱、病害的能力较弱。

　　此外，阳生植物和阴生植物之所以能适应不同的光照度，还与叶绿素有关。首先是叶绿素的含量不同。在单位叶面积中，阴生植物和遮阴叶的叶绿素含量大于阳生植物和阳生叶，因此阴生植物能在低光照度下吸收较多的光线，以提高其光合效能，这是阴生植物叶片长期处于弱光照下所形成的一种生理适应。其次是叶绿素的成分不同，阳生植物和阴生植物叶绿素 a 与叶绿素 b 的比值不同，这使它们能更好地适应于不同的光质成分。阳生植物叶绿素 a 与叶绿素 b 的比值较大，阴生植物叶绿素 a 与叶绿素 b 的比值较小。而叶绿素 a 与叶绿素 b 的吸收光谱不同，叶绿素 a 在红光部分的吸收带较宽、吸收峰较高，而叶绿素 b 在蓝紫光部分的吸收带较宽、吸收峰较高，所以阳生植物能在直射光下较充分地利用红光，而阴生植物则能在散射光下较好地利用蓝紫光。这又是植物以叶绿素的含量和成分特点对不同光照度的一种生理适应。

　　叶绿体的排列位置也常随光照强弱而变更，当光照过强时，叶绿体常排列成与入射光相平行的方向，以减少过强光照的有害作用；当光照较弱时，叶绿体的排列又多与入射光成直角，从而相应地增加了叶绿体对光能的吸收与利用。表 2-1 是阳生植物与阴生植物在形态结构和生理特征上的比较。

表 2-1　阳生植物、阴生植物形态结构和生理特征比较

(引自 **Boardman**，1977)

	项　　目	阳生植物	阴生植物
形态结构	叶片	厚	薄
	叶肉细胞层数	多	少
	叶绿体	小	大
	气孔/叶面积	较大	较小
	叶柄维管束形成	增加	减少
	叶表面角质层	厚	薄
生理特征	光补偿点	高	低
	光饱和点	高	低
	光抑制	无	有
	暗呼吸	高	低
生化特征	叶绿素含量	小	大
	叶绿素 a/叶绿素 b	大	小
	Rubp 羧化酶	多	少

　　了解植物对光照的反应类型，在作物的合理栽培、间作套种、引种驯化以及造林营林等方面都是非常重要的。在生产上，应该根据不同植物种类或品种对光的生态习性来调节生境中的光照条件，才能使不同生态类型的作物得到正常的生长，这是农业上选地、确定种植方式和栽培措施的依据之一。例如要种植的经济植物属于阴生植物类型，则在选地时就要选择背阴的地块，而且为了满足它们对适度荫蔽的需要，还要考虑采用搭棚或与其他作物进行间作套种等措施。如很多阴生的植物在野生状态都分布在阴坡和半阴坡，因此在人工栽培时就要给予一定程度的遮阴。例如人参必须搭棚栽种，若光照过强，则会发生日灼病。

　　在引种植物时，也必须考虑到两地光照条件的不同而采取相应的栽培措施，才不致使引种工作失败。如植物南移时，由于纬度降低，光照度增强，有些植物不能马上适应低纬度地区的强光照，因而需要采取遮阴等措施，特别是在夏季和幼苗阶段。野生的林下植物在进行人工栽培时，同样要考虑到光照强弱的改变而采取相应的措施。此外，也可以根据作物经济性状的要求改变光照条件，从而改变植物的形态结构，使作物按照所需要的经济性状进行生长。例如在栽种麻类时，要种得比较稠密，使株行间的枝叶相互遮阴，光照因而减弱，在这种条件下生长的麻茎秆很长，产量提高，同时茎部细胞比较细长，因此纤维细长而柔软，品质好。

此外还应注意，植物对光照度的要求也涉及其他因子的变化，如光照增强相应地会引起温度升高、大气湿度下降等。所以这也是以光照度为主导因子时，光、温、水、气等因子综合影响的结果。相应地，如阴生植物也是要求在大气和土壤含水量较高的环境中生长的植物，这说明各种环境因子都不是单独地起作用，而是相互影响、相互制约，综合地对植物起作用。

三、对光周期的反应类型

在温度、降水量、昼夜长度等会随季节有规律变化的气象因子中，昼夜长度变化是最可靠的信号，不同纬度地区昼夜长度的季节性变化是相对准确的。纬度越高的地区，夏季昼越长、夜越短，冬季昼越短、夜越长；春分和秋分时，各纬度地区昼夜长度相等，均为 12 小时。自然界一昼夜间的光暗交替称为光周期。生长在地球上不同地区的植物在长期适应和进化过程中表现出生长发育的周期性变化。植物对昼夜长度发生反应的现象称为光周期现象。

根据显花植物对光周期的反应可分为短日植物、长日植物、短长日植物、长短日植物、中日性植物和中间性植物。

（一）短日植物

短日植物指在日照长度只有短于其所要求的临界日长（一般

在 12～14 小时以下）才能成花的植物。对这些植物适当延长暗期可促进或提早开花，相反，如延长日照时间则推迟开花或不能开花。例如菊花需满足 10 小时以下的日照才能开花。属于这类的植物还有苍耳、紫苏、大麻、黄麻、龙胆、扁豆、日本牵牛等。

（二）长日植物

长日植物指日照长度必须大于某一临界日长（12～14 小时以上）才能成花的植物。对这些植物延长光照时间可促进或提早开花，相反，如延长暗期则推迟开花或不能成花。如典型的长日植物天仙子必须满足一定天数的 8.5～11.5 小时日照才能开花，如果日照长度短于 8.5 小时就不能开花。属于这类的植物还有牛蒡、紫菀、凤仙花、金光菊、山茶、杜鹃、桂花、红花、当归、莨菪、毒麦等。

（三）短长日植物

短长日植物指要求先短日后长日的双重日照条件才能开花的植物。其花诱导过程需要短日照，但花器官的形成则需要长日照条件，常在早春短日照后的初夏（长日照）开花，如风铃草、鸭茅、瓦松、白三叶草等。

（四）长短日植物

长短日植物指要求先长日后短日的双重日照条件才能开花的植物。其花诱导过程需要长日照，但花器官的形成则需要短日照条件，常在夏季长日照后的秋天（短日照）开花，如大叶落地生根、芦荟、夜香树等。

（五）中日性植物

中日性植物指只有在某一定中等长度的日照条件下才能开花，而在较长或较短日照条件下均不能开花的植物。如甘蔗要求在 11.5～12.5 小时日照下才能开花。

（六）中间性植物

中间性植物指植物的成花对日照长度不敏感，只要其他条件适宜，一年四季都能开花的植物。属于这类的植物有荞麦、丝瓜、曼陀罗、颠茄、蒲公英等。

　　昼夜周期中诱导短日植物开花所需的最长日照或诱导长日植物开花所必需的最短日照称为临界日长。有些植物开花对日长有非常明确的要求，对短日植物而言，当日长大于临界日长时，植物就绝对不能开花；对长日植物而言，当日长短于其临界日长时，也绝对不能开花，这类植物分别称为绝对短日植物和绝对长日植物。而多数植物的开花对日照长度的反应并不十分严格，它们在不适宜的光周期条件下，经过相当长的时间也能或多或少地开花，这些植物称为相对长日植物或相对短日植物。此外，长日植物的临界日长不一定都长于短日植物，而短日植物的临界日长也不一定短于长日植物（表2-2）。

　　短日植物和长日植物开花需要一定临界日长，但这并不意味着它们一生都必须在临界日照长度下生长，而是在发育的某一时期，经一定数量的光周期诱导后才能开花。而且绝大多数植物也绝不是只有一两次的光周期处理就能引起花芽原基分化，一般要有十几次或更多的光周期处理才能开花（表2-2）。

　　应当指出，同种植物的不同品种对日照的要求也可以不同。如君子兰中有些品种为短日照性的，有些为长日照性的，还有些为日中性的。通常早熟品种为长日或日中性植物，而晚熟品种为短日植物。

表2-2　一些植物开始花芽分化所需的临界日长和诱导周期数

（引自王忠，2003）

植物类型	植物名称	24小时周期中的临界日长（小时）	最少诱导周期数（天）
短日植物	菊花（*Chrysathemum morifolium*）	16	12
	大豆（*Glycine max cv. biloxi*）	13.5～14	2～3
	厚叶高凉菜（*Kalanchoe blossfeldiana*）	12	2

（续）

植物类型	植物名称	24 小时周期中的临界日长（小时）	最少诱导周期数（天）
短日植物	红叶紫苏（Perilla crispa）	约 14	12
	日本牵牛（Pharbitis nil cv. violet）	14～15	1
	苍耳（Xanthium strumarium）	15.5	1
长日植物	琉璃繁缕（Anagallis arvensis）	12～12.5	1
	天仙子（Hyoscyamus niger）	11.5	2～3
	毒麦（Lolium italicum）	11	1
	白芥菜（Sinapis alba）	约 14	1
	菠菜（Spinacia oleracea）	13	1

与临界日长相对应的还有临界夜长。临界夜长是指在昼夜周期中长日植物能够开花的最大暗期长度，或短日植物能够开花的最小暗期长度。研究表明，植物开花的光周期现象，在光期和暗期中，对于诱发花原基形成起决定作用的是暗期的长短，即短日照植物必须在超过某一临界暗期的情况下才能形成花芽，而长日照植物则必须在短于某一临界暗期时才能开花。闪光试验进一步证明暗期的重要性，如在暗期中间给予短暂的光照（即用闪光打断），则即使光期总长度短于其临界日长，短日照植物也不开花，即因其临界暗期遭到间断而使花芽分化受到抑制；而同样情况却可促进长日照植物开花。研究也证明，在长光期中间如给予短暂的黑暗，对于短日植物的开花也有效应，如用几小时的黑暗中断夏季白天的日照，结果促使短日照植物提前开花，说明黑暗对于诱导开花起着决定性的作用。因此，把短日植物称为"长夜植物"，把长日植物称为"短夜植物"更为确切。

植物开花要求一定的日照长度，这种特性主要与其原产地在生长季时自然日照长度有密切的关系，也是植物在系统发育过程中对于所处的生态环境长期适应的结果。短日植物都是起源于低纬度的南方（夏半年昼夜相差不大，但比北方的白昼要短），长日植物则是起源于高纬度的北方（夏半年昼长夜短）。所以，越是北方的种或品种，要求临界日长越长；越是南方的种或品种，要求临界日长越短。因而植物的地理分布，除受温度和水分条件影响外，还受光周期的控制。在邻近赤道的低纬度地带，一般长日植物不能开花结实，不能繁殖后代；而在高纬度地带（纬度66.5°以上），夏季几乎 24 小时都有日照，因此短日植物不能生长发育；在中纬度地带，各种光周期类型的植物都可生长，只是开花的季节不同。

植物开花的光周期现象还受其他外界因子的影响，如温度对植物开花的光周期现象有影响。温度过高会抑制长日植物麦类的许多品种开花，短日植物如栽培在温度较低的地区，其开花也会受到抑制，这也是与植物原产地的温度条件有关。

了解植物对光周期的反应类型，对于植物的引种工作极为重要。在引种时应注意植物开花对光周期的需要，了解该植物原产地和引种地日照长度的季节变化，以及该种植物对日照长度的反应特性和敏感程度，再结合考虑该植物对温度等的需要，才不致使引种工作失败。在中国将短日植物从北方（长日照、低温条件）向南方（短日照、高温条件）引种时，会提前开花，如果所引品种以果实或种子为收获对象，应选择晚熟品种；而从南方向北方引种时，则应选择早熟品种。如将长日植物从北方向南方引种时，会延迟开花，宜选择早熟品种；而从南方向北方引种时，应选择晚熟品种。

四、对水分依赖程度的类型

水分既是植物体的组成成分，又是影响植物生长发育的重要生态因子。根据环境中水的多少和显花植物对水的依赖程度，可以将显花植物划分为水生植物、陆生植物两大类。

（一）水生植物

生长在水中的植物统称为水生植物。此类植物根系不发达，根的吸收能力很弱，输导组织简单，但通气组织发达。

由于水生植物都生长在水中，水体与陆地环境差别很大。水体中光照弱，氧的含量很低，大多数水生植物具有特殊的内腔和细胞排列形式，构成叶、茎和根相连通的通气系统，使茎叶中的氧分子能向根部运动，改善在缺氧环境中根部的含氧量。水生植物体内的通气系统有两种，即开放式通气系统和封闭式通气系统。开放式通气系统通过叶片气孔与大气直接相通，从气孔进入的空气能通过叶柄、茎的通气组织进入地下茎和根部的气室，形成一个完整的开放型的通气系统，以满足地下各器官、组织对氧的需要，如荷；生长在水下的水生植物，体表没有气孔结构，体内通气系统为封闭式，封闭式通气系统既可贮存呼吸作用释放出的二氧化碳提供给光合作用，又可贮存光合作用释放出的氧气提供给呼吸作用，如苦草。植物体内存在发达的通气系统，增加了气体的容量，也增加了植物本身的浮力，特别是叶片的漂浮能力，使有些植物的叶片能够漂浮或直立于水中。

水生植物由于长期适应水中弱光、缺氧的环境，水下的叶片常分裂成带状、线状或者很薄，以增加对光线、无机盐和二氧化碳的吸收表面积。例如苦草、小眼子菜等，沉没在水中的叶呈线状或带状，有些植物叶片非常薄，只有 $1\sim2$ 层细胞，这不仅能增加受光面积，而且使水中的二氧化碳和无机盐类容易直接进入植物细胞内。异型叶可作为水生植物叶片形态建成的一个典型例子。例如瀑菜在同一植株上有两种以上类型的叶片，水面上的叶片执行光合作用，而沉没在水下、高度分裂的叶片还能吸收无机营养。水中虽然光照很弱，但二氧化碳含量很高，约比大气中二氧化碳含量高 700 倍，这或多或少能补偿水下光强的不足。

水生植物不能缺水，但也不能使体内的含水量过多。当外界气压过低或蒸腾作用减弱时，有些水生植物就会依靠发达的排水器官，即由水孔、空腔和管胞组成的分泌组织，将体内过剩的水分排出体外，从而使生长所需的水分和无机盐能够继续进入体内。

水生植物对环境和气候没有陆生植物那样敏感，主要是因为水中的环境较陆地上稳定得多，所以有些水生植物种类不仅广布全国，在世界上的分布也较为广泛，如芡实、睡莲、莲、泽泻、菖蒲、宽叶香蒲等。另一些水生植物对环境则有一定的选择性，如黑三棱属植物主要生长在黄河以北，在南方的高山区或高原地带仅有少数种类。

水的密度大、黏度高，有利于增加植物体的浮力，使植物能生活在不同水（深）层的环境。植物适应于水体流动的结果，使植物体逐步增强弹性和抗弯扭的能力。

水能溶解各种无机盐类。按照水中所含盐的成分及其量的不同，可以把水体划分为海水（含盐量 3.5％）和淡水（含盐量 0.05％）。海水中的植物具有等渗透特点，因此缺乏调节渗透压的能力。淡水植物生活在低渗透的水环境中，植物必须具有自动调节渗透压的能力，才能保证其继续生存。

水生植物的类型很多，根据所生长环境内水的深浅不同，可以划分为沉水植物、浮水植物和挺水植物。

1. 沉水植物　整个植物体沉没在水下，与大气完全隔绝，如苦草、菹草、马来眼子菜等。沉水植物是典型的水生植物，表皮细胞不具角质层、蜡质层，能直接吸收水分、矿质营养和水中的气体，这些表皮细胞逐步取代根的机能，因此根逐渐退化甚至消失。沉水植物叶绿体大而多，栅栏组织极度退化，皮层很大而中柱很小。沉水植物适应水中氧的缺乏，形成一整套的通气组织。此外，沉水植物无性繁殖比有性繁殖发达，有性繁殖的授粉过程在水面或水面以上进行。

2. 浮水植物　浮水植物的叶片都漂浮在水面。根据浮水植物在水下扎根与否又可划分为两类，即完全漂浮植物，如浮萍、凤眼莲、无根萍等；水下扎根植物，如睡莲、芡、萍蓬草属、莼菜属等。

浮水植物的气孔通常长在叶的上面，叶片上表皮有蜡质，栅栏组织比较发达，但厚度常不及海绵组织，维管束和机械组织不发达，有完善的通气组织。水下扎根植物的叶片有沉水的叶柄或根茎与生于底基的根相连，完全漂浮植物的根系退化或悬垂在水中。浮水植物无性繁殖很快，生产率很高，人们常利用凤眼莲速生高产的特性以生产猪饲料。

3. 挺水植物　挺水植物的根和根状茎在水下土壤中，茎、叶露于水上，如泽泻、水菖蒲、莲、香蒲、芦苇等。挺水植物的根和根状茎通气道发达，茎叶角质层厚。挺水植物有充足的水分供应，光合器官暴露在空气中，既能接受充足的光照，又有丰富的二氧化碳供给，具有较高的生产率。

（二）陆生植物

在陆地上生长的植物统称为陆生植物，包括湿生植物、中生植物、旱生植物3种类型。

1. 湿生植物　湿生植物是指在潮湿环境中生长，不能忍受较长时间的水分不足，抗旱能力最小的陆生植物。多生长在沼泽、河滩、山谷等地。水分缺乏将影响湿生植物生长发育以致萎蔫。由于适应水分充沛的环境，蒸腾强度大，叶片上、下两面均有气孔分布。

根据环境的特点又可分为阴性湿生植物和阳性湿生植物两类。

（1）阴性湿生植物　阴性湿生植物是典型的湿生植物，主要分布在阴湿的森林下层。如热带雨林中的附生兰科植物，这些植物或者由于叶片极薄，或者由于气根外有根被，能直接从空气中吸收水汽。还有一类阴性湿生植物如海芋、观音座莲和各种秋海棠等，它们生长在热带森林下层荫蔽湿润的环境中。这两类植物的主要特点是生长环境光照弱，大气湿度大，植物蒸腾弱，容易保持水分平衡。因此这些植物根系极不发达，叶片柔软，海绵组织发达，栅栏组织和机械组织不发达，防止蒸腾、调节水分平衡的能力极差。

（2）阳性湿生植物　阳性湿生植物主要生长在阳光充沛、土壤水分经常饱和的环境中。代表植物有水稻、灯心草、半边莲、毛茛及泽泻等。这类植物虽生长在潮湿的土壤上，但由于土壤也经常发生短期缺水，特别是大气湿度较低，因此这类植物湿生形态结构不明显。叶片有角质层等防止蒸腾的各种适应特征，输导组织也较发达。但由于适应潮湿土壤的结果，根系不发达，没有根毛，根部有通气组织与茎叶的通气组织相连接，以保证根部取得氧气（图 2-3）。湿生植物具有很强的抗涝性。

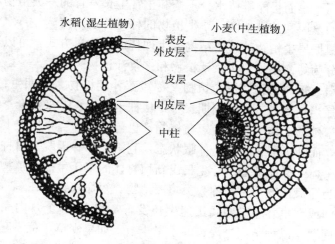

图 2-3　水稻及小麦根的结构

（引自山崎，1961）

2. 中生植物　中生植物是比较适应生长在中等水湿条件，不能忍受过干或过湿条件的植物。如芍药、菘蓝、桔梗、白芷、前胡、菊花、牛蒡、苍术、地黄、浙贝母、延胡索等。中生植物不仅适应中等湿度的水湿条件，同时也要求有适度的营养、通气、温度条件，是种类最多、分布最广、数量最大的陆生植物。

中生植物的根系、输导系统、机械组织和节制蒸腾作用的各种结构都比湿生植物发达，这样就能保证吸收、供应更多的水分；叶片表面具角质层，栅栏组织一般只有1层，比湿生植物发达。中生植物细胞的渗透压介于湿生和旱生植物之间，一般是506.6~2 533.1千帕，能抵抗短期内轻微干旱。中生植物叶片虽有细胞间隙，但没有完整的通气系统，故不能在长期积水、缺氧的土壤上生长。中生植物生产率很高，在保证合适的营养条件下能获得高产。

3. 旱生植物　旱生植物是指在干旱环境中生长，能忍受较长时间干旱而仍能维持水分平衡和正常生长发育的一类植物。在干热的草原和荒漠地区，旱生植物的种类特别丰富。

根据旱生植物的形态结构、生理特征和抗旱方式，可以进一步区分为短命植物、少浆汁植物和多浆汁植物。

（1）短命植物　短命植物又称短营养期植物、短期生植物。它包括当年完成其生活周期，整个植株干枯死亡，来年春季再由种子繁殖新个体的一年生短命植物；也包括植株当年生地上部分枯死，而地下器官则处于休眠状态，到第二年春天既可由种子繁殖新个体，又能从地下芽生长出新植物体的多年生短命植物。前者称为短命植物，后者称为类短命植物。短命植物能在短暂的降水期间或在早春融雪期间迅速生长发育，在1~2个月内完成其生命周期，以种子度过漫长的干旱季节。如旱麦草、荒漠庭荠等植物。类短命植物与短命植物相似，但它们以鳞茎、块茎、根状茎度过干旱季节，因此是多年生的。如胀囊薹草、分枝顶冰花等。

（2）少浆汁植物　少浆汁植物一般叶面积较小，叶表面常具有茸毛，蒸腾强度较低。该类植物的含水量极少，且在丧失

50％的水分时仍不死亡（中生、湿生植物丧失 1％～2％ 的水分就枯萎）。少浆汁植物适应干旱环境的第一个特点是尽量缩小叶面积以减少蒸腾量，叶片极度退化呈针刺状（如刺叶，图2-4）或不明显的小鳞片状。此外，少浆汁植物的叶片还具有多种旱生植物形态结构特征来减少蒸腾，如叶表皮细胞很厚，角质层很发达，有的叶表面密被白色绒毛，有些具一层有光泽的蜡质，能反射部分光线。

图2-4　刺叶（*Acanthophyllum pungens*）的叶为刺状
（引自曲仲湘、吴玉树、王涣校等，1983）

这类植物叶片栅栏组织多层，排列紧密，细胞空隙很少，海绵组织不发达，机械组织发达，气孔数量多但大都下陷，并有特殊的保护机构（如夹竹桃，图2-5）。有些禾本科叶片有多条棱和沟槽，气孔深深地陷在沟内，在干燥时叶缘向内反卷或由中脉向下叠合起来，能大大地减少蒸腾

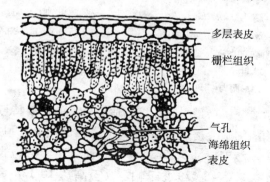

多层表皮
栅栏组织
气孔
海绵组织
表皮

图2-5　夹竹桃（*Nerium oleander*）叶的横切面图
（引自曲仲湘、吴玉树、王涣校等，1983）

量（如羽茅，图2-6）。总之，减少水分的支出（蒸腾）是少浆汁植物的主要特征之一。

少浆汁植物的根系生长速度快，扩展的范围既广又深，以增加与土壤的接触面和吸收表面积。例如生长在沙漠地区的骆驼刺，地上部分只有几厘米，而地下部分深达 15 米，扩展范围达 623 米^2（图 2-7）。生长在高温干旱地区（荒漠、草原）的少浆汁植物的多年生根外面包有一层很厚的木栓层外壳，在土壤高温干旱时期能保护根系，防止失水变干。

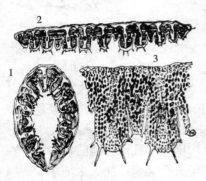 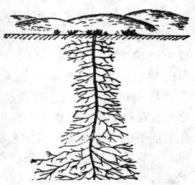

图 2-6 羽茅（*Achnatherum sibi-ricum*）叶的横切面图

1. 卷成一个圆筒的叶片 2. 铺展开的叶片

3. 放大叶子的一部分

（引自谢尼阔夫，1905）

图 2-7 骆驼刺（*Alhagi pseudoa-lhagi*）地下部分（根）与地上部分（茎、叶）比较

（引自 В. А. Радкевич，1977）

原生质渗透压高是少浆汁植物适应干旱的重要特点之一。淡水水生植物的细胞渗透压仅有 202.7～304.0 千帕，中生植物的细胞渗透压一般不超过 2 026.5 千帕，而少浆汁植物的细胞渗透压可高达 4 053.0～6 079.5 千帕，甚至高达 10 132.5 千帕。渗透压高保证根系能从含水量很少的土壤中吸收水分，而不至于水分从细胞中反渗透到干旱的土壤里，这样就保证植物能生活在干

旱的土壤中。此外，少浆汁植物在干旱的条件下能抑制糖类和蛋白质分解酶的活性，保持合成酶的活性，从而使植物在干旱条件下仍能进行正常的代谢活动。

少浆汁植物虽有种种减少水分蒸腾的适应能力，但当水分充分供应时又有比中生植物更强大的蒸腾能力。这是因为该植物的导水系统（叶脉）非常发达，气孔（单位面积）数量多。

少浆汁植物的这种生态两重性的适应方式，可能是既适应干旱又适应高温的结果。

（3）多浆汁植物　多浆汁植物的茎或叶呈肉质，具有发达的薄壁组织，能够贮藏大量的水分，气孔少，角质层发达，蒸腾强度低，原生质黏性大，含束缚水多，能耐较高的温度。多浆汁植物的贮水能力越强、贮水量越多，越能在极端干旱的环境中生活。多浆汁植物本身贮有水分，环境中又有适宜的光照和温度条件，因此在极端干旱的沙漠地区能长成高大乔木。例如北美洲沙漠的仙人掌树高达 15～20 米，可贮水 2 000 千克以上；南美洲中部的瓶子树，树干粗达 5 米，能贮存大量水分。属于多浆汁植物的有仙人掌科、石蒜科、百合科、番杏科、大戟科，此外，萝藦科、菊科、景天科、马齿苋科等都有多浆汁植物的代表。多浆汁植物的一个主要特点是面积与体积的比例很小，这样可以减少蒸腾表面积。它们中大多数种类叶片退化，由绿色茎代行光合作用。茎的外壁覆有一层厚厚的角质层表皮，表皮下面有多层厚壁细胞；气孔数量少，大多数种类的气孔都深埋在坑沟里。这些都是多浆汁植物适应于减少水分蒸腾的结构特征。

多浆汁植物能在细胞里保持大量水分是因为含有一种特殊的五碳糖，这类五碳糖能提高细胞的浓度，以增强植物的保水性能。这样，在极端干旱的条件下也不至于引起失水过多而萎蔫、干枯。

多浆汁植物有特殊的代谢方式，即具有景天酸代谢（CAM）

途径，气孔白天关闭以减少蒸腾量，而夜晚大气湿度缓和时则气孔打开。夜间呼吸作用时，糖类只分解到有机酸的阶段，白天在光照下，二氧化碳才分解出来，作为光合作用的原料。

多浆汁植物虽具有很强的抗旱能力，但由于代谢特殊，生长缓慢，一般生产量很低。

第二节 药用植物的引种驯化

中药是中华文明的瑰宝，为人类健康作出了巨大贡献，而药用植物资源是中药资源最重要的组成部分。20 世纪 80 年代，中国曾经进行过全面系统的资源调查，发现中国的药用植物资源种类包括 383 科 2 309 属 11 146 种。随着中国"中药现代化科技产业行动计划"的实施和中药产业的快速发展，对药用植物资源的需求量也越来越大。但由于缺乏对绝大多数药用植物资源更新规律的研究，加上药材采收的不合理，抢采、抢收、掠夺式利用现象十分严重，特别是野生药用植物资源成本低、质量好，人工栽培尚不能完全替代野生资源，甚至许多种类尚未实现实质性人工栽培，导致几乎所有经济价值较高的野生药用植物资源都遭到了不同程度的破坏。为此，药用植物资源可持续利用的问题已经受到管理层、专家层、企业层等社会各界的高度重视。药用植物的引种、驯化栽培是减轻野生资源压力、保护药用植物资源的最重要途径之一。本节将对药用植物的引种驯化的相关内容作一介绍。

一、中国药用植物区系简介

关于植物区系（flora）的定义，在中国普遍采用的是吴征镒和王荷生的观点。"植物区系是指一定地区或国家所有植物种类的总和，是植物界在一定的自然地理条件下，特别是在自然历史条件综合作用下发展演化的结果。"对此左家甫等人认为"至少是不全面的"，并提出"植物区系是一个自然地理区域（或行政地区）某一（地质）时期内所有植物分类单位（如科、属、种等）的总和；它是植物界在长期的自然地理条件（特别是古地理条件）影响下，尤其是植物种（或居群）遗传与变异对立统一的综合作用下而发生发展、演化繁育、不断扩散的时空产物；它经历了从无到有、从少到多、从简单到复杂、从低级到高级的无数次演变过程，最后形成各植物分类单位水平（即地理）与垂直分布、区系构成与组合，以及历史发展过程既相互联系又相互区别，既连续又间断的有机整体（或系统）；它既是一个静态体系，又是一个动态体系"。地球上已知植物种类 40 多万种。中国土地辽阔，生态气候环境多样，植物资源丰富。据统计，中国现有种子植物 25 700 余种，蕨类植物 2 400 余种，苔藓植物 2 100 余种，合计有高等植物 3 万余种。就植物种类数量而言仅次于巴西和印度尼西亚，居第三位。然而巴西和印度尼西亚地处热带，大多为热带植物种类。而中国从南到北有寒温带、温带、暖温带、亚热带和热带植物种类，就植物多样性的丰富程度是其他国家所不能比拟的，植物资源潜力是巨大的。并且，其中很多植物具有药用价值。

（一）中国药用植物区系

到目前为止，还没有有关药用植物区系具体概念的报道。套用植物区系的概念，中国药用植物区系应是指"中国所有药用植物种类的总和"。中国历史上有关中国药用植物种类的普查，以 20 世纪 80 年代的普查最为细致，时间最长，范围最广。发现中国药用植物资源种类包括 383 科 2 309 属 11 146 种，其中藻、菌、地衣类低等植物有 459 种，苔藓、蕨类、种子植物类高等植物有 10 687 种。

（二）中国药用植物资源种类及分布情况

1982 年，国务院第 45 次常务会议决定对全国中药资源进行普查。从 1983 年开始，历时 5 年，对全国 80％以上的国土面积进行了全面系统的调查研究，其内容包括中药资源的种类和分布、数量和质量、保护和管理、中药区划、中药资源区域开发等。其中药用植物分类统计结果如表 2-3 所示。

表 2-3　药用植物资源分类统计一览表

(张惠源等，1995)

类别	科数	属数	种数
藻类	42	56	115
菌类	40	117	292
地衣类	9	15	52
苔藓类	21	33	43
蕨类	49	116	456
种子植物类	222	1 972	10 188
药用植物总数	383	2 309	11 146

对表 2-3 中数据分析，不难发现全国药用植物资源多集中在种子植物，而对藻类、菌类低等植物综合利用率很低。许多药用植物的根、茎等具有相同的化学成分和疗效，但由于缺乏科学认识，造成了许多药用部位的浪费。另外，药用植物资源在采购、生产、加工、销售各个环节都存在资源浪费。通过普查，基本上摸清了中国不同区域的 30 个省（自治区、直辖市）及所属市、县的药用植物资源种类。行政区划所属 6 大区的种类数量的排列顺序为：西南区—中南区—华东区—西北区—东北区—华北区。其中西南区和中南区的资源种类比较丰富，占全国总数的50%～60%，所属省（自治区、直辖市）一般有 3 000～4 000种，最高达 5 000 种；华东和西北两区的种类约占全国总数的30%，所属省（自治区、直辖市）一般有 1 500～2 000 种，最高达 3 300 种；东北和华北两区的种类较少，约占全国总数的10%，所属省（自治区、直辖市）一般有 1 000～1 500 种，最高达 1 700 多种（表 2-4）。

20 世纪 80 年代的全国范围的药用资源普查，掌握了全国药用

表 2-4 中国各大区药物分类统计表

（张惠源，1995）

大区	行政区	药用植物		药用动物		药用矿物	其他	总计
		科数	种数	科数	种数			
华北	北京	148	901	38	59	13	4	977
	天津	133	621	68	98	9	0	728
	河北	181	1 442		242	30	0	1 714
	山西	154	953	70	133	30	0	1 116
	内蒙古	132	1 070	12	240	30	0	1 340
东北	辽宁	189	1 237	181	380	63	0	1 680
	吉林	181	1 412	128	324	45	0	1 781
	黑龙江	135	818	21	34	1	3	856
华东	上海	161	829	108	194	0	0	1 023
	江苏	212	1 384	76	110	23	3	1 520
	浙江	239	1 833	70	614	13	9	2 469
	安徽	250	2 167	140	291	45	5	2 508
	福建	245	2 024	200	425	13	0	2 462
	江西	205	1 576	74	121	14	0	1 711
	山东	212	1 299	85	150	17	4	1 470
	河南	203	1 963	121	270	69	0	2 302
中南	湖北	251	3 354	178	524	61	31	3 970
	湖南	221	2 077	96	256	51	0	2 384
	广东	182	2 500	62	120	25	0	2 645
	广西	292	4 035		505	50	0	4 590
	海南		497		63	18	0	578
西南	四川	227	3 962	60	344	48	0	4 354
	贵州	275	3 927	289	78	0	0	
	云南	265	4 758	119	260	32	0	5 050
	西藏		1 460	540	4	0	0	

（续）

大区	行政区	药用植物		药用动物		药用矿物	其他	总计
		科数	种数	科数	种数			
西北	陕西	241	2 730	129	474	40	47	3 291
	甘肃	154	1 270	214	43	0	0	
	青海	106	1 461	65	154	45	0	1 660
	宁夏	126	917	86	182	5	0	1 104
	新疆	158	2 014	69	153	43	0	2 210

植物资源的种类、生产和潜力，各省（自治区、直辖市）对本地的药用植物资源都作了摸底调查，个别地区作了重点调查。摸清并掌握这些药用植物资源的情况，对挖掘资源潜力、合理开发利用资源、扩大药源和可持续利用有着十分重要的意义。最新一轮的全国药用植物资源普查结果尚未有报道。

（三）中国药用植物资源的总体情况

中国是世界生物多样性最丰富的国家之一，也是药用植物资源多样性最丰富的国家之一。药用植物资源的分布有经向地带性、纬向地带性和不同海拔高度的垂直分布规律，并形成对当地气候和地理条件的依赖性和自身特有的品质。在种类和数量方面，黄河以北地区的药用植物资源相对较少，长江以南地区的药用植物资源种类相对较多，北方地区的药用植物资源蕴藏量相对较大，而东南沿海地区的药用植物资源蕴藏量相对较小。

据有关部门统计：全国中药材种类有 12 807 种，其中药用植物 11 146 种，常用药用植物约 700 种，占 6.28%；常用大宗药用植物 320 种，总蕴藏量为 850 万吨。全国药材种植面积超过 580 万亩，收购总量达 10 亿千克。《中华人民共和国药典》2000版收载药材有 532 种。全国民间药约 5 000 种，民族药约 4 000 种，全国 55 个少数民族，近 80% 的民族有民族药物，其中有独立医药体系的约占 1/3。藏药约 300 种，蒙药约 2 230 种，维药

600 种，傣药约 1 200 种。

6 个国家级中药材资源自然保护区实施野生药用植物多样性的原产地保护；5 个国家药用动植物园和 2 个国家药用动植物基因库构成完整的种质异地保护中心，选择优良种质，提供和鉴定药材种子、种苗和提供优良品种选育的基本材料。另外，中国已建立各类自然保护区 926 个，总面积占国土面积的 7.64%。全国各地的植物园（包括动物园或驯养繁殖中心）和药用植物园中，引种或保存的药用植物达 5 000 种左右。据不完全统计，药材生产基地有 600 多个，常年栽培的药材达 200 余种。中国现已建立中药材种植场 5 000 多个，中药材种植面积近 600 万亩，年生产总值约为 160 亿元。近年来，人们的保健观念普遍增强，花钱买健康已成为一种消费潮流。中国从 20 世纪 80 年代初至 2000 年，保健品生产企业已发展到 2 000 多家，生产品种有 3 000 多个，产量增加 20 多倍，年产值 300 多亿元，并且还要不断发展，显示了极其广阔的市场前景。

由于缺乏对绝大多数药用植物资源更新规律的研究，加上药材采收的不合理，抢采、抢收、掠夺式利用等多种原因，造成很多药用植物种类濒临灭绝（表 2-5）。随着西药理论的引进和植物化学的发展，近百年来，世界各国对中国药用植物资源进行了较为系统的化学成分分析，提取和明确了大量的有效功能性成分，为药用植物在医药行业的深入应用和其他行业如天然日化、保健食品等方面开拓了新的途径。目前，随着世界对天然产物兴趣的回归，药用植物提取物形成了一个巨大的产业，而中国丰富的药用植物资源则成为世界的原料基地，中国已经成为世界上最大的药用植物提取物出口国。这种需求的激增造成了中国部分特产药用植物资源的迅速枯竭，造成了灾难性的后果，短短几年就陷入了困境，如陕西的连翘资源、青海的冬虫夏草资源等。据统计，中国目前濒危动植物约 1 431 种，约占中国高等动植物总数的 4.1%。《国家重点保护植物名录》公布的珍稀濒危野生植物

354 种。《中国珍稀濒危植物》中收录保护植物 388 种，药用植物约 102 种，属常用的 33 种。在 1992 年公布的《中国植物红皮书》中收载的 398 种濒危植物中，药用植物达 168 种，占 42%；《中华人民共和国药典》2000 版有 26 种植物载入《中国植物红皮书—稀有濒危植物》中，如人参、天麻、肉苁蓉、杜仲、黄连等。由于野生药用资源的日益减少，造成全国经常使用的500 余种药材每年约有 20% 的短缺，尤其是占药材市场 80% 供应量的野生药材短缺，而且药材市场上主要供应的栽培品种也面临品质退化、农药污染、种子带病等问题。目前，已对部分珍稀濒危野生植物种开展了人工种植。中国目前共有 169 种药用植物被列入《野生药材资源保护条例》、《濒危动植物国际公约》和《国家野生植物保护条例》，在贸易和利用上受到相应的管制和限制。

表 2-5　部分药用植物 30 年来收购的增长幅度对比
（施建勇，2002）

种类	产地	1955 年收购（吨）	1985 年收购（吨）	增长幅度（倍）
当归	甘肃	5 250	16 000	3.05
人参	吉林	62.5	1 203.8	19.3
川芎	四川	1 904.9	4 893.7	2.6
金银花	山西	377.0	1 750	4.6
党参	山西	249.7	443.1	1.77

（四）中国药用植物资源的定期普查

定期普查是药用植物资源开发利用的前提条件，资源的调查是开发利用的基础。自 20 世纪 80 年代中期第三次全国中药资源普查以来，20 余年未进行新的资源普查，目前所引用的药用植物资源各项数据多是 1983—1985 年时的数据。而这 20 多年正是经济模式从计划经济向市场经济过渡，生产经营从计划有序变为自发无序，中药材生产收购统计工作长期中断，基层药材公司基本解体的时期。同时，这20多年又是中药资源变化最大的时期，人们对天然药物的需求量剧增，中成药工业也以前所未有的速度迅猛发展。1985年后，新开发的中成药达8 000多种，结果导致中药野生资源逐年减少，加速枯竭。因此，开展新一轮的全国性的中药资源普查十分迫切，并在普查的基础上建立野生资源濒危预警系统和种植中药的生产信息咨询系统，在保证药源的可持续供应的同时，指导药材生产和开发利用的有序进行更是十分必要的。由国家中医药管理局主持、中国医学科学院药用植物研究所等单位承担的"全国重点中药材资源普查及其可持续发展系统"已经立项并启动。通过该项目的开展，及时、全面掌握中国中药材资源基本状况，利于资源的适时、适度、合理保护、开发和可持续利用，建成中药材资源保护体系，建立中药材可持续发展体系，为中药材资源的科学管理提供依据，为中药产业的现代化提供保障。

二、药用植物引种驯化的意义

（一）植物引种驯化的概念

药用植物的引种驯化是研究野生药用植物通过人工培育，使野生变为家种，以及研究将药用植物引种到自然分布区以外新的环境条件下生长发育、遗传、变异规律的科学。这门科学不同于植物生态学、植物生理学和植物遗传学，也不同于一般的栽培学。它是以这些学科的理论为依据，通过引种驯化，更合理有效地开发药用植物资源，从而可以更好地为中医药事业服务。

根据植物引入新地区后出现的不同适应能力及采取的相应人为措施，植物引种又可以分为简单引种和驯化引种。植物原分布区与引种地自然环境差异较小，或其本身的适应性强，不需要特殊处理及选育过程，只要通过一定的栽培措施就能正常的生长发育、开花结实、繁衍后代，即不改变植物原来的遗传性，就能适应新环境的引种称为简单引种，也称"归化"。而植物原分布区与引种地之间自然环境差异较大，或其本身的适应性弱，需要通过各种技术处理、定向选择和培育，使之适应新环境的引种则称为驯化引种，或"驯化"，包括风土驯化、气候驯化等。驯化引种强调以气候、土壤、生物等生态因子及人为对植物本性的改造作用使植物获得对新环境的适应能力。因此，引种是初级阶段，驯化是在引种基础上的深化和改造，两者统一在一个过程之中。通常将两者联系在一起，称为引种驯化。

（二）药用植物引种驯化的意义

植物是自然界的重要组成之一，如果没有植物，就没有动物，也就没有人类的存在。人类的活动离不开植物，栽培植物的出现是千万年以来劳动人民引种驯化的结果，今天世界上多种多样的作物，包括谷物、果品、蔬菜、药用植物及许多奇花异木等，都渊源于引种驯化。

药用植物引种驯化，有文字记载的最早可追溯到秦汉时代。如汉武帝时期，张骞出使西域，引入了安石榴、胡桃、大蒜、胡荽、红花等。之后的《齐民要术》、《本草纲目》、《群芳谱》、《农政全书》等著作中都有许多关于药用植物引种栽培的记载。现有一些所谓的道地药材，也是历史上不同时期引种的结果，如地黄道地产区的历史沿革就是一个较典型的例子。《别录》："地黄生咸阳川泽（西安附近）黄土地者佳。"陶弘景："今以彭城干地黄最好，近用江宁板桥者为胜。"苏颂："以同州者为上。"直至目前，仍以河南省焦作市及其周边地区为地黄的主要产区。

新中国成立后，药用植物的引种驯化工作得到了长足的发展。半个多世纪以来，全国许多中药材试验场、植物园和广大农村引种栽培了不少名贵的中草药，种类多达 3 000 种以上。过去一些小地区生产的药材现在已扩大了种植范围。有些过去靠进口的药材，现在已能自己生产，达到完全自给或逐步自给能力。在药用植物引种驯化的工作中，根据市场需求，经引种驯化成功后，实现大规模生产，满足人民需要的具有特殊疗效的抗癌药、心血管药、强壮药、避孕药、神经系统药及一般常见病的药物资源，如铃兰（*Convallaria majalis* L.）、金莲花（*Trollius chinensis* Bunge）、罗布麻（*Apocynum venetum* L.）、夏天无（*Corydalis decambens* Thunb.）、月见草（*Oenothera biennis* L.）等。可见引种驯化对于发展药用植物生产、扩大药源具有十分重要的意义。

首先，通过药用植物的引种驯化工作，能够丰富本地区药用植物资源。如西洋参（*Panax quinquefolium* L.）1948 年从北美开始引种，1975 年开始有计划大规模的引种工作；有"植物青霉素"之称的穿心莲（*Andrographis paniculata*）是从斯里兰卡引进的；价格昂贵的番红花（*Crocus sativus* L.）是于 1965 年和 1980 年两度引种后在中国推广栽培的。新中国成立后，从国外引种成功的药用植物还有颠茄（*Atropa belladonna* L.）、儿茶 [*Acacia catechu* (L.) Willd.]、毛花洋地黄（*Digitalis lanata* Ehrh.）、蛇根木 [*Rauvolfia serpentina* (L.) Benth. Kurz]、催吐萝芙木（*Rauvolfia vomitoria* Afzel.）、水飞蓟（*Silybum marianum* Gaertn.）、甜叶菊（*Stevia rebaudiana* Bertoni）、秋水仙（*Colchicum autumnale* L.）、小蔓长春花（*Vinca minor* Linn.）等。特别是很多南药如金鸡纳（*Cinchona ledgeriana* Moens.）、肉豆蔻（*Myristica fragrans* Houtt.）、乳香（*Boswellia carterii* Birdw.）、马钱子（*Strychnos nux-vomica* L.）、檀香（*Santalum album* L.）等，过去依靠进口，需耗费大量外汇，还远不能满足人民用药的需要，现在很多已引种成功，逐步做到自给自足。

其次，通过药用植物的引种驯化工作，可以提高药材的产量和质量。中国药用植物资源非常丰富，目前有记载的药用植物已达 1 万多种。据统计，新中国成立以来中国野生变家种成功的药用植物有 200 余种，主要有天麻（*Gastrodia elata* Bl.）、阳春砂（*Amomum villosum* Lour.）、罗汉果 [*Siraitia grosvenorii*

(Swingle) C. Jeffrey ex Lu et Z. Y. Zhang]、防风 [*Saposhnikovia divaricata* (Turcz.) Schischk]、杜仲 (*Eucommia ulmoides* Oliv.)、巴戟天 (*Morinde officinalis* How)、川贝 (*Fritillaria cirrhosa* D. Don)、柴胡 (*Bupleurum chinense* DC.)、北五味子 [*Schisandra chinensis* (Turcz.) Baill]、龙胆 (*Gentiana scabra* Bge.)、半夏 [*Pinellia ternata* (Thunb.) Breit.]、桔梗 [*Platycodon grandiflorum* (Jacq.) A. DC.]、茜草 (*Rubia cordifolia* L.)、金钗石斛 (*Dendrobium nobile* Lindl.)、夏天无 [*Corydalis decumbens* (Thunb.) Pers.]、甘草 (*Glycyrrhiza uralensis* Fish.)、丹参 (*Salvia miltiorrhiza* Bge.)、何首乌 (*Polygonum multiflorum* Thumb.)、知母 (*Anemarrhena asphodeloides* Bge.)、盾叶薯蓣 (*Dioscorea zingiberensis* C. H. Wright)、绞股蓝 (*Gynostemma pentaphyllum* Thunb.) 等。

此外，通过药用植物的引种驯化工作，可以保护药用植物资源。随着医药卫生事业的发展，一些药用植物的野生资源日益减少，甚至濒临灭绝，而需求量又日益增大，因此对这些种类的野生变家种就尤为重要。江苏省 1982 年将茅苍术 [*Atractylodes lancea* (Thunb.) DC.] 野生变家种；濒危珍稀药用植物肉苁蓉 (*Cistanche deserticola* Y. C. Ma) 于 20 世纪 80 年代栽培成功，同属的管花肉苁蓉 [*Cistanche tubulosa* (Schenk) Wight] 近年也已引种成功。

（三）药用植物引种驯化的主要任务

药用植物引种驯化，实际上就是一个植物的人工迁移过程，即从外地或外国引入本地区所没有的药用植物，使它们在新地区生长发育，以增加本地区的药用植物资源。广义来讲，植物引种包括野生植物家化栽培，农业、林业生产中从各地广泛征集的各类农作物、经济特产、速生林木等种质资源。植物引种是有目的的人类生产活动，而自然界中依靠自然风力、水流、鸟兽等途径传播而扩散的植物分布则不属于植物引种。本节所说的引种主要是指为解决药用植物栽培地区生产上的需要而引入的外地药用植物品种或类型，也就是说希望从引入药用植物中得到的主要不是育种的原始材料，而是直接或稍加驯化就能供生产上推广栽培的野生的、外地的或外国的药用植物栽培类型或品种，因此又可以称为生产性引种或直接利用引种。

概括地讲，药用植物引种驯化的主要任务包括以下几点：

第一，大面积推广种植常用的、特别是对常见病及多发病有确切疗效的药用植物。如番红花（*Crocus sativus* L.）、西洋参（*Panax quinquefolium* L.）、甜叶菊（*Stevia rebaudiana* Bertoni）、罗布麻（*Apocynum venetum* L.）、胖大海（*Sterculia lychnophora* Hance）以及血竭（*Sanguis draconis*）等。

第二，积极引种需求量大的野生药用植物，如肉苁蓉（*Myristica fragrans* Houtt.）、美登木（*Maytenus hookeri* Loes.）等。尤其对珍稀濒危药用植物，如金钗石斛（*Dendrobium nobile* Lindl.）、冬虫夏草［*Cordyceps sinensis*（Berk.）Sacc.］等，更应积极采取有效的保护措施。

第三，引种需进口的紧缺药用植物，如乳香（*Boswellia carterii* Birdw.）、没药（*Commiphora myrrha*）、肉豆蔻（*Myristica fragrans* Houtt.）、马钱子（*Strychnos nux-vomica* L.）等。

第四，引种对临床确有疗效的新的药用植物资源，如金荞麦［*Fagopyrum dibotrys*（D. Don）Hara］、水飞蓟（*Silybum marianum* Gaertn.）、绞股蓝（*Gynostemma pentaphyllum* Thunb.）、三尖杉（*Cephalotaxus fortunei* Hook. f.）等。

三、引种驯化的原则、步骤和方法

植物引种驯化随着农业起源而诞生，并随着农业发展而前进，所以有着几千年文明史的中国，积累了丰富的植物引种驯化的实践经验，并在引种理论和方法上亦进行了不少有益的尝试与探索，许多精辟的见解散见于中国古书中。如贾思勰的著作《齐民要术》中曾有这样的记载："顺天时，易地利，则用力少而成功多；任情返道，劳而无获。"可见作者对引种已有很深的了解。药用植物的地理生态幅和生态环境与引种成败有密切关系，如不了解这些而盲目引种，往往会导致引种的失败。近几十年来中国科技工作者从实践中总结出一些理论性认识，使植物引种驯化理论又有新的发展。

在国外，19 世纪达尔文发表了《物种起源》，以进化论观点来解释植物引种驯化，使植物引种驯化理论探索达到一个新的阶段。但 20 世纪以前，各国的植物引种工作主体上仍是盲目地或单凭经验进行，因而成效较慢较少，甚至得不偿失、徒劳无功。直至 20 世纪初，气候相似论的提出才首先打破这种混乱的引种局面。此后米丘林的"风土驯化"、瓦维洛夫的"栽培植物起源中心学说"的出现，使植物引种理论与方法研究树立新的里程碑。

（一）国外关于植物引种理论与方法研究的几种主要学说

1. 达尔文的遗传变异学说　这一学说主要内容体现在达尔文于 1859 年出版的《物种起源》和 1868 年出版的《动物和植物在家养下的变异》两部著作中。达尔文学说的核心是动植物在生存环境的作用下产生变异，这种获得性变异能够遗传，通过自然选择或人工选择使植物得到生存（适者生存）及被人们利用。其关于引种驯化的基本原理可以归纳为以下 4 点：①植物有适应风土条件的能力，在新的环境下能产生遗传变异来适应新环境。②外界环境的改变、器官运动、有性或无性杂交是植物变异的源泉。③在自然界或人工引种条件下，通过自然选择或人工选择都可以保持、发展植物有利变异，促进植物驯化。驯化是植物对新环境条件长期的适应过程，选择是人类驯化植物的基本途径。④同一种植物分布于不同地区的不同个体，由于作用条件不同，往往会产生多样性的变异或地理小种或类型，所以引种时必须十分注意研究植物的地理分布与不同分布区的种以下分类单位。

2. 气候相似论　20 世纪初期，德国林学家迈依尔（Mayr. H., 1906、1909）提出：森林树种的引种，应当建立在巩固的自然科学基础上，即在气候条件相似的地区之间引种。他所指的气候相似性，主要是指温度，并以温度条件的群落典型指示树种为名，把北半球划分为 6 个平行林区或林带，即棕榈带、月桂带、板栗带、山毛榉带、冷杉带和极寒带。这些地区之间，不论在地理上相隔多远，都存在着引种成功的最大可能，但又严格限制木本植物引种的活动范围，如超过该地区范围，则驯化是艰难的。气候相似论的实质是在引种时应注意引种地区的气候和土壤条件是否接近于原产地。只有相似的气候、土壤等条件，才有引种成功的可能，采用同纬度地区间引种较有把握。

3. 米丘林的风土驯化理论和方法　前苏联园艺学家米丘林的引种驯化理论是建立在达尔文学说基础上，得到了创造性的发展，并把植物引种驯化事业推向一个新的发展阶段。他从有机体与环境条件统一的观点出发，通过反复实践、探索，提出了风土驯化的两条原则：①利用遗传不稳定、易动摇的幼龄植物——实生苗作为风土驯化材料，使其在新的环境影响下逐渐改变原来本性，适应新的条件，达到驯化效果，尤其在个体发育中的最幼龄阶段，变异性最大，也具有最大的可能性产生新的变异以顺应于改变了的新环境。②采用逐步迁移播种的方法。实生苗对新环境有较大的适应性，但有一定的限度，当原产地与引种地条件相差太远而超越了幼苗的适应范围时，驯化难以成功，这就需要采用逐步迁移的方法，使它逐渐地移向与引种地相接近的地区，并接近于适应预定的栽培条件。

4. 栽培植物起源中心学说　植物引种驯化工作者要了解栽培植物的起源，掌握何处种源最丰富，从哪里去引种最适宜。达尔文、德堪道、瓦维洛夫等都进行了栽培植物的起源研究，其中以瓦维洛夫（Вавилов Н. И.）的研究最为系统。他在 1935 年提出地球上植物分布是不均匀的，某一类作物的许多种不同类型集中在某些古老的农业国家（地区）或高山海洋相隔地区，这些集中的地区称为栽培植物的起源中心。种是起源中心地区产生的，再传播到其他地区，从起源中心的地区去引种原始材料是很重要的。他又指出，不能认为种的形成只限在一个起源中心，在新的地区、新的条件下也能形成新种，引种地区不限于起源中心，可以根据情况相应地扩大范围。

5. 生态历史分析法　这一方法是前苏联总植物园在试验了3 000多种植物后总结出来的，并由库里基阿索夫（Кулътиасов M. B.）于1953年提出。一些前苏联引种工作者认为，生态历史分析法是以专属引种法为试验基础的，这一方法是专为自然区系植物引种选择原始材料的目的而提出的。其理论基础是根据某一植物区系成分的起源，分析和揭露这些成分的生态历史（包括生态和演化历史），在引种工作中可以选择那些外来的区系成分，把它们迁回原来生存过的生态条件下，这些植物不但极容易引种成功，而且生产率可以得到大大的提高。最著名的事例是天山苜蓿，它不是天山植物区系的成分，当将其从天山的旱生条件引种至湿生条件下时，它的生长状态比在旱生条件下好，而且其后代的植物体结构和功能也由旱生类型迅速地变回湿生类型。许多孑遗植物的推广种植成功是对生态历史分析法强有力的支持，比如，水杉在历史上曾经是一个广布种，但由于冰川的袭击其分布范围变得十分狭窄，目前该种在很大范围内的推广栽培取得了很好的结果。此方法对于自然区系植物的引种工作具有特殊的价值。

此外，还有前苏联植物学家鲁萨诺夫在20世纪50年代初期提出的"专属引种法与优势种法"和前苏联尼基塔植物园总结的"区系发生法"等，在此不再赘述。

（二）中国关于植物引种理论与方法的研究

早在殷商时期，野生植物变家种已很普遍。在家种过程中，首先遇到的问题是土壤。一些野生植物在有些土壤中种植成功，而在另一些土壤中则失败。所以人们就研究植物对土壤的适应性，并逐渐形成"土宜论"。以后随着国家版图的统一扩大，各地间开始相互引种，又出现了"风土论"。到了唐代后，国内外的交通发达，植物引种频繁，又提出"排风论"。所以中国古代的植物引种理论是由"土宜论"发展到"风土论"，再进入"排风论"。

虽然中国植物引种驯化理论与方法的研究历史悠久，但多散见于各种著作中，未经系统化整理。如后魏贾思勰《齐民要术》中"习以成性"、元朝王祯在《王祯农书》中提出"土地不宜"、明朝徐光启在《农政全书》中提出"三致其种"等。这些理论明确指出引种植物受土壤等生态条件的限制、环境条件可以改变植物的适应性、引种植物应反复试验的学术观点，是中国古代植物引种理论上的成就。

自 20 世纪 30 年代庐山植物园成立后，植物引种驯化才进入了一个新的起点，开始有了专门从事引种驯化的专业机构，为理论方法研究提供了条件。特别是新中国成立后，在植物引种驯化理论与方法的研究方面取得了较大的成就，提出了一些理论学说并撰写成专著。

1. 张春静的顺应与改造相结合引种驯化方法　张春静（1985）的引种驯化方法基本上是以迈依尔的气候相似论与米丘林的风土驯化原理为依据，从他的长期引种实践中总结出来的。他在《木本植物引种驯化研究》一文中提出，树木引种的基本方法是选好材料，做好分析，抓住关键，进行驯化。即树木引种最重要的是树木种源的选择，以及原产地与引种地之间的生境比较分析，找出差异程度与主导限制因子，然后制订驯化措施。驯化的基本原则是以顺应保护同改造锻炼相结合。由此造成树种所要求的基本生存条件，逐步达到对新生境的完全适应。按此方法，北京植物园从国内外引进上万份材料，成功栽培了 1 000 多种树木，药用植物有杜仲等。

2. 董保华的地理生态生物学特性综合分析方法 董保华（1987）认为，要将树木的种源地、引种地的地理生态条件（包括纬度、经度、海拔高度及温度、降水量、土壤等）和引种植物的生物学特性进行综合而全面的分析，找出原分布区与引种地之间的相同点和相异点，分析其引种成功的可能性程度，提出相应的技术措施，以克服引种驯化过程中的矛盾，才能使引种获得成功。在同一地理区系分布的树种，由于彼此生物学特性的差异，引种结果完全不同，能基本满足其生物学特性要求的树种就能引种成功，否则就难以成功。

3. 贺善安的生境因子分析法 贺善安（1987）在《栽培植物的生境因子分析法》一文中指出，生境分析的基本原理是：①栽培作物由于许多特性已发生变化，对生境的要求与其原始种（野生种）产生差异，不能再把起源中心的原生境条件作为该作物的最适生境。因此，分析原生境时，先把各生态因子划分为适宜（或最适宜）因子、非适宜（或非最适宜）因子、可适应（或可改良）因子 3 类，在此分析基础上，对新生境因子进行比较。②各生境因子具有相对独立性，但是又互相联系，对植物的作用是综合的，在分析各因子对植物的作用时应区分开来。③充分重视栽培条件的作用，栽培措施在一定程度上可改变生境条件以满足植物的需要。

4. 谢孝福的协调统一原则 谢孝福（1987）在《协调统一是植物引种的原则》一文中指出，引种植物的生长发育各个阶段，都必须同它生存环境中各个生态因子互相协调统一，才能取得成功，否则就遭失败。其主要内容有以下几个方面：①植物个体发育过程中，每个阶段都要有相应的必不可少的生态因子（光、温、水、土、养料、生物等）互相协调，使植物统一于生存环境之中，如有某一阶段不协调，就会给引种带来困难，应采取办法克服。这个协调统一从植物幼苗活动开始直至开花结实、种子成熟。②限制因子的影响。从原产地到引种地之间的生境差异程度往往是不同的，虽然生态因子作用是综合的，但各个因子的作用又不等同，有可能其中某一个或几个因子要成为引种植物在协调统一进程中的限制因子。引种驯化从某种意义上说就是要克服或改变植物在协调统一中某一个或几个起主导作用的限制因子，使植物能适应于新的环境。③引种植物对新环境有逐步适应的过程，能不断地改变原来习性，与新环境中各个生态因子同步协调。这种改变了的习性能不断地积累，并从抗逆性或形态上反映出来，而且能形成一个新的类型，人们辨识了之后就可以从中选择。

按照协调统一原则开展引种驯化，几十年来引种成功并在生产上应用的有20余种药用植物，其中比较突出的有木麻黄、黑荆树、萝芙木、甜叶菊、越南肉桂、玫瑰茄、荔枝、新银合欢等。

此外，还有周多俊的"生态综合分析法"、俞德俊的"农艺生态分类法"、李国庆的"因素论"、梁泰然的"节律同步论"等引种理论和方法。这些理论和方法都对中国现代的引种实践作出了很大的贡献，同时又丰富发展了中国的引种驯化理论。

（三）药用植物引种驯化的步骤和方法

1. 引种驯化的步骤

（1）准备阶段 调查引种的种类。药用植物种类繁多，广泛地分布在全国各地。而由于各个地区间名称不统一，常有同名异物、同物异名的情况出现。同名异物是指某一种药材的来源不止一个物种，甚至多达二三十种不同植物，如各种大黄、甘草等。再如穿心莲，又名榄核莲，是一种清热解毒药，临床用以治疗扁桃体炎、肺炎、肠胃炎等，属爵床科植物。但四川有一种剧毒的植物，属于乌头属，也叫榄核莲。同物异名是指同一物种在不同的地区被当作两种或两种以上的中药材使用，如玄参科阴行草本身是一种中药材作阴行草药材使用，但在不少地区又作为刘寄奴药材使用。这类的例子很多，就以较常用的 500 种中药材而言，存在着品种问题的就有 200 种左右。因此，在引种前必须进行详细的调查研究，并加以准确的鉴定。同时，同一种植物，对野生植物仍应进行种内的划分及考察它们的特征和特性，栽培植物则要注意考察各种农家品种及无性系的特征和特性，这样才能使引种工作获得事半功倍的效果。

（2）掌握引种所必需的资料

①掌握和了解药用植物的生长地区的自然条件：引种某种药用植物时，首先要了解其原产地和引种地区的气候、土壤、地形等条件，进行比较，以便采取措施。其中特别要注意气候条件。中国地跨热带、亚热带、暖温带、温带、寒温带，各气候带之间的气候差别主要是温度，其次是湿度条件。

热带地区，温度高、湿度大，药用植物一年四季均处于生长期。热带一年内 10℃ 以上的积温为 8 000～9 000℃，年平均气温 22～26℃，最冷月气温在 16℃ 以上，极端最低温在 5℃ 以上，很少有 0℃ 以下的记录。年降水量 1 000～2 400 毫米。热带药用植物都能在本地区范围内生长，如胖大海、马钱子、槟榔、肉豆蔻、白豆蔻等。

亚热带四季温湿度变化较为明显，一年中 10℃ 以上的积温在 4 500～8 000℃，冬季温度较低，最冷月温度在 0～16℃，极端最低温为 −8℃。在这个气候带，佛手、茶、厚朴、使君子、吴茱萸、喜树等药用植物都可以栽培。在亚热带的南部，有些热带药用植物如萝芙木、荔枝、桂圆等也能生长得很好。

暖温带四季温湿度变化明显。暖温带 10℃ 以上的积温在 3 200～4 500℃，是温带与亚热带的一个过渡带。夏季温度很高（30～40℃），与亚热带几乎没有明显的差异。因此，对热量要求较高的一年生热带或亚热带药用植物，如澳洲茄、蓖麻、罗勒、决明、望江南等都可以生长很好。但冬季寒冷，最冷月温度在 −14～0℃，无霜期 5～8 个月，≥10℃ 持续期为 5～7 个月。有季节性冻土，但冻土的时间不长，厚度在 1 米左右。

对于植物的生长发育，不仅要考虑温度条件，同时也应该考虑到湿度条件（包括降水量等）以及湿度条件在四季中的分布状况。湿度的大小主要取决于距海洋的远近。因此，从中国的综合自然区划图来看，从东向西湿度逐渐变小。根据湿度条件，在同一气候带内又划分为区，即湿润地区、半湿润地区、半干旱地区和干旱地区。因此，引种时应该了解和掌握中国的综合自然区划中各自然区的气候与土壤的特征。譬如根据综合自然区划，北京以北地区（温带、寒温带）的药用植物引种到北京一般都能生长良好，因为北京的温度比原产地要高一些。北京以西地区的药用植物引种到北京后一般也容易成活，因为西部的温湿度条件都不如北京优越，但北京有一个特点，雨水集中在 7～8 月，因此要注意排水。在暖温带和亚热带分界线以北的药用植物在北京都可以引种，而在此分界线以南的药用植物则不一定完全适合在北京引种，其中一些喜温性不强及某些一年生种类和一些深根性（块茎、根茎）的药用植物也可以在北京引种，如薯蓣深埋，冬季处在冻层的下面，可以越冬。综上所述，引种工作者熟悉植物生长地区和拟引种地区的自然条件是十分必要的。

②了解和熟悉药用植物生物学和生态学特性：每一种药用植物都有其生长发育规律，并且不同的生长发育阶段对生态条件要求不同。因此，了解药用植物的特性和所需的环境条件，是保证引种成功的一个重要因素。过去在引种时，由于缺乏对药用植物生物学和生态学特性的了解，有过不少的经验教训。如引种天麻时，由于不了解其与蜜环菌的共生关系，多年没有引种成功；上海从四川引种冬花，由于不了解冬花喜阴湿的特点，在上海奉贤、浦东露天栽培，结果冬花全部枯死，而陕西华阴县由于给予植物适当荫蔽，结果引种成活；辽五味子开始在露天直播，大多不出苗或出苗后死亡，以后掌握了五味子喜阴湿、小苗需要荫蔽的生态特点和种子发芽的特性，改进了育苗方法，而得到了成

功；又如有些高山上生长的种类（如云木香），在原产地可以露天生长，但由于植物长期在高山地区的冷凉、多雾、空气湿润环境中生活，引种到北方较干燥炎热的地方，露天栽培多不能成活，需要给予荫蔽的条件，其他如白鲜皮、升麻、铃兰等亦都如此。

③了解药用植物的分布情况：自然分布范围较广的药用植物适应性较强，如南沙参、桔梗、薄荷、穿山龙、紫菀、旱莲草、地锦等。有些种类甚至在非洲均有分布，这些植物在相互引种时或野生变家栽都比较容易成功。

自然分布范围较窄的药用植物特别是热带性强的植物，要求温度条件比较严格。如非洲没药，需要干热的条件，中国大多不具备这种自然条件，引种较难成功，即使能够成活，产生树脂也比较困难。番泻叶需要干热的沙漠气候（非洲 40～48℃），引种到中国缺乏高温干热的地区，容易发生病害，死亡非常严重。热带湿润地区的药用植物，如丁香、肉豆蔻、胡黄连等也较难引种成功。

另外，有些药用植物平面分布范围虽然较广，但是有明显的垂直分布界线，这类药用植物从平地向高山引种就存在着一定的困难，需要进行引种技术的研究。

总之，在引种驯化过程中，有的种类适应性较强，引种比较容易成功，有的种类适应性比较差。因此，必须通过调查访问，查阅有关资料，根据它的主要生物学特点，采取必要的措施，才能达到引种驯化的预期目的。

（3）制订引种计划　根据调查所掌握的材料和引种过程中存在的主要问题，如南药北移的越冬问题、北部高山植物的越夏问题、当归的抽薹问题以及有关繁殖上的问题等，制订引种计划，提出解决上述问题的具体步骤和途径。

2. 引种驯化的基本方法　利用科学的试验方法来研究外界环境条件对药用植物生长繁殖、次生代谢过程的影响，辩证地理解植物与环境的相互关系，进而就可以驯化药用植物，提高其产量和质量。

引种驯化的方法主要有简单引种法和复杂引种法两种。

（1）简单引种法　在相同的气候带（如温带、亚热带、热带）内或差异不大的条件下进行相互引种，这种方法称简单引种法或直接引种法。例如新疆和北京，两地从地理位置来看，一东一西相距很远，但从气候带来看都属温带，前者属暖温带干旱地区，后者属暖温带半湿润地区，两地温度条件相差不大，只是湿度条件不同。如把北京生长的药用植物引种到新疆伊犁地区，只要满足它的湿度条件就可以生长。从新疆向北京引种，可采用直接引种法，如蛔蒿、甘草、伊贝等。又如从越南、印度尼西亚、加纳等热带地区向中国海南岛、台湾引种南药，也可以通过简单引种方法，如古柯、胖大海等。一般说来，相同气候带内相互引种，可以不通过植物的驯化阶段，所以又称为简单移植。

（2）复杂引种法　在不同气候带之间或对气候差异较大地区的药用植物进行相互引种，称复杂引种法，亦称地理阶段法。如把热带和南亚热带地区的萝芙木通过海南、广东北部逐渐驯化移至浙江、福建安家落户；槟榔从热带地区逐渐引种驯化到广东栽培等。

①进行实生苗多世代选择：在两地气候条件差别不大或差别稍超出植物适应范围的地区，通过在引种地区进行连续播种，选育出适应性强的植株进行引种繁殖。

②逐步驯化：将所要引种的药用植物，分阶段地逐步移到所要引种的地区，称逐步驯化法。多在南药北移时采用，但是时间较长，一般较少采用。

在引种某些重点南药时，可以开展大协作，利用相邻地区对该药用植物引种试种的成功经验和所得到的种子进行引种，同样可以达到驯化北移的目的。通过群众性广泛引种和交流经验，可以达到多、快、好、省的目的。例如三七，过去局限在广西、云南少数地区栽培（或野生），20 世纪 60 年代全国各地广泛开展引种工作，江西、四川等引种三七成功，使三七向北引种获得很大推进，直至河北省南部。

此外，还可以通过杂交法，改变植物习性进行引种驯化，目前在药用植物上做的较少。

四、药用植物引种驯化成功事例

达尔文 1859 年曾对引种驯化成功与否做过这样的评述："动物、植物在新的环境中能生活下去，而且又能生育后代，证明驯化成功了。"对于药用植物来说，至少可从以下 4 个方面去衡量：①与原产地比较，植株不需要采取特殊保护措施，能正常生长发育，并获得一定产量。②没有改变原有的药效成分和含量以及医疗效果。③能够以原有的或常规可行的繁殖方式进行正常生产。④引种后有较好的经济效益、社会效益及生态效益。

到目前为止，已有多种药用植物被成功引种驯化，如人参、西洋参、华细辛等。本书介绍了 45 种常见药用植物的栽培技术，详见第三章。

主要参考文献

白文泉，方涛.2003.细辛栽培技术［J］.黑龙江农业（12）：74-75.

陈丹，王鑫彦.2003.中药资源保护的重要性及其策略［J］.时珍国医国药，14（11）：705-706.

陈建华，李智，周秀佳.2001.生药资源开发与可持续发展［J］.中医药杂志（7）：44-46.

陈士林，郭宝林.2004.中药资源的可持续利用［J］.世界科学技术—中医药现代化专论，6（1）：1-8.

陈士林，黄林芳，王禹，等.2005.中药资源生物多样性保护问题及对策［J］.中医药信息，22（2）：3-5.

程莉华，徐康康.2009.半夏人工栽培技术［J］.云南中医中药杂志，30（8）：24-25.

冯夏红，赵吉 . 2000. 中药市场营销学教程［M］. 沈阳：辽宁大学出版社 .

顾德兴，李云香，徐炳声 . 1994. 半夏的繁殖生物学研究［J］. 植物资源与环境，3（4）：44.

何萍，李帅，王素娟，等 . 2005. 半夏化学成分的研究［J］. 中国中药杂志，30（9）：671 - 674.

姜汉桥，段昌群，杨树华，等 . 2004. 植物生态学［M］. 北京：高等教育出版社 .

李向高 . 2001. 西洋参的研究［M］. 北京：中国科学技术出版社 .

林文雄，王庆亚 . 2002. 药用植物生态学［M］. 北京：中国林业出版社 .

刘振环，崔东河，李公启，等 . 2002. 细辛栽培技术要点［J］. 人参研究，14（4）：9 - 10.

曲仲湘，吴玉树，王焕校，等 . 1983. 植物生态学［M］. 北京：高等教育出版社 .

阮晓，王强，颜启传 . 2010. 药用植物生理生态学［M］. 北京：科学出版社 .

施建勇 . 2002. 中药产业经济与发展［M］. 上海：上海科学出版社 .

万淑荣 . 2002. 药用植物引种驯化分析［J］. 林业勘查设计（3）：71.

王德群 . 2006. 药用植物生态学［M］. 北京：中国中医药出版社 .

王忠 . 2000. 植物生理学［M］. 北京：中国农业出版社 .

吴征镒，王荷生 . 1983. 中国自然地理—植物地理［M］. 北京：科学出版社 .

肖培根 . 2001. 新编中药志：第 3 卷［M］. 北京：化学工业出版社 .

谢孝福 . 1994. 植物引种学［M］. 北京：科学出版社 .

徐亚静 . 2005. 中药资源可持续发展面临挑战与机遇［J］. 中国禽业导刊，22（9）：18.

杨继祥，田义新 . 2004. 药用植物栽培学［M］. 北京：中国农业出版社 .

岳沛华，郑波 . 2003. 细辛栽培技术［J］. 经济作物（5）：24 - 25.

曾海静，古丽娜・沙比尔 . 2005. 天然药物资源生态危机与可持续发展［J］. 中医药导报，11（8）：54 - 56.

张惠源，赵润怀，袁昌齐，等 . 1995. 我国的中药资源种类［J］. 中国中药杂志，20（7）：387 - 390.

赵卉，倪健.2001.当前中药在国内外的发展状况［J］.中药材，24（4）：301-303.

赵润怀，袁昌齐，孙传奇，等.1995.我国的中药资源种类［J］.中国中药杂志，20（7）：387-390.

中国药材公司.1995.中国中药区划［M］.北京：科学出版社.

中国医学科学院药用植物资源开发研究所.1991.中国药用植物栽培学［M］.北京：农业出版社.

朱慧芬，张长芹，龚洵.2003.植物引种驯化研究概述［J］.广西植物，23（1）：52-60.

左家甫，傅德志，彭代文.1996.植物区系的数值分析［M］.北京：中国科学技术出版社.

林药间作实用技术

第一节 适宜间作的林地类型及其生态条件

中国的森林覆盖率为 16.55%，合计共有森林 15 894.1 万公顷。由于中国地域辽阔，横跨寒温带、温带、暖温带、亚热带和热带几个气候带，植物多样性非常丰富。中国的天然森林从北向南有寒温带针叶林、温带针阔叶混交林、暖温带落叶林和针叶林、亚热带常绿阔叶林和针叶林、热带季雨林和雨林。除此之外，还有大面积的人工用材林、防护林、经济林和农林复合生态系统类型，这更丰富了森林类型的多样性。上述主要林型的立地条件特点简介如下。

一、寒温带针叶林

寒温带针叶林主要分布于中国寒温带大兴安岭北部一带。由于部分树种具有垂直分布的特点，因此在华北、四川、云南、西藏、甘肃等高海拔山地也有分布。此类林型是中国分布面积广、资源丰富的类型。寒温带针叶林一般可分为两类，一类为寒温带落叶针叶林，另一类为寒温带常绿针叶林。

（一）寒温带落叶针叶林

1. 树种组成　寒温带落叶针叶林是由冬季落叶的各种落叶松所组成的林型，由于林下透光性好，又称为明亮针叶林，是北方和山地干燥寒冷气候下最具代表性的植被，常形成大面积纯林。此类林型内还常生长有少量的云杉、冷杉和桦木。在林下灌木层中生有各种忍冬、蔷薇、绣线菊、茶藨子和溲疏。草本植物有蕨类、唐松草、地榆和风毛菊。在沼泽化土壤上分布的落叶松林下灌木以杜香、越桔和柳树为常见。

2. 生态条件 由于森林的主体树种为落叶松林,其生长挺直、高大,林冠稀疏,林冠下透光条件好。此类林型分布区年均气温低,多数地区降水量为 400～7 000 毫米,森林腐殖质矿化速度慢,林下枯落物堆积多,土壤多为暗棕壤,剖面呈黑色,腐殖质多,土壤水分和肥力条件好。

3. 药材分布 此类林型下分布的药用植物种类多,药材蕴藏量和产量大。代表性药用种有人参、五味子、黄芪、黄檗、细辛、刺五加、桔梗和赤芍等。在此类森林类型中,可以间作具有一定耐阴性的药用植物。

(二) 寒温带常绿针叶林

1. 树种组成 寒温带常绿针叶林由常绿的云杉、冷杉、松和圆柏所组成。需要说明的是,中国的云杉、冷杉林也是山地垂直带上的植被类型,除东北外,在华北、秦巴、蒙新以及青藏高原上也有分布。由于云杉、冷杉属于常绿树种,且具有较强的耐阴性,其形成的森林林冠稠密、郁闭,林下光照很弱,因此又称"暗针叶林"。此类森林中有时也有部分阳性树种生长,如落叶松、桦木、杨树等。其林下的灌木层常见忍冬、蔷薇、槭树、稠李等。在云杉、冷杉林下的苔藓层比较发达,不仅覆盖在地面,而且在树干和枝条上都有苔藓植物生长。

2. 生态条件 此类森林类型多分布于海拔 1 000 米以上的山地。由于云杉和冷杉树冠郁闭,林下透光性差。年降水量多在800～1 000 毫米,年均温低,林下枯落物丰富,土壤多为暗棕壤,土壤水分和肥力条件好。

3. 宜栽种类 此类林地下的草本植物多为喜阴植物,如酢浆草、深山露珠草、山尖子等。而在郁闭的林下,一般很少有草本植物分布,但是在其林缘和有林间空隙的地方可见有五味子、桔梗、刺五加等分布。因此,不建议在郁闭度高的林下开展林药间作工作。

二、温带针阔叶混交林

温带针阔叶混交林区域分布在中国的大小兴安岭、张广才岭、完达山和三江平原一带，多分布于海拔 350～1 300 米的范围。

1. 树种组成　温带针阔叶混交林中的针叶树主要是红松，同时也混生部分云杉和冷杉；阔叶树包括栎属、槭属和椴属等，如紫椴、青楷子、花楷槭、蒙古栎、白牛槭、柠筋槭、花曲柳、刺楸、千金鹅耳枥、水榆等。灌木层多为毛榛。在排水良好的山坡上有山杨林，在人类活动频繁的地方有大片的蒙古栎林和蒙古栎黑桦林分布。

2. 生态条件　此林型分布区具有海洋性温带季风气候特点，1 月份均温多在 -10℃以下，7 月份均温在 20℃以上，年积温为 700～3 200℃，无霜期为 125～150 天，年降水量为 450～600 毫米。由于林中混有的阔叶树属于落叶树种，其林下的透光条件相对较好。林下的土壤多为暗棕壤，隐域性土壤有草甸土和沼泽土，由于年均温较高，其腐殖质化的程度明显高于寒温带地区，可谓是土壤肥沃、水分充足。

3. 宜栽种类　适宜在此类林型下生长的药用植物有山葡萄、五味子、狗枣猕猴桃、木通等藤本植物。在林缘或林隙较大处可间作具有一定耐阴性的药用植物。

三、暖温带落叶林和针叶林

中国暖温带落叶林和针叶林的分布范围东起辽西山地、辽东半岛和胶东半岛山地丘陵，西到青海东部，北界长城，南到秦岭和淮河以北的山地丘陵。其中东南部以低平原为主，西部以黄土高原丘陵为主，中部、北部以山地为主。重要山脉为燕山、太行山、伏牛山、秦岭以及沂蒙山、吕梁山、子午岭、六盘山等。一般为海拔 500～2 000 米的山地丘陵。由于长时期遭受人为的破坏，目前比较少见大片森林。

1. 树种组成　本地段的落叶阔叶林多分布于海拔 600～800

米以下，越往南分布界限越高。主要阔叶树种为喜温耐旱的栎类，以及人工栽植的杨、柳、榆、国槐、臭椿、泡桐等，并有侧柏、桧柏、白皮松等针叶树。在海拔 800～1 600 米为温性针叶与阔叶混交林，主要针叶树种有油松、华山松。海拔 1 600～2 500 米为寒温性针叶林，主要针叶树种有白杆、青杆、华北落叶松、冷杉等，并有白桦、蒙古栎、山杨等阔叶树种。

2. 生态条件　此林型分布区的气候具有明显的大陆性，夏秋呈现炎热多雨，而冬季则寒冷干燥。年均温为 4～14℃，年降水量 400～900 毫米。林下的土壤一般为山地棕壤和栗钙土、灰钙土等，个别地方有沼泽土、高山草甸土和亚高山草甸土。分布区的水热资源比温带要丰富，在历史上，这些地段到处都有茂密的森林分布。但是，由于这一地带是中华民族的重要发祥地，农牧业发展最早，人口稠密，交通方便，长期无限制地毁林开荒、乱砍滥伐，致使大好森林遭受毁灭性的损坏。因此，可以说此类林型透光率较好，但是相对比较干旱。

3. 宜栽种类　此类林型下生长的药用植物主要有黄芩、柴胡、黄精、玉竹、天南星、半夏、苦参等，其中包括喜阴植物和耐阴植物。

四、亚热带常绿阔叶林和针叶林

亚热带常绿阔叶林和针叶林大致分布于亚热带季风气候区，属于从温带到热带的过渡地带。这种森林在中国分布面积较广，北起秦岭至淮河一带，南到两广南部，西至四川和云南的大部分地区，都有其分布。海拔多在 500～1 300 米。

1. 树种组成　亚热带的森林类型丰富，是中国森林多样性最丰富的地区。常绿阔叶林是亚热带地区的代表性植被，在植被区划上属亚热带常绿阔叶林区域。中国亚热带占全国总面积的 1/4 左右。此林型的上层乔木以壳斗科、樟科、茶科、木兰科和金缕梅科等树种为主，树叶草质、较厚，且常绿而宽阔，颜色呈暗绿，表面光亮，所以又被称为照叶林。林冠比较整齐，季相变化不如温带落叶阔叶林明显。中国亚热带常绿阔叶林面积广大，南北各地群落结构也有明显差异。

2. 生态条件　此林带受季风气候的影响，夏季高温多雨，冬季不太严寒，没有显著的干旱季节。一年中大于 10℃持续天数在 220～350 天，年降水量在 1 000～1 500 毫米。长江以南广大低山丘陵区，成土过程的富铝化作用明显，土壤中的原生矿物在高温多雨下强烈风化并淋失，铁、铝的氧化物及氢氧化物在土壤中大量累积，形成红壤或黄壤，腐殖质少，有机质含量低（4%～10%），土壤肥力差，呈弱酸性反应。

3. 宜栽种类　此地带宜栽培厚朴、竹节参、三七、天麻、黄连、黄精、半夏等。

五、热带季雨林和雨林

热带季雨林主要可分为落叶季雨林和半落叶季雨林。中国的落叶季雨林主要分布于干旱季节长、气候干热的海南岛西部沿海台地和滇南干热河谷盆地。此外，还有常绿季雨林，是由热带性的常绿树种组成的森林，但有些地区也杂有少量落叶种类，主要分布在中国热带湿润气候的东部山地下部和西部迎风河谷。

1. 树种组成　热带季雨林的植物种类繁多，但不如热带雨林种类丰富。此类林型中的树种以亚洲热带广布种和热带北部特有种为主，如番荔枝科（Annonaceae）、梧桐科（Sterculiaceae）、使君子科（Combretaceae）、大戟科（Euphorbiaceae）、木棉科（Bombacaceae）、豆科（Leguminosae）、无患子科（Sapindaceae）、桑科（Moraceae）和山榄科（Sapotaceae）等。群落有较明显的优势种或共优势种。

2. 气候特点　落叶季雨林的年降水量在 1 000 毫米左右，其上层乔木 2/3 以上为落叶种类，高不到 20 米且树冠不连续，林下多分布有禾本科草类，在两层之间植物贫乏。半落叶季雨林分布于半湿润以至湿润气候区，年降水量为 1 300～1 800 毫米，其上层 1/3～2/3 的树种均为落叶半落叶性树种，树高 20～25 米，树冠连续，在此类林下很少禾草，而藤本植物较繁茂。中国热带季雨林区的水热条件变幅较大，年平均温度为 20～25℃，北界最冷月平均温度 10～13℃，极端低温年平均值约 2℃，湿热同季，干冷同期，交替明显。其土壤类型主要为砖红壤土，其次为赤红壤和石灰性土，有机质分解不及热带雨林强烈，故腐殖质含量较多，枯枝落叶层较厚，土壤肥力不佳。

3. 宜栽种类　此地带宜栽种类有槟榔、儿茶、广防己、巴戟天、益智、砂仁、金钱草、鸡血藤、肉桂、草果、萝芙木等。

六、人工林

中国从北到南适应气候带的变化，分布有各种功能的人工林，如生态防护林、用材林、特种用途的经济林（例如果树）。在生态防护林上，西北主要是柠条、沙柳、红柳、沙棘、榆树等，华北地区主要是侧柏、小青杨、樟子松等，南方主要是马尾松、木麻黄等。用材林在东北主要是红松林，华北主要是油松林和毛白杨林，南方主要是竹林和杉木林。北方经济林主要是苹果树、桃树、柿树、梨树、山楂树等，而南方主要是柑橘树、槟榔树、香蕉等。其气候条件与相应的气候带基本相同，不同的是由于人为耕种，土壤中无机肥料使用多，由于喷施农药和除草剂，土壤中有机农残比天然林要严重，因此，在进行林药间作时要特别小心相关污染的控制。

以上从不同林地类型和生态环境的介绍中，为林药间作的立地条件提供了依据。实践中，在成林、幼林、果园、幼龄果树、灌木林、疏林的林下、林间、林缘等环境中都可开展林药间作。

第二节　间作药用植物的种质资源

一、华细辛

马兜铃科细辛属植物在全世界约有 90 种，中国约有 30 种。作为药用植物，华细辛 *Asarum sieboldii* Miq. 被载入国家药典。同被载入药典的还有北细辛 *Asarum heterotropoides* Fr. Schmidt var. *mandshuticum*（Maxim.）Kitag. 和汉城细辛 *Asarum sieboldii* Miq. var. *seoulense* Nakai。北细辛和汉城细辛又习称"辽细辛"。

野生之外，在华细辛的人工种植中，有紫色叶柄、绿色叶柄、青绿色叶柄等类型。

二、何首乌

蓼科何首乌属植物在全世界约有 20 种，中国有 7 种 2 变种。

何首乌 *Fallopia multiflora*（Thunb.）Harald. 用作药用植物。

国家药典所载被划入蓼属的"何首乌"，《中国植物志》认为是棱枝何首乌 *Polygonum multiflorum* Thunb. var. *angulatum* S. Y. Liu，是何首乌在栽培过程中小枝上一些纵棱发育较明显而形成的种内变异，其花、果、叶及具纵棱等特征与 *Fallopia multiflora*（Thunb.）Harald. 完全相符。

目前，何首乌已有栽培品种，并且有多倍体品种育成。

三、北乌头

毛茛科乌头属植物在全世界约有 350 种，中国有 167 种。

乌头（附子）*Aconitum carmichaeli* Debx. 是本属典型而传统的药用植物，被载入国家药典。多分布于辽宁、河南、山东、甘肃、陕西、浙江、江西、安徽、湖南、湖北、四川、云南、贵州等地，在北京见不到野生种。

而北乌头（草乌）*Aconitum kusnezoffii* Reichb. 也作为药用植物使用，2000 年和 2010 年版国家药典均已载入。与乌头的区别是叶的中央全裂片较狭，顶端渐尖或长渐尖，花序轴和花轴无毛，萼片外面通常无毛或近无毛。

见于国家药典的还有黄花乌头（关白附）*Aconitum coreanum*（Levl.）Rapaics. 此外，长白乌头 *Aconitum tschangbaischanese* S. H. Li et Y. H. Huang、吉林乌头 *Aconitum kirinense*

Nakai、牛扁 *Aconitum ochranthum* C. A. Mey 等的块根也入药。

四、白头翁

毛茛科白头翁属植物在全世界约有 43 种，中国有 11 种。

目前，该属中的白头翁 *Pulsatilla chinensis*（Bge.）Regel 被载入国家药典。

除野生药源外，在白头翁的人工种植中，已有品种选育（包括引种）方面的研究工作。

五、淫羊藿

小檗科淫羊藿属植物在全世界约有 50 种，中国有 40 种。据研究，在中国作为药用的淫羊藿属植物达 10 余种。

淫羊藿 *Epimedium brevicornum* Maxim. 被载入国家药典。此外，箭叶淫羊藿 *Epimedium agittatum*（Sieb. et Zucc.）Maxim.、柔毛淫羊藿 *Epimedium pubescens* Maxim.、巫山淫羊藿 *Epimedium wushanense* T. S. Ying、朝鲜淫羊藿 *Epimedium koreanum* Nakai 的干燥地上部分入药也被载入国家药典。

六、菘蓝（板蓝根）

十字花科菘蓝属植物在全世界约有 30 种，中国有 6 种 1 变种。

菘蓝（板蓝根）*Isatis indigotica* Fortune 被载入国家药典。在栽培中有二倍体和四倍体品种。

七、决明子

豆科决明属植物在全世界有 600 种左右，中国有 22 种（原产 10 余种，其他为引种）。

草决明（小决明）*Cassia tora* Linn. 也写作 *Cassia obtusifolia* L.，被载入国家药典，干燥种子入药称决明子。

据研究，决明属中的多种植物有药用价值。例如茳芒决明（槐叶决明）*Cassia sophera* L. 即被载入多种药书。

八、甘草

豆科甘草属植物在全世界约有 20 种，中国有 8 种。

甘草 *Glycyrrhiza uralensis* Fisch.（乌拉尔甘草）被载入国家药典。胀果甘草 *Glycyrrhiza inflata* Bat. 和光果甘草 *Glycyrrhiza glabra* L. 的根和根茎也可入药，也被载入国家药典。另据研究，甘肃和新疆的黄甘草 *Glycyrrhiza eurycarpa* P. C. Li（《中国植物志》无记载）也有药用价值。

在甘草的人工种植中，已有品种选育方面的研究工作。

九、补骨脂

豆科补骨脂属植物在全世界约有 120 种，中国只有 1 种。

补骨脂 *Psoralea corylifolia* L. 被载入国家药典。

十、远志

远志科远志属植物在全世界有 500 种，中国有 42 种 8 变种。

作为药用种类，远志 *Polygala tenuifolia* Willd. 被载入国家药典。卵叶远志（西伯利亚远志）*Polygala sibirica* L. 亦被载入国家药典。另外，本属有药用价值的瓜子金 *Polygala japonica* Houtt. 被补入 2010 年版国家药典。

十一、人参

五加科人参属植物在全世界有 5 种，中国有 3 种。

人参 *Panax ginseng* C. A. Meyer 一直是国家药典所载药用植物。

除野生人参（山参）外，栽培人参（园参）已有众多的品种类型。如吉参 1 号、吉林黄果参的选育曾获国家科技进步奖。近来，集美人参、福星 1 号等新品种也相继育成。

十二、西洋参

中国的西洋参是从北美洲引入的一个五加科人参属物种，吉林、山东、北京、陕西、云南等地均有栽培。

西洋参 *Panax quinquefolium* L. 被载入国家药典。

在人工种植中，西洋参有近 10 种农家类型，如短枝型洋参、长枝型洋参等。

十三、当归

伞形科当归属植物在全世界约有 80 种，中国有 26 种 5 变种 1 变型。

当归 *Angelica sinensis*（Oliv.）Diels 被载入国家药典。

按产地分，当归的商品类型一般分为秦归（甘肃南部）和云归（云南西部）。除野生外，多栽培。据研究，当归种质已分化出绿茎当归和紫茎当归，紫茎当归较多，绿茎当归较少。在品种选育上，有报道称用重离子辐射技术选育出当归新品种如岷归 3 号。

十四、防风

伞形科防风属植物在全世界只有 1 种，在中国有。

防风 *Saposhnikovia divaricata*（Turcz.）Schischk. 被载入国家药典，是正品的"关防风"。

其他各种冠以"防风"名称的药物，不属于防风属植物。例如，"竹叶防风"实为多毛西风芹 *Seseli dilavayi* Franch，是伞形科西风芹属植物；"松叶防风"（"云南防风"）是松叶西风芹 *Seseli yunnanensis* Franch，也是西风芹属植物；"川防风"又称"竹节防风"者，实是短裂藁本 *Ligusticum brachylobum* Franch，是伞形科藁本属植物；"细叶防风"（"新疆防风"）是伊犁岩风 *Libanotis iliensis*（Lipsky）Korov.，为伞形科岩风属植物。这些植物虽也入药，但不能视为防风的不同品种。

目前，药用防风以人工种植为主，按产地也有品种分化。

十五、连翘

木樨科连翘属植物在全世界约有 11 种；中国有 7 种 1 变型，其中 1 种为栽培种。

连翘 *Forsythia suspensa*（Thunb.）Vahl 被载入国家药典。除华南外，全国各地广泛栽培。有栽培品种，如金连翘是由叶色变异经多次选育，嫁接而成的黄色叶片品种。

另外，称为"贯叶连翘"的植物也可入药，已被载入德国和美国等国的药典。但这种植物是藤黄科金丝桃属的贯叶金丝桃 *Hypericum perforatum* L.，与连翘是异科异属，不能混为一谈。

十六、秦艽

龙胆科龙胆属植物在全世界约有 400 种，中国有 247 种，其中不乏药用植物。

秦艽 *Gentiana macrophylla* Pall. 被载入国家药典。同被载入国家药典的还有麻花秦艽 *Gentiana straminea* Maxim.、粗茎秦艽 *Gentiana crassicaulis* Duthie ex Burk. 和小秦艽 *Gentiana dahurica* Fisch.。

十七、三花龙胆

三花龙胆 *Gentiana triflora* Pall. 是龙胆属药用龙胆中的一个常见物种，被载入国家药典。一起载入药典的还有条叶龙胆 *Gentiana manshurica* Kitag.、龙胆 *Gentiana scabra* Bge、坚龙胆 *Gentiana rigescens* Franch.。条叶龙胆、三花龙胆、龙胆这 3 种习称"龙胆"。

龙胆属植物还有其他入药种类，如高山龙胆 *Gentiana algida* Pall. 等。

十八、藿香

唇形科藿香属植物在全世界约有 9 种，中国只有 1 种。

藿香 *Agastache rugosa* (Fisch. et Mey.) O. Kuntze 可入药。

国家药典所载"藿香"及其成药是广藿香 *Pogostemon cablin* (Blanco) Benth，与藿香同科不同属，是唇形科刺蕊草属植物。

在藿香的人工种植中，不同产地也有一些品种。如北京市农业技术推广站从江苏省引进了南通藿香。

十九、益母草

唇形科益母草属植物在全世界约有 20 种，中国有 12 种 2 变型。

益母草 *Leonurus japonicus* Thunb. 被载入国家药典。另外，细叶益母草 *Leonurus sibiricus* L.、大花益母草 *Leonurus macranthus* Maxim. 等也入药。

对于益母草的学名，《中国植物志》为 *Leonurus artemisia* (Laur) S. Y. Hu。其变种有白花益母草 *Leonurus artemisia* var. *albiflorus* (Migo) S. Y. Hu。

在栽培中，益母草已有不同的品种，如春性品种和冬性品种。冬性栽培品种于秋季 9～10 月播种。春性栽培品种秋播时间与冬性益母草相同，春播于 2 月下旬至 3 月下旬，夏播于 6 月下旬至 7 月，均越年收获。

二十、薄荷

唇形科薄荷属植物在全世界约有 30 种；中国有 12 种，多可入药。

薄荷 *Mentha haplocalyx* Briq. 被载入国家药典。

栽培中，叶片形状和花冠颜色变化较大，有不同的品种类型。实用中，各地培育并推广了一些品种，如 73 - 3（上海）、738（江苏）等。

二十一、丹参

唇形科鼠尾草属植物在全世界有 700～1 050 种，中国有 78 种 24 变种 8 变型。

丹参 *Salvia miltiorrhiza* Bge. 被载入 2010 年版国家药典。

研究发现，鼠尾草属中的数十种植物的根和根茎可当丹参使用。

随着丹参的大量栽培，已有不少种质类型。通过品种选育，有一些丹参新品种供人工种植。据报道，山东省烟台市通过航天育种，培育出丹参新品种。陕西省有白花丹参品种。

二十二、黄芩

唇形科黄芩属植物在全世界约有 300 种；中国有 100 多种，其中 14 种可入药。

黄芩 *Scutellaria baicalensis* Georgi 被载入国家药典，成为正品。

据研究，通过对滇黄芩 *Scutellaria amoena* C. H. Wright 和甘肃黄芩 *Scutellaria rehderiana* Diels 分析，证实其药物成分和药效不逊于正品黄芩 *Scutellaria baicalensis* Georgi。

此外，丽江黄芩 *Scutellaria likingensis* Diels、粘毛黄芩 *Scutellaria viscidula* Bge. 等作为入药物种多见报道。

在正品黄芩栽培中，按产地分为不同的品种类型，如热河黄芩（内蒙古）、东芩（山东半岛）、怀芩（山西、河南）、东北芩（东北地区）等。还有晚花黄芩（山东）等。

二十三、枸杞

茄科枸杞属植物在全世界约有 80 种，中国有 7 种 3 变种。

枸杞 *Lycium chinense* Miller 干燥根皮入药，称地骨皮，2000 年和 2005 年版国家药典均载入。宁夏枸杞 *Lycium barbarum* L. 的干燥成熟果实作为枸杞子正品，也载入国家药典，根皮也入药。

在枸杞栽培中，已有很多品种。据报道，目前宁夏已有世界上唯一的枸杞种质资源圃，除 7 个种和 3 个变种已搜集齐全外，还有 45 个品种品系，保护了濒危和稀有资源，还新筛选出 6 个品种。

枸杞属植物除药用外，还有多个菜用品种。

二十四、锦灯笼

茄科酸浆属植物在全世界约有 120 种，中国有 5 种 2 变种。

国家药典所载锦灯笼 *Physalis alkekengi* L. var. *franchetii* (Mast.) Makino 是一个变种。此外，毛酸浆 *Physalis pubescens* L. 亦入药。

培育出的锦灯笼优良新品种已在人工种植中应用。

二十五、金银花

忍冬科忍冬属植物在全世界约有 200 种，中国有 98 种。

金银花（忍冬）*Lonicera japonica* Thunb. 被载入国家药典。

忍冬属植物中多数可入药，如金花忍冬 *Lonicera chrysantha* Turcz. ex Ledeb. 、粘毛忍冬 *Lonicera fargesii* Franch. 、金银忍冬 *Lonicera maackii*（Rupr.）Maxim. 、大花忍冬 *Lonicera macrantha*（D. Don）Spreng、红脉忍冬 *Lonicera nervosa* Maxim. 等。

在各地栽培中，金银花已有众多品种。如山东的大毛花、鸡爪花等。北京市农业技术推广站对从河南封丘、河北巨鹿、山东平邑引进的 3 个金银花品种进行了相同环境和同一种植条件下的栽培试验，结果是金丰 1 号花期早。山东还有九丰 1 号等品种。

二十六、党参

桔梗科党参属植物在全世界约有 40 种，中国有 39 种 4 变种。

党参 *Codonopsis pilosula* Nannf 被载入国家药典。同被载入国家药典的还有素花党参 *Codonopsis pilosula* Nannf. var. *modesta*（Nannf.）L. T. Shen 和川党参 *Codonopsis tangshen* Oliv. 。此外，据研究，党参属中有 21 种植物属于药用植物。

国家药典中载入的"明党参"是伞形科明党参属植物，不能与党参混为一谈。明党参属只有 1 种，即明党参 *Changium smyrnioides* Wolff，仅分布在中国华东地区，是国家三级珍稀濒危保护植物。

除不同产地的野生党参外，已有众多的栽培党参品种，并不断有新的优良品种用于生产，如甘肃的 8917-2、92-02、渭党 1 号等。

二十七、桔梗

桔梗科桔梗属只有 1 种，即桔梗 *Platycodon grandiflorum* A. DC. ，被载入国家药典。

栽培桔梗已有众多品种。商品桔梗按产地分为北桔梗和南桔梗，前者主产于东北和华北，后者产于安徽、江苏、浙江等地。

通过一定的育种手段，各地培育出一些桔梗新品种，如太桔 1 号（安徽省太和县）、鲁梗 1 号（山东）、中梗白花 1 号、中梗粉花 1 号等。还培育出优质高产多倍体新品种（中国药科大学）。

二十八、紫菀

菊科紫菀属植物在全世界的种类因不同研究者的看法不一，认为有 250 种、600 种、1 000 种；中国约有 100 种。

紫菀 *Aster tataricus* L. f. 被载入国家药典。

对于紫菀属的资源开发利用，在有效成分等方面的研究有一些报道。在栽培中，紫菀的茎色、叶色、花色、瘦果颜色等方面变异最大，可选育品种。

二十九、苍术（北苍术）

菊科苍术属植物在全世界约有 7 种，中国有 5 种。

苍术（北苍术）*Atractylodes chinensis* (Bunge) Koidz. 被载入国家药典。同被载入国家药典的还有茅苍术（南苍术）*Atractylodes lancea* (Thunb.) DC. 和白术 *Atractylodes macrocephala* Koidz.。此外，苍术属药用植物还有朝鲜苍术 *Atractylodes koreana* (Nakai) Kitam、关苍术 *Atractylodes japonica* (Koidz.) Kitag. 和鄂西苍术 *Atractylodes carlinoides* (Hand. -Mazz.) Kitam.。

三十、药菊

菊科菊属植物在全世界约有 30 种，中国有 17 种。

药菊 *Chrysanthemum morifolium* Ramat. 被载入国家药典，其学名也写作 *Dendranthema morifolium* (Ramat.) Tzvel.。药用菊花与品种繁多的观赏菊花在植物分类上是一个物种，学名相同。

　　因产地和加工方法不同而有不同的栽培品种或类型，如杭菊（浙江）、滁菊（安徽）、亳菊（安徽）、贡菊（安徽）、怀菊（河南）、川菊（四川）、济菊（山东）、祁菊（河北安国）等。其中的亳菊、滁菊、贡菊、杭菊是中国四大名菊，是菊花中的典型入药品种类型，均被载入国家药典。

　　在每个类型中，还不断地进行着品种改良。除上述品种类型外，还有小黄菊、湖菊、小白菊、大白菊、大马牙、小怀菊、大怀菊等。

三十一、蒲公英

　　菊科蒲公英属植物在全世界约有 2 000 种，中国有 70 种 1 变种。

　　蒲公英 *Taraxacum mongolicum* Hand.-Mazz. 被载入国家药典。被载入国家药典的还有碱地蒲公英 *Taraxacum sinicum* Kitag.、药蒲公英 *Taraxacum officinale* Wigg 等。以蒲公英 *Taraxacum mongolicum* Hand.-Mazz. 的分布最为广泛。

　　除野生种类外，在栽培中，蒲公英已有不同的品种供应用，如多倍体蒲公英、法国厚叶蒲公英等。

　　山西农业大学药用植物研究所从野生蒲公英群体中经过多年系统选育，培育出多倍体蒲公英铭贤 1 号。华中农业大学植物科学技术学院从野生蒲公英中用系统驯化、选育的方法，经过 3 年 5 代的筛选，选育出华蒲 1 号蒲公英品种，性状稳定，丰产，抗逆性较强。

三十二、天南星

　　天南星科天南星属植物在全世界约有 150 种，中国有 82 种。

　　天南星 *Arisaema erubescens*（Wall.）Schott（*Arisaema consanquineum* Schott）被载入国家药典。此外，异叶天南星 *Arisaema heterophyllum* Bl. 和东北天南星 *Arisaema amurense* Maxim. 也同被载入国家药典。

　　据研究报道，四川、甘肃等地均有多种天南星属植物可入药，如四川的天南星属药用植物有 31 种（包括变种）。

三十三、异叶天南星

异叶天南星 *Arisaema heterophyllum* Blume 是载入国家药典的天南星科天南星属药用植物。同属的多种植物可入药。

三十四、掌叶半夏

天南星科半夏属药用植物在全世界约有 6 种，中国有 5 种。

掌叶半夏 *Pinellia pedatisecta* Schott 也称虎掌或虎掌南星，目前尚未载入国家药典。同属的半夏 *Pinellia ternata*（Thunb.）Breit.、盾叶半夏 *Pinellia peliata* Pci.、石蜘蛛 *Pinellia integrifolia* N. E. Brown、滴水珠 *Pinellia cordata* N. E. Brown 均入药。

三十五、半夏

在半夏属药用植物中，目前，半夏 *Pinellia ternata*（Thunb.）Breit. 被载入国家药典。

根据产地、块茎大小及形态等的不同，商品半夏有不同的品种名称，如珍珠半夏（云南）、川子（四川）、荆州子（湖北）、舒半夏（安徽）、颖半夏（安徽）等。

三十六、蔓生百部

百部科百部属植物在全世界约有 27 种，中国有 5 种。

蔓生百部 *Stemona japonica*（Bl.）Miq. 正名百部，与直立百部 *Stemona sessilifolia*（Miq.）Miq.、对叶百部（大百部）*Stemona tuberosa* Lour. 的干燥块根入药，均已被载入国家药典。

另外，云南百部 *Stemona mairel*（Levl.）Krause 和特产于海南的细花百部 *Stemona parviflora* C. H. Wright 也有药用价值。

三十七、铃兰

百合科铃兰属植物只有铃兰 *Convallaria majalis* L. 1 种。作为药用植物，目前铃兰尚未被载入国家药典。

据介绍，栽培中有大花铃兰、红花铃兰、重瓣铃兰等品种。

三十八、平贝母

百合科贝母属植物在全世界约有 60 种，中国有 20 种 2 变种。平贝母 *Fritillaria ussuriensis* Maxim. 被载入国家药典。

贝母属入药种类甚多。例如，与川贝母 *Fritillaria cirrhosa* D. Don 一起载入国家药典的还有暗紫贝母 *Fritillaria unibracteata* Hsiao et K. C. Hsia、甘肃贝母 *Fritillaria przewalskii* Maxim. 和梭砂贝母 *Fritillaria delavayi* Franch. 。前三者按性状不同分别习称松贝和青贝，梭砂贝母习称炉贝。

浙贝母 *Fritillaria thunbergii* Miq.、伊贝母（包括新疆贝母 *Fritillaria walujewii* Regel 和伊犁贝母 *Fritillaria pallidiflora* Schrenk）均是国家药典植物。

此外，湖北贝母 *Fritillaria hupehensis* Hsiao et K. C. Hsia 在 2000 年、2005 年、2010 年版的国家药典中均有记载。

在人工栽培中会形成一些品种。如收入 2010 年版国家药典中的瓦布贝母即是川贝母的新增来源。象贝是产于浙江象山的浙贝母品种类型。

值得注意的是，传统上所称的中国"四大贝母"（川贝、浙贝、伊贝、土贝）之一的土贝母 *Bolbostemma paniculatum* (Maxim.) Franquet 是葫芦科土贝母属植物，与其他贝母异科异属，也载入国家药典。其入药部位是干燥块茎（贝母类是干燥鳞茎入药），性味与贝母类相似。

三十九、北重楼

百合科重楼属植物在全世界约有 10 种，中国有 7 种 8 变种。

北重楼 *Paris verticillata* M. Bieb. 干燥根茎入药，目前尚未载入国家药典。

华重楼（七叶一枝花）*Paris polyphylla* Smith var. *chinensis* (Franch.) Hara 和云南重楼（滇重楼）*Paris polyphylla* Smith var. *yunnanensis* (Franch.) Hand. - Mazz. 的干燥根茎入药，均已分别载入 2000 年和 2005 年版国家药典。

四十、玉竹

百合科黄精属植物在全世界约有 40 种，中国有 31 种。

玉竹 *Polygonatum odoratum* （Mill.）Druce 被载入国家药典。

另有小玉竹 *Polygonatum humile* Fisch. ex Maxim.，与玉竹的主要区别是叶片下表面有短糙毛，而玉竹的叶片下表面光滑无毛。干燥根茎也入药。

玉竹的别名甚多。除广泛分布的野生种外，栽培中有不同的品种类型。如按产地分为湘玉竹（湖南）、海门玉竹（江苏）、西玉竹（广东）、东玉竹（浙江）等；同一产地，以湘玉竹而论，又有猪屎尾参、竹节尾、同尾等品种。

四十一、黄精

百合科黄精属中以"黄精"为名的物种甚多。

黄精 *Polygonatum sibiricum* Delar. ex Redoute 被载入国家药典。

滇黄精 *Polygonatum kingianum* Coll. et Hemsl. 和多花黄精 *Polygonatum cyrtonema* Hua 的干燥根茎也入药。这两种黄精也是国家药典植物。

黄精的商品品种按根茎的形状不同，主要分为鸡头黄精、姜形黄精、大黄精 3 类。

四十二、知母

百合科知母属在全世界和中国只有知母 *Anemarrhena asphodeloides* Bge. 1 种，其干燥根茎入药，已被载入国家药典。

除野生外，也有栽培。栽培知母应注意品种选育。

四十三、石刁柏

百合科天门冬属植物在全世界约有 300 种，中国有 24 种。

石刁柏 *Asparagus officinalis* L. 的块根入药，已被载入国家药典。菜用石刁柏称芦笋，嫩茎可食。

通过引种和选育，已有不同品种广为栽培。

据研究报道，在天门冬属中至少有 9 种植物可入药。例如天门冬（天冬）*Asparagus cochinchinensis*（Lour.）Merr. 的干燥块根入药，也被载入国家药典。

另外，国家药典中收入的麦冬 *Ophiopogon japonicus*（Thunb.）Ker-Gawl 是百合科沿阶草属植物；山麦冬 *Liriope spicata*（Thunb.）Lour. 是百合科山麦冬（土麦冬）属植物，不能与天门冬属混为一谈。

四十四、石蒜

石蒜科石蒜属植物在全世界约有 20 种，中国有 15 种。

石蒜 *Lycoris radiata*（L. Herit.）Herb. 可入药。在栽培石蒜中有不同的品种，如浙石蒜 1 号。

据研究报道，石蒜属中的长筒石蒜 *Lycoris longituba* Y. Hsu et Q. J. Fan. 也可入药。

目前，石蒜属药用植物尚未载入国家药典。

四十五、射干

鸢尾科射干属植物在全世界有 2 种，中国只有 1 种。

射干 *Belamcanda chinensis*（L.）DC. 被载入国家药典，其干燥根茎入药。

射干的商品药材以野生资源为主。在人工种植中也有不同的品种，如按产地分，有汉射干（湖北）、山射干（安徽、江苏）等。

另外，同科不同属也称"射干"的如川射干 *Iris tectorum* Maxim.，是鸢尾属植物，也被载入国家药典，是四川、贵州及湖南、湖北毗邻地区的习用射干。白花射干 *Iris dichotoma* Pall. 也是鸢尾属植物，即野鸢尾。

第三节　林药间作实用技术简介

一、华细辛栽培技术

《中国植物志》记载中国有马兜铃科细辛属植物 30 种、4 变种和 1 变型。后来又陆续发表了 9 个中国特有种，分别是巴山细辛 *Asarum bashanense* Z. L. Yang、通江细辛 *A. tongjiangense* Z. L. Yang、城口细辛 *A. chengkouense* Z. L. Yang、奉节细辛 *A. nobilissimum* Z. L. Yang、武隆细辛 *A. wulongense* Z. L. Yang、香港细辛 *A. hongkongense* S. M. Hwang et T. P. WongSiu、云南细辛 *A. yunnanense* T. Sugawara M. Ogisuand C. Y. Cheng、大别山细辛 *A. dabieshanense* D. Q. Wang et S. H. Hwang 和东方细辛 *A. campaniflorum* Wang Yong & Wang Q. F.。《中华人民共和国药典》（2010 年版）规定细辛基原为马兜铃科细辛属植物北细辛 *A. heterotropoides* Fr. Schmidt var. *mandshuricum*（Max - in.）Kitag.、汉城细辛 *A. sieboldii* Miq. var. *seou - lense* Nakai 和华细辛 *A. sieboldii* Miq. 的根及根茎。但根据文献，同属多种植物均具有药用价值，在产地或邻近药材市场出售。北细辛和汉城细辛习称"辽细辛"，多混生混栽，药材公司混合收购，但主要是北细辛，汉城细辛很少见。近几年，资源量大的一些种如单叶细辛 *A. himalaicum* Hook. f. et Thoms. ex Klotzsch. 全草在四川、甘肃、陕西等地，短尾细辛 *A. caudi - gerellum* C. Y. Cheng et C. S. Yang 全草在四川和重庆，杜衡 *A. forbesii* Maxim. 和小叶马蹄香 *A. ichangense* C. Y. Cheng et C. S. Yang 全草或根及根茎在安徽等地，青城细辛 *A. splendens*（Maekawa）C. Y. Cheng et C. S. Yang 全草在四川和云南等地仍作细辛或土细辛习用。大别山细辛全草在安徽岳西入药；东方细辛全草或根和根茎在江西修水使用；巴山细辛全草在四川通江入药等，说明资源量较少的非正品细辛属植物也在当地入药。

（一）特征特性

1. **生长习性**　野生细辛喜冷凉，耐严寒，怕高温。种子在 6～12℃时萌动缓慢，17～21℃为种子萌动的适宜温度，超过 25℃发芽率显著降低。芽苞在 5～8℃时开始萌动出土，8～16℃时植株生长最快。在生长季，当气温超过 35℃时，叶片会变黄，提早枯萎。植株进入休眠后，冬季能耐-35℃的严寒。细辛喜湿润的气候条件，人工栽培在年降水量700～1000毫米的地区较为适宜。细辛虽是喜阴植物，但如果野生状态的林下温度过低、光照过弱，则生长极为缓慢。一般林下栽培时，从种到收需要6年以上时间，且植株矮小，每株仅有2～3片叶，产量很低。

2. 生育特点　种子播种当年只长胚根（8～9月），第二年地上部分才生长，在苗床培育2～3年后移栽。移栽当年于7月底至8月初生长新根，当年地上部分不再生长，第二年3月芽萌动出苗。据观察，5～8月移栽均能成活，但以5月移栽最好。展叶时间为3月底4月初，开花期为4月中下旬，果期为5月至6月初，7月底至8月初生长新根、芽苞开始形成，10月底倒苗。随着生长年限的增加，单株干重和叶面积逐渐增加，生长进入第四年，干重急剧增加。根系长度和叶柄长度也逐年增加。

（二）林药间作条件下的栽培技术

1. 选地与整地　人工栽培细辛应选择土质疏松肥沃、富含有机质、排水良好的黑色壤土或沙壤土为宜。林下、老参地、农田地均可栽培。低洼积水、黏重板结、碱性及过酸性土壤不宜选用。有条件的林区可选择稀疏的林地或灌木丛，实行半人工栽培。树种以柞树、桦树、椴树等阔叶树为好，其次为针阔叶混交林。坡向以北坡、东坡为好，尽量不用南坡。坡度最好在10°左右，超过15°容易造成水土流失而且管理不便。整地首先应间伐过密的树枝，消除林下灌木或杂草，使林间透光度保持在50%～60%。然后将林地耕翻20～30厘米，清除树根和草根，耙细后做成1～1.2米宽的畦，畦长视地形而定，一般长10～20米为宜，根据土壤水分状况做成平畦或高畦。畦间作业道宽50厘米。播种地可适当浅耕，但整地要细致。农田栽培细辛，可结合整地、做畦施入基肥，每亩施1000千克优质肥。也可结合做畦施入过磷酸钙或猪圈粪，每畦细辛施入过磷酸钙1千克，猪圈粪100千克。

2. 繁殖方法

（1）种子繁殖　在 6 月中下旬果实成熟时，可将采下的果搓去果肉随即播种。沙藏处理的种子可于 7 月末至 8 月初播种，最晚不能晚于 8 月上旬，否则温度低，影响胚根生长，不利于翌年出苗。

①穴播：在做好的畦面上按行距 10 厘米、株距 5～10 厘米开穴，每穴下种 5～6 粒，覆土 1～2 厘米。每亩用种量约 4 千克。

②条播：在整好的畦面上横向开沟，沟深 2 厘米，行距 10 厘米，沟幅 4 厘米左右，将种子拌细土均匀撒入沟内，每行播种 120～150 粒，覆土 1～2 厘米。每亩用种量为 5～6 千克。

③撒播：在整好的畦面上，于中间向畦的两侧搂开表土，形成 3 厘米深的畦槽。将种子与 5～10 倍的细沙混拌均匀，分 2～3 次撒到畦面上，种子密度以间距 0.5～1 厘米为宜，覆土 1～2 厘米。每亩播种量为 6～7 千克。

（2）移栽营养繁殖

①分株繁殖：分株繁殖用于生长季的移栽。可于果实成熟后（约 6 月下旬）挖出根系，将根茎分开，每株保留 2 片叶以上，根茎长度 3～4 厘米，须根过密过长的可疏一疏，保留 6～10 厘米即可。然后按 20～30 厘米的行距开沟栽植。每行 8～10 株，覆土厚度 5 厘米左右。分株繁殖应随起随分株、随栽植，栽后一定要浇水。剪下的根须收集起来可入药。

②分根繁殖：分根繁殖用于休眠期移栽。分根繁殖法是在早春或晚秋，根茎处于休眠状态时，挖出多年生根系，将根茎截成 3 厘米左右的段，每段应含有 2～3 个更新芽。根茎段要及时栽植，株行距 10～15 厘米×15～20 厘米，每穴放 2 段，覆土 5 厘米左右，栽时芽向上。有条件的最好是坐水栽，栽后保持土壤湿润。营养繁殖的成活率与根茎分段的长短、顶芽和潜伏芽的大小及栽培时期有关，一般根茎的上端、芽苞大的、根茎段长的成活

率高。

3. 田间管理

（1）上盖头粪，越冬防寒 每年秋季地上部枯萎后至封冻前必须上盖头粪和覆盖物。盖头粪可用腐殖土或河泥混拌腐熟的猪、马、羊、鸡粪等，还可拌入过磷酸钙每亩 15～25 千克、草木灰每畦 0.5 千克。盖头粪厚度 3 厘米左右。盖头粪上再盖一层枯枝落叶、稻草等覆盖物。上盖头粪既可防寒保温，预防冻害伤苗，又可起到追肥作用，促进细辛分株和根系生长。

（2）撤防寒物 早春 3 月下旬左右，芽苞萌动开始伸展时，要及时去掉秋季覆盖的防寒物，以利提高地温，促进出苗。防寒物最好分 2～3 次撤完，以免一次性撤除在发生倒春寒时造成冻害。

（3）清林或遮阴 林地实行半人工栽培细辛的地区，每隔 2～3 年就要进行一次清林。主要是砍去过密的枝干，消除遮光的灌木，使透光度保持在 50%～60%。每年 5 月中旬以后，在没有自然遮阴的情况下，应及时架设荫棚，以防光照过强使叶片变黄提前枯萎，影响正常生长。棚架高 1 米左右，棚架上盖一层稀疏的帘子即可。从出苗到 5 月中旬可实行全光照，利于提高地温，细辛出苗早且齐，叶片厚而大；5 月下旬开始遮阴 50%，俗称"花达阳"为好；从 6 月下旬开始，光照度增加，温度急剧升高，此时，荫棚的遮阴度在原有 50% 的基础上再增加 20%，即遮阴 70%（透光 30%）为好；9 月光强变弱，气温下降，为促进细辛后期生长，可逐渐撤掉棚架上的遮阴物，以增加光合作用，促进根部生长。如此调节遮阴条件，可显著提高细辛的产量和质量。

（4）松土除草 播种和移栽的细辛，每年都要进行 2～4 次松土除草作业。一般土壤化冻后，撤下防寒物即可进行第一次松土；出齐苗后，进行第二次松土除草；以后最好每隔 20～30 天除一次草，以保持田间无杂草。除草时注意不要伤根，并结合松土往根部培土，以免根茎和芽苞裸露地上。如不为留种田，应结合除草除去花蕾，以减少养分的消耗。

（5）床面覆盖　4月中下旬苗出齐后，即可于床面覆盖树叶或稻草等覆盖物，厚度5厘米左右。床面覆盖后可保持床土疏松湿润，防止板结和干旱；可防止水土流失，避免芽苞、根茎外露；能抑制杂草生长，减少松土除草次数；还可减少病虫害的发生。

（6）肥水管理　以施腐熟的猪圈粪和羊、兔、鸡粪为最好，配合施用含磷、钾的化肥效果更佳。每年春季细辛芽苞尚未萌动时，可结合松土，每亩施过磷酸钙50千克，或施复合肥（或磷酸氢二铵）10～20千克。秋季用充分腐熟的猪粪或羊粪铺入畦面，作为盖头肥，一年生小苗施1.5厘米厚，2～3年生苗施3厘米厚。叶面喷肥可于叶展平后、开花期、果期分别喷0.3%磷酸二氢钾或2%过磷酸钙水浸液。叶面喷肥一定要使肥料充分溶解，过滤后再使用。生产上干旱时要及时灌水，追肥后也应灌水，以促进细辛对养分的吸收。此外，雨季还要注意排涝，防止田间积水。每年春、夏、秋季用作业道上的土培好畦帮，防止雨水冲刷畦帮而露出越冬芽、根茎及须根。

（7）采种　细辛种子于6月中下旬成熟。当果实由紫红色变为粉白色，用手捏果发软，果肉似熟马铃薯状，剥开果皮种子褐色、光滑坚硬、内无乳浆时，即可采收。细辛果实成熟期不一致，必须分期、分批采摘。一般每1～2天采摘一次。细辛果实采收一定要适时。过早，发芽率低；过晚，种子落地易被蚂蚁搬走造成损失。果实采收后，于室内堆放2～3天，待果皮变软后搓去果肉，用清水洗出种子，捞出晾一下，即可趁鲜播种。细辛种子忌干燥贮藏，忌用水浸泡。如果因人力、气候等因素不能及时播种时，可将种子与5～10倍的细沙或腐殖土混匀，选择背阴坡的林下或房前屋后的背阴处进行层积处理。

4. 病虫害防治

（1）病害　细辛菌核病是栽培细辛的毁灭性病害，危害细辛的根部、越冬芽、茎、叶、花、果实等部位。春、秋两季多发生，严重时会导致细辛全部死亡。

防治措施：①封锁发病区，禁止带病种子、病苗外运，防止人为传播。对病区、病床要及时根治。②建立无病种苗基地，选用无病种苗移栽，建立严格的管理制度，防止将病土、病苗、病株带入无病区内，严禁混用病区的工具。③种苗消毒，移植时选用健壮苗。移植前用 800 倍代森铵与 200 倍 10％ 多菌灵混合液浸苗 2～4 小时，然后定植。④药剂防治，对有中心病区的细辛田，采用代森铵加多菌灵混合药剂（配法同上）开沟集中灌注，深达根部，4 月初至 5 月末、9 月初至 11 月上旬共用药 6 次。

（2）虫害　细辛虫害有地老虎、蛴螬、蝗虫、黑毛虫、蚂蚁等。黑毛虫、蝗虫咬食叶片，地老虎咬断叶柄，蛴螬咬食芽、根、叶柄，蚂蚁主要是在果实成熟破裂后搬走种子。对于蝗虫、黑毛虫、蚂蚁，可用一定浓度的农药喷雾于叶面和地面杀之。防治地老虎、蛴螬，可用一定浓度的农药灌根，也可人工捕捉或用毒饵诱杀。

（三）采收和初加工

种子育苗繁殖的移栽 2 年后（即生长 4 年）采收。一般在秋季地上部枯萎后至结冻前进行，多与秋栽同时进行。方法是采完种子后，除去地上茎叶，从苗床一侧开始将块根挖出，抖掉泥土，将母根和子根分开，未完全干枯的母根可单独存放加工，完全干枯的母根不能入药。收获的子根按其大小分等，分别干燥加工。加工前除去根顶部的残茎，拣出杂物，放在日光下晾晒，并经常翻动，防止底部块根发霉或干燥不均匀。阴雨天或采收量过大时可以在干燥室内烘干，烘干温度在 60℃ 以下，室内应设有排风设备。待块根完全干燥之后，置通风处自然降温后包装、出售。

（郜玉钢 臧埔 赵岩）

二、何首乌栽培技术

药用何首乌为蓼科植物何首乌 *Polygonum multiflorum* Thunb. 的干燥块根。

（一）特征特性

1. **形态特征** 见第一章。

2. **生活习性** 喜温暖气候和阴湿环境，耐阴，忌干旱，怕涝。在土层深厚、疏松肥沃、富含腐殖质、湿润的沙质壤土中生长良好。

主产于河南、湖北、广西、广东、贵州、四川、江苏等地，山东、安徽、浙江、福建、湖南、云南等地也有出产。何首乌多为野生，亦有栽培。

（二）林药间作条件下的栽培技术

1. **选地与整地** 选排水良好、疏松肥沃的沙质壤土栽培为好。林地、山坡、土坎、农田及房前屋后均可种植。林地种植前应除去过密的杂木，拣去树蔸，之后深耕 30～35 厘米。耕地时每亩施杂肥 3 000～5 000 千克，耙细整平，做宽约 1.3 米的高畦，畦长依地势而定。

2. **繁殖方法** 可用扦插、压藤和种子来进行繁殖。其中扦插繁殖为最好，不仅成活率高，而且产量大、品质好。种子繁殖时，直播生长良好，产量亦高，但幼苗期管理费工费时；育苗移栽和压藤移栽费工费时，产量低，不宜采用。

（1）**扦插繁殖** 扦插时期，南方较早，北方较晚，一般南方为 2～5 月，而北方为 5～7 月。选择生长旺盛、健壮、无病虫害的茎藤，剪成 18～20 厘米长的插条，每根插条最少应有 2 个芽。按行距 33 厘米、株距 27 厘米、深 18 厘米挖穴，每穴插 3～4 根插条，切记不可倒插，扦条上端应留 1 芽露出地面。4～5 月的插条应留上面一节的叶片，下端的节则去叶埋入土中，覆土压紧，随即浇水，保持土壤湿润，20 天左右即可长出新根。雨后土壤过湿不宜扦插。

（2）种子繁殖　采收种子进行直播或育苗移栽。

①采收：8～10 月果实成熟后采收，晒干贮藏于低温处。

②直播：3 月上旬至 4 月上旬，按扦插开穴密度开穴，每穴播种 8～10 粒，每亩用种量为 0.5～0.8 千克。下种后施土杂肥或堆肥，每穴一把。覆盖细土少许，轻轻镇压，上盖稻草保湿。20 天左右即可发芽出土，出苗后每穴留壮苗 2～3 株。

（3）育苗移栽　播种时，在畦上按沟距 27 厘米开浅横沟，把种子均匀播于沟中，播后覆盖土杂肥、堆肥等，然后覆土少许（约 1 厘米厚）。每亩需种 1.5～2 千克。出苗后除草、追肥，到次年早春萌动前即可按扦插密度进行移栽。

（4）压藤繁殖　6～7 月植株生长旺盛时，选健壮、无病虫害的老株茎藤埋于土中，以 3～4 厘米深为好，稍加压紧。在生根发芽后，进行除草、追肥等管理。至次年春末萌发前便可将苗挖起，分成单株，按扦插密度进行移栽。每穴栽苗 2～3 株，栽后压紧，施清淡人畜粪水，再松土与地面平。

3.田间管理　用上述方法繁殖者，均需经常保持田间湿润，但在雨水季节应注意排水，旱季应注意除草。从扦插或移栽后的第二年起，每年于早春和冬季应进行 2 次施肥，一般沟施于行间，以土杂肥、堆肥或人畜粪水为好，每亩施用量为 1 000～1 500千克。苗高 30 厘米左右，需插设支柱，以供缠绕。藤蔓长到 2 米高时，摘去顶芽，以利分枝。在花期应将不留种的花蕾摘除，同时摘除过密的茎叶，以利生长。12 月倒苗时，应在根际培土。

4.病虫害防治

（1）叶斑病　夏季发生，田间通风不良发病重，危害叶片。防治方法：适当摘除下部叶片，保持通风透光；于发病初期喷1∶1∶120 波尔多液，每隔 7～10 天喷 1 次，连续 2～3 次。

（2）根腐病　夏季发生，积水时发病严重，危害根部。防治方法：雨季注意排水；发病时用50%多菌灵可湿性粉剂500倍液灌根部。

（3）锈病　危害叶片，2月下旬始发病，3～5月和7～8月危害重。防治方法：清除病叶、病株及落地残叶；用75%百菌清1 000倍液或75%甲基托布津800～1 000倍液喷洒，每7～10天喷药1次，连续2次。

（4）蚜虫　危害部位以嫩梢及叶片为主。可用一定浓度的农药防除。

（三）采收和初加工

1. 采收　一般种植3年便可以采收。有研究认为，何首乌以种植5年收获增产幅度大，比栽3年收获增产25.65%，比栽4年收获增产10.29%。每年秋冬季叶片脱落或春末萌芽前采收为宜。先把支架拔除，割除藤蔓，再将块根挖起。

2. 初加工　去掉藤茎，削平块根两端，洗净，晒干或用文火缓缓烘干，个大的可对半剖开。一般亩产干品150～300千克不等，折干率在34%左右。

（四）经济效益

何首乌野生分布在黄河流域及河南各地，生于海拔1 200米的山坡、路边、草坡或灌丛向阳处。人工栽培适合于气候湿润、排水良好、有攀缘条件的沙壤荒坡地。黄河流域及河南地区有大块荒山、荒地和退耕还林土地，这些荒山土地上有果林、树林、灌丛生长，为何首乌生长提供了较适宜的环境和自然攀缘条件，尤其是退耕还林土地和新造果林更为何首乌生长提供了半阴环境和天然架材。更重要的是农民在退耕还林和新造果林之后，丧失了可耕土地，还林地或果林地在近年又难有经济效益，严重地影响了农民的经济效益，在荒山、荒坡、林地、果林间作何首乌，不但实现了生态保护效益，而且促进了农民经济效益短期增收，既能充分利用土地，又使林药之间互借优势、相互助长。何首乌为草质藤本缠绕植物，树林为其提供了天然架材和半阴湿润环境，同时树借药管理，在何首乌浇水、施肥、植保中，树也得到了有效的管理。因此，荒山、林地间作何首乌可谓一举两得。

根据贵州施秉县何首乌种植基地调查统计显示，三年生何首乌每亩产不同规格的鲜首乌 1 670 千克，可加工不同规格的干首乌 500 千克左右，切片后按各规格平均 15 元/千克计算，每亩收益应是 15 元/千克×500 千克/亩（3 年）＝7 500 元/亩（3 年），那么平均每年每亩收益 2 500 元。

（郜玉钢　杨鹤　张浩）

三、北乌头栽培技术

入药部分为毛茛科乌头属植物北乌头 *Aconitum kusnezoffii* Reichb. 的干燥块根。

（一）特征特性

1. 形态特征　见第一章。

2. 生长习性　有较强的耐寒性，冬季地下部分可耐－30℃左右的严寒。喜阳光充足、凉爽湿润的环境，不耐酷暑。适宜深厚肥沃、排水良好的沙质壤土。野生于山坡、草地或疏林中。分布于东北、华北各省（自治区、直辖市），也可引种栽培。

（二）林药间作条件下的栽培技术

1. 选地与整地　选择肥沃疏松的沙质壤土，黏土或低洼易积水地区不宜栽培。天气干旱或土壤缺水时，植株生长迟缓，叶缘干枯，叶片脱落。但雨季要注意防涝，以防在高温、高湿季节根部腐烂。常规整地施肥。忌连作。

2. 繁殖方法　采用分根或种子繁殖，以分根繁殖为主。

（1）分根繁殖　每年秋季或早春，挖取老根旁所生的子根栽种。开浅沟，行株距 30～45 厘米×9～15 厘米，将子根均匀排在沟内，栽后覆土压实。春种 20 天左右出苗，晚秋栽种者待到第二年春萌芽。

（2）种子繁殖　需选用当年或上一年的种子，秋播或春播。

条播行距 30～45 厘米开沟播种，或穴播。温度在 18～23℃，播种后约 15 天出苗。当苗高 9～15 厘米时，间苗 1 次。

3. **田间管理**　生长前期应及时浇水和锄草，7、8 月雨季要排水。为了增加根的产量，6～8 月可追肥 1 次，以氮、磷肥为主。

4. **虫害防治**　主要虫害是红蜘蛛，一般在春、秋干旱时发生，应及时防治。

（三）采收和初加工

当年晚秋或次年早春采收。将地下部分挖出，剪去根头部洗净，晒干。

（郜玉钢　杨鹤　张浩）

四、白头翁栽培技术

毛茛科白头翁属植物共约 43 种，中国有 11 种。《中华人民共和国药典》（2010 年版）规定使用白头翁 *Pulsatilla chinensis* (Bge.) Regel 的干燥根药用。自古至今白头翁的商品就很复杂，全国各地作白头翁使用的同名异物者至少有 4 科 13 属 30 多种。目前白头翁药材主要来源于野生，开展栽培时需注意选择国家药典规定的正品进行繁殖。

（一）特征特性

1. **生长习性**　白头翁为多年生草本，自然分布于四川、湖北、江苏、安徽、河南、甘肃南部、陕西、山西、山东、河北、内蒙古、辽宁、吉林、黑龙江。生于平原和低山山坡草丛中、林边或干旱多石的坡地。喜凉爽干燥气候，耐寒，耐旱，不耐高温，以土层深厚、排水良好的沙质壤土生长最好，冲积土和黏壤土次之，排水不良的低洼地不宜栽种。

2. **生育特点**　白头翁可春播，也可秋播。发芽适温 18～21℃，2～3 周发芽。生长第一年不开花，只进行营养生长，第二年 4 月开始有部分植株的花先叶开放。种子成熟后，长成基生叶 4～5 片，进行光合作用为下一年积累营养物质。进入第三年大部分植株进入生殖生长，如果为了收获药材，宜摘去花葶。

果实呈羽毛状宿存于花柱上，但易被风吹落，且寿命不长，应及时摘取，尽快播种。

（二）林药间作条件下的栽培技术

1. 选地与整地　选择地势高、土层深厚、透光条件好、排水良好的沙质壤土或黏质壤土的林地。亩施基肥 2 500 千克。深翻 25～30 厘米，把细整平，做宽 1.2～1.5 米的畦。

2. 繁殖方法　白头翁繁殖可用分株法、种子直播和育苗移栽法。因种子细小，播种要精细。由于目前还没有开展规模化白头翁种子种苗培育，可采收野生种源种子为繁殖材料栽培。种子播种前宜在 4～8℃ 条件下冷藏 3～6 天，然后于 20～100 毫克/千克的赤霉素溶液中浸泡 12 小时，取出种子后放入湿沙中，种子与湿沙拌匀，覆盖 2 厘米湿沙和稻草，温度保持 15～25℃，时间 2～3 周，待种子萌芽时即可播种。

（1）直播　直播于平均气温 15～25℃ 的春季或秋季播种。在畦面上开沟距 20 厘米、深约 1 厘米的浅沟，将种子均匀撒入沟内，覆以薄土，稍加镇压，盖上稻草，保持土壤湿润。

（2）育苗移栽　在畦面上用四齿耙划浅沟，将种子均匀撒入畦内，覆薄薄一层细土，将种子盖严，稍加镇压，盖上稻草。出苗后，逐渐去掉稻草。当苗高 3 厘米左右时，间除细弱和过密的苗。于当年秋季或翌年春季萌芽前，按行株距 20 厘米×15 厘米移栽。

（3）分株繁殖　于秋季挖出根茎，分割成每段带有萌发芽的块，按行株距 20 厘米×15 厘米直接栽种。

3. 田间管理

（1）定苗　当苗高 3～5 厘米时，按株距 15 厘米定苗。

（2）除草　幼苗期松土时宜浅耕，勿伤根系。中耕同样不宜过深。

（3）肥水　定苗后追施 1 次稀薄粪水，每亩 1 500 千克；秋季施 1 次堆肥加过磷酸钙，施肥后浇水。以后每年 2～3 月、9 月分别施用 1 次追肥。

（4）打顶　自第二年 4 月开始，当花茎抽蕾时，及时剪除，以促进根部发育。

4. 病虫害防治

（1）蚜虫　可用 40％氧化乐果乳油 2 000 倍液喷杀。

（2）黑斑病　发病初期叶表面出现红褐色至紫褐色小点，逐渐扩大成圆形或不定形暗黑色病斑，直径约 1 厘米，后期病斑上散生黑色小颗粒，严重时植株下部的叶枯黄，最后植株枯死。

防治措施：秋后清除枯枝、落叶，及时烧毁。新叶展开时喷施 50％多菌灵可湿性粉剂 500～1 000 倍液，或 75％白菌清 500 倍液，或 80％代森锌 500 倍液，7～10 天喷 1 次，连喷 3～4 次。

（3）根腐病　发病初期，仅仅是个别支根和须根感病，并逐渐向主根扩展。主根感病后，早期植株不表现症状，后随着根部腐烂程度的加剧，吸收水分和养分的功能逐渐减弱，地上部分因养分供不应求，在中午前后光照强、蒸发量大时，植株上部叶片出现萎蔫，但夜间又能恢复。病情严重时，萎蔫状况夜间也不能再恢复。此时，根皮变褐，并与髓部分离，最后全株死亡。

防治措施：可用 40％根腐宁 1 000 倍液喷雾或浇灌病株，或 80％的 402 乳油 1 500 倍液灌根。

（4）锈病　主要危害植株叶片，出现黄绿色病斑，边缘不清。

防治措施：发病前喷施波尔多液（1∶1∶160），发病期间喷施 40％乙酸铝 300 倍液，秋冬季收集病株残体烧毁。

5. 留种技术　选择生长健壮、无病虫害的优良单株留种，于 5 月中旬种子上的毛变白时采集。由于白头翁种子轻，容易飞走，采后需放入纱网编织的袋子中，置通风阴凉处晾干。

（三）采收和初加工

1. 采收　种植 3～4 年后，于春季或秋季采挖地下根入药。

2. 初加工　除去茎叶和须根，保留根头部白色茸毛，洗净泥土后晒干。

（四）市场行情

白头翁为重要的清热药材，一直以来白头翁的资源都来源于野生，随着资源量的不断减少，近年价格一直保持在 25 元/千克左右。

（魏胜利　王秋玲）

五、淫羊藿栽培技术

小檗科淫羊藿属植物淫羊藿 *Epimedium brevicornum* Maxim. 是被载入国家药典的药用植物。此外，同属植物箭叶淫羊藿 *Epimedium agittatum*（Sieb. et Zucc.）Maxim.、柔毛淫羊藿 *Epimedium pubescens* Maxim.、巫山淫羊藿 *Epimedium wushanese* T. S. Ying 和朝鲜淫羊藿 *Epimedium koreanum* Nakai 也被载入国家药典。它们都以干燥全草入药。

（一）特征特性

1. 形态特征　见第一章。

2. 生活习性　淫羊藿生于海拔 600～1 700 米的落叶乔木林下、林缘、灌丛中或山坡阴湿处。一般以年平均气温 9～12℃、年降水量 600～1 000 毫米、空气相对湿度 70% 为宜。主要分布于陕西、甘肃、宁夏、青海、新疆、山西、河南、四川等地。除野生外，有栽培。

（二）林药间作条件下的栽培技术

1. 选地与整地　选阔叶林林下空地。刨去树下灌木树根及杂草，然后深翻 30 厘米，打碎土块。根据树下面积开若干条垄，宽 60 厘米，开沟时施入腐熟农家肥 2 500 千克/亩，再在肥料上盖一层土待栽。

2. 栽植　把用于栽培的淫羊藿地下横走茎按茎上潜伏芽的

位置将其剪成 10～20 厘米的小段,把剪好的根茎段顺垄沟交错摆放 2 行,覆一层薄土稍踩实,灌一次透水,水渗下后合垄。可在每年的秋季收获后定植。

3. 田间管理 树木苗龄小、行间较宽时,在定植的第二年春天应及时除草;在阔叶林下栽培,因为有树遮阳,杂草生长少,又有枯叶覆盖,无需除草和松土。在定植的当年不要收割地上部茎叶,目的是培养健壮的越冬芽,促其快速繁殖成片。

(三)采收和初加工

1. 采收 待地下芽苞成熟时采收。长白山南部地区(吉林省通化、长白、临江等地)从 6 月 25 日至 7 月 30 日生殖生长结束时可以采收,而北部地区(吉林省敦化、抚松、安图等地)的采收期从 7 月 1 日至 8 月 10 日较为适宜,而且要选择晴朗的天气进行。

用镰刀人工割取地上部茎叶,去粗梗扎成小把。注意勿将刀插入土中,防止伤及根茎上的越冬芽。

2. 初加工 采收的鲜品不能清洗,但需直接清除其中的杂草、异物或病株残体。生药加工的最佳方法是将扎成的小把挂在阴凉通风的凉棚内自然阴干,注意要经常翻动,如遇雨天,建议使用远红外烤烟房进行人工烘干。切勿在阳光下暴晒或淋上露水,以免影响产品的外观质量。从农户手中收购的初加工产品,要在烘房内复烤,使之含水量降到 14% 以下再打包。

(四)经济效益

林下野生淫羊藿每公顷可采收干品 1 000 千克,林地人工栽培第二年后即可连年采收,其产量是野生的 3～4 倍,平均每公顷产量为 3 500 千克。现药厂收购价为每千克 3～4 元,年实现产值 10 000～14 000 元,且不占农田,林药间作,一次栽培采收期长达 20 年之久,省工、易管理,是发展林地经济的好项目。

(郜玉钢 杨鹤 张浩)

六、板蓝根栽培技术

板蓝根为十字花科二年生植物菘蓝的干燥根，选用《中华人民共和国药典》正式收载的菘蓝和欧洲菘蓝。主产于安徽、甘肃、山西、河北、陕西、内蒙古、江苏、黑龙江等地，大部分是栽培。

（一）特征特性

1. 生长习性　板蓝根的适应性较强，具有喜光、怕积水、喜肥的特性。对自然环境和土壤要求不严，耐严寒，冷暖地区一般土壤都能种植。

2. 生育特点　板蓝根用种子繁殖。种子发芽率约为 70%，温度在 16～21℃，有足够的湿度，播种后 5 天出苗。翌年 4 月开始抽薹、现蕾，5 月开花，7 月果实相继成熟，全生育期 9～11 个月。

（二）林药间作条件下的栽培技术

1. 选地与整地　种植板蓝根应选疏松肥沃的土壤。前作物收获后及时翻耕，秋耕越深越好，因板蓝根的主根能伸入土中 50cm 左右，深耕细耙可以促使主根生长顺直、光滑、不分杈。种前每亩施农家基肥 3 000～4 000 千克，把基肥撒匀，深耕细耙整地做畦。

2. 繁殖方式　生产上采用种子繁殖。根据需要，对种子采用浸种、拌种处理。播前对种子进行清水浸泡 12～24 小时。为了播种均匀，把经浸泡的种子捞出晾至种子表面无水时，掺拌适量细沙或细土拌种。北京春播的适宜播种期为 4 月中旬至 5 月上旬，秋播可在 8 月下旬播种。春播时，土壤 5～10 厘米的温度要稳定达到 12℃以上，幼苗出土的土壤相对含水量为 60%～80%。

播种方式采用条播、撒播和穴播均可，生产中一般采用条播。采用 30 厘米行距，播深为 3～5 厘米，土质黏重的土壤 2～3 厘米，沙土 3.5～5 厘米为宜。为了保墒，播种后最好进行镇压。菘蓝每亩播种 1～2 千克，欧洲菘蓝每亩播种 0.6～1 千克。

3. 田间管理

（1）间苗定苗　在板蓝根株高 4～7 厘米时，按株距 6～7 厘米定苗，同时进行除草、松土。定苗后视植株生长情况进行浇水和追肥。

（2）除草　播种后，杂草与板蓝根的幼苗同时生长，应抓紧时间及时进行松土除草。由于目前没有适宜板蓝根的除草剂，所以除草采用人工方法进行。条播者于苗高 3 厘米时，在行间用锄浅松土，并锄掉行间杂草，苗间杂草用手拔掉。当幼苗冠幅封住畦面后，只除草不松土，直至秋季枯萎。

（3）水肥管理　板蓝根生长前期一般宜干不宜湿，以促使根部下扎。生长后期适当保持土壤湿润，以促进养分吸收。一般 5 月下旬至 6 月上旬每亩追施硫酸铵 40～50 千克、过磷酸钙 7.5～15 千克，混合撒入行间。水肥充足叶片才能长得茂盛，生长良好的板蓝根可在 6 月下旬和 8 月中下旬采收 2 次叶片。为保证根部生长，每次采叶后应进行追肥、浇水。

4. 病虫害防治

（1）霜霉病　田间植株发病后，在适宜的环境条件（主要是温湿度）下，于病部不断产生孢子囊，通过气流传播，造成重复侵染。发病叶片在叶面出现边缘不甚明显的黄白色病斑，逐渐扩大，并受叶脉所限，变成多角形或不规则形。湿度大时，病情发展迅速，霜霉集中在叶下表面，有时叶上表面也有。后期病斑扩大变成褐色，叶色变黄，叶片干枯死亡。该病在气温 13～15℃、相对湿度 90% 以上的条件下，病情发展极为迅速。凡栽培管理差、水肥不足、中耕除草不及时以及连作的地块，发病都比较严重。病害流行期用 1∶1∶200～300 的波尔多液或 65% 代森锌 600 倍液喷雾。

（2）根腐病　土壤带菌为重要的侵染来源。5 月中下旬开始发生，6～7 月为盛期。田间湿度大和气温高是病害发生的主要因素。若土壤湿度大、排水不良、气温在 20～25℃时有利发病，高坡地发病轻。耕作不善及地下害虫危害，造成根系伤口，可促使病害感染，引起发病。发病期喷洒 50% 托布津 800～1 000 倍液。

（3）菜粉蝶　俗称菜青虫、白蝴蝶、青条子。防治方法上，结合沤肥，处理田间残枝落叶及杂草，集中堆沤或烧毁，以杀死幼虫和蛹。冬季清除越冬蛹。药剂防治掌握在幼虫 3 龄以前施药，用 50% 马拉硫磷乳油 500～600 倍液，注意用量要少。

5. 留种技术　当年不挖根，任其自然越冬，翌年 6 月收种子。当角果的果皮变黄后，选晴天割下茎秆运回晒场进行晾晒，待果实干燥后进行脱粒，清除杂质，装袋贮藏在阴冷、干燥、通风的室内备用。

（三）采收和初加工

1. 采收

（1）收叶　春播收叶 2～3 次，产品为大青叶。第一次在 6 月中旬；第二次在 8 月下旬；第三次结合收根先割地上部，选择合格叶片入药。收叶最好选晴天，连续几天晴天进行采收既有利于植株重新生长，又有利于割下的叶片晾晒，以获得高质量的大青叶。具体方法是用镰刀在离地面 2～3 厘米处割下叶片，这样既不损伤芦头，又可获得较大产量。

（2）收根　在板蓝根停止生长，地上部叶片枯萎前，叶片尚保持青绿状态时，选择晴天进行挖收。

2. 初加工　去净泥土，晒至 7～8 成干，扎成小捆，再晒干透。

（四）市场行情

板蓝根为家种药材，20 世纪 90 年代初价格较低，由 1990 年初的 2.6 元/千克左右上升至 1991 年底的 4.4 元/千克左右，1992 年 5 月升至 6 元/千克。由于产区扩大，1993 年 10 月回落至 1.6 元/千克，1994 年多在 2 元/千克左右运行。1995 年 12 月升至 3.4 元/千克，1996 年底升至 5 元/千克，1997 年价格也在

5 元/千克左右徘徊。1998 年价格上涨到 10 元/千克，但产新后价格回落到 5 元/千克。1999—2002 年价格一直稳定在 2～4 元/千克。2003 年由于"非典"曾一度达到 11 元/千克，2004 年回落至 3 元/千克，2006—2008 年板蓝根价格稳定在 5 元/千克。2009 年受"甲流"的影响，价格不断上升，11 月升至 15 元/千克，12 月升至 27.5 元/千克。板蓝根年需求量 20 000 吨，虽然种植有量，但"甲流"期间消耗较大，预计今后的价格将会出现先高后低的走势。

（王俊英　李琳　李英）

七、决明子栽培技术

草决明（小决明）*Cassia tora* Linn. 也写作 *Cassia obtusifolia* L.，是载入国家药典的豆科决明属药用植物，其干燥种子入药称决明子。

（一）特征特性

1. 形态特征　见第一章。

2. 生长习性　喜温暖湿润、通风透光的生长环境。不耐寒冷，怕霜冻，耐旱、耐涝，与其他豆类作物无异，不占好地，多生于山坡、林边等处。种子易发芽，发芽温度 25～30℃，种子寿命长达数十年。生育期 150 天左右。

分布于辽宁、河北、河南、山西、陕西、山东以及长江以南各地。

（二）林药间作条件下的栽培技术

1. 选地与整地　宜选平地或向阳缓坡地。适宜幼林间作或林缘平播。冬季深翻土地，结合整地每亩施腐熟有机肥 1 500～2 000 千克，做平畦。

2. 播种方法　一律采用春天直播，可穴播或条播。穴播株行距 35 厘米，每穴播种 3～4 粒，覆土 1.5～2 厘米，镇压。条播行距 50 厘米，开沟深 5 厘米，将种子均匀播于沟内覆土镇压，保持土壤湿润，7～10 天就可出苗。每亩用种量 1～1.2 千克。

3. 间苗、定苗和补苗　条播的，苗高 5～7 厘米时进行间苗，拔去过密弱苗。苗高 15 厘米时，按株距 30～40 厘米定苗。对于穴播苗，每穴留苗 2 株，遇缺株及时补栽。要做到苗全、苗齐、苗壮，有利丰产。

4. 中耕除草和追肥　出苗至植株封行前，进行中耕除草和追肥 3 次。第一次结合间苗，中耕除草后，每亩追施腐熟鸡粪水 1 000 千克；第二次于分枝初期，每亩施鸡粪水 1 500 千克，加过磷酸钙 25 千克，促使多分枝、多开花结果；第三次在植株未封行时，同样施入粪水 2 000 千克，加过磷酸钙 30 千克，以促进果实发育充实、子粒饱满。苗高 40 厘米左右进行培土，以防倒伏。打掉底叶，以利通风透光，增加子粒的饱满度，从而达到高产、稳产的目的。

5. 病虫害防治　草决明病害较少，积水易引起根部腐烂、叶片变黄枯萎，影响产量。所以应及时排除田间积水，发病初期用 50% 甲基托布津 800 倍液喷洒茎基部。虫害有黄凤蝶、蚜虫、菜青虫等，可用一遍净、菊酯类农药叶面喷洒防治。

（三）采收加工

于当年秋季 9～10 月，当荚果由青转黄褐色时，选晴天早晨露水未干时分批采收，最后割下全株，晒干，打下种子，除去杂质，再将种子晒干。一般亩产干品 150～200 千克。质量以身干、子粒饱满、色棕褐、有光泽者为佳。

（时祥云）

八、甘草栽培技术

甘草别名甜草根、红甘草、粉草。主产于西北和华北，近年东北地区发展也较快。甘草按产地、外观和加工方法的不同，有西草、东草之分。以内蒙古鄂尔多斯市、巴彦淖尔盟，甘肃河西走廊以及宁夏所产的品质最佳。

（一）特征特性

1. 生长习性　甘草多生长于北温带海拔 0～200 米的平原、

山区或河谷。野生甘草伴生罗布麻、胡杨、芦苇、沙蒿及麻黄等植物。土壤多为沙质土,土壤酸碱度以中性或微碱性为宜,在酸性土壤生长不良。甘草喜光照充足、昼夜温差大的生态环境,具有喜光、耐旱、耐热、耐盐碱和耐寒的特性。甘草株高30~40厘米,根粗壮,能抗-47℃低温。可以选择林间、树下、山坡、荒地、平原、盐碱地等环境种植。

2. 生育特点　甘草为豆科多年生植物,种子繁殖3~4年,根状茎繁殖2~3年即可采收。甘草的地上部分每年秋末死亡,以根和根茎在土壤中越冬。第二年4月在根茎上长出新芽,5月中旬出土返青,6~7月开花结果,8~9月荚果成熟。甘草根茎萌发力强,在地表下呈水平状向老株的四周延伸,一株甘草种植3年后,在远离母株3~4米处可见新的植株长出。如土层深厚,根长可达10米以上,可吸收地下水,适应干旱条件。

甘草种子坚硬,表皮不易吸水,直播于土壤,发芽率仅30%左右。播前要用60~100℃的水进行30秒钟的热处理,再用温水浸泡一昼夜,捞出用湿布覆盖,每天用清水淋2次,待种子裂口时播种。如用浓硫酸处理,种皮变黑时马上取出放在清水里冲洗,然后用温水浸泡,待种子膨胀时播种,发芽率可达90%以上。为了预防甘草苗期发生立枯病,播前用50%敌克松可湿性粉剂按播种量的0.2%~0.4%,加水按播种量的3%湿拌,拌种后闷种6~8小时待播。

(二) 林药间作条件下的栽培技术

1. 选地与整地　通常选择土壤肥沃、土质疏松、排水良好、盐碱度低的沙质土,涝洼地和黏土地不宜种植。甘草喜光,适宜在幼龄的果树间栽培,不适宜在枝叶茂密、透光性差的树间栽培。甘草适宜在中性土壤或微碱性土壤中种植,因此不适宜与喜酸性树木进行间作。将选好的地块深翻30厘米以上,每亩施充分腐熟的有机肥2 000~3 000千克、磷酸二铵15~20千克,然后耙细整平、做畦。畦埂宽20~30厘米,高20厘米,畦宽2~

2.5 米，畦长随地势而定。

2. 繁殖方式

（1）种子繁殖　秋天深翻 30～45 厘米，翻后耙平。第二年春季 4 月播种，磨破种皮，或者用温水浸泡，沙藏 2 个月播种；或用 60℃ 温水浸泡 4～6 小时，捞出种子放在温暖的地方，上盖湿布，每天用清水淋 2 次，出芽即可播种。7～8 月播种，不催芽，可条播和穴播，行距 30 厘米，开 1.5 厘米深的沟，把种子均匀撒入沟内，覆土 2～3 厘米。每亩播种 1.5～2 千克。

（2）根状茎繁殖　在春、秋季采收甘草时，将无伤、直径 0.5～0.8 厘米的根茎剪成 10～15 厘米长、带有 2～3 个芽眼的小段。按行距 30 厘米、深 8～10 厘米开沟，将剪好的根茎节段按株距 15 厘米平放沟底，覆土压实即可。

3. 田间管理

（1）定苗　当幼苗出现 3 片真叶、苗高 6 厘米左右时，结合中耕除草间去密生苗，定苗株距以 10～15 厘米为宜。

（2）灌水　甘草在出苗前后要经常保持土壤湿润，以利出苗和幼苗生长。具体灌溉应视土壤类型和盐碱度而定。沙性无盐碱或微盐碱土壤，播种后即可灌水；土壤黏重或盐碱较重，应在播种前浇水，抢墒播种，播后不灌水，以免土壤板结和盐碱度上升。栽培甘草的关键是保苗，一般植株长成后不再浇水。

（3）中耕　中耕除草一般在出苗的当年进行，在幼苗出现 5～7 片真叶时进行第一次除草松土。从第二年起甘草根开始分蘖，杂草很难与其竞争，不再需要中耕除草。

（4）施肥　播种前要施足底肥，以厩肥为好。播种当年可于早春追施磷肥，在冬季封冻前每亩追施有机肥 2 000～2 500 千克。甘草根具有根瘤，有固氮作用，一般不施氮肥。

（5）其他　根茎繁殖的甘草出苗较慢，地温 18℃ 时出苗达 80%，出苗约需 20 天。所以，在这段时间里务必做好抗旱保墒工作，保证畦面潮湿，有利出苗。

4. 病虫害防治

（1）锈病　5月甘草返青时，幼嫩叶片的下表面出现黄褐色的疱状病斑，破裂后散发褐色粉末，即为夏孢子，8、9月形成褐黑色的冬孢子堆。防治方法：可把病株集中起来烧毁；初期喷洒0.3～0.4波美度石硫合剂或97%敌锈钠400倍液。

（2）褐斑病　被真菌感染后，叶片产生圆形或不规则形病斑，中央灰褐色，边缘褐色，叶片的正反面病斑上均有灰黑色霉状物。防治方法：可把病株集中起来烧毁；初期喷70%甲基托布津可湿性粉剂1 000～1 500倍液。

（3）白粉病　被害叶正反面产生白粉，后期叶变黄枯死。防治方法：喷0.2～0.3波美度石硫合剂即可。

（4）蚜虫　又称蜜虫、腻虫。成、若虫吸茎叶汁液，严重时造成茎叶发黄，影响结实和产品质量。防治方法：冬季清园，将植株和落叶深埋；发生期喷50%杀螟松1 000～2 000倍液，每7～10天喷1次，连续数次。

（5）甘草胭蚧　通常4月下旬至7月下旬发生。介壳虫群集在土表下5～15厘米的根部，吸食汁液，可使根上部组织受损，以至全株干枯死亡。防治方法：避免重茬；于7月下旬可在地面喷洒10%克蚧灵1 000倍液，以减少次年的虫口密度。

5. 留种技术　甘草花期6～7月，果期7～9月。留种应选三年生以上植株。为了获得大而饱满的种子，可在开花结果时摘除部分靠近分枝梢部的花或果。采种应选子粒饱满、无病虫害的荚果，当荚果外皮呈黄褐色、种子由青刚变褐时，割下果荚风干脱粒，筛去果皮杂质，秋播或第二年播种。采种不宜过早或过迟，以免影响发芽。

（三）采收和初加工

1. 采收　直播栽培甘草4年，根茎及分株繁殖3年，育苗移栽者2年即可采收。在秋季9月下旬至10月初地上茎叶枯萎时采挖，也可在春季茎叶出土前采挖，但秋季采挖质量较好。甘草主根较深，一般为地上部株高的 2～3 倍，因此，直播甘草采收时可以沿行两边先把土挖走 20～30 厘米后，揪住根头用力拔出。育苗移栽采挖相对比较容易，可以人工采挖，也可用机械采收。机械采收一般用拖拉机配套深切 30～40 厘米的犁首先将侧根切断，然后用耙将根耧出即可。

2. 初加工　挖出后去掉残茎、泥土，忌用水洗，趁鲜分出主根和侧根，去掉芦头、毛须、支根，晒至半干，按照条草的商品规格分级捆扎。干货顶端直径在 1.5 厘米以上，长 20～30 厘米为一等草；干货顶端直径 1～1.5 厘米，长 20～50 厘米为二等草；其余为三等草。

（四）市场行情

生长 1 年的甘草亩产 400～600 千克，生长 2 年亩产可达 1 000 千克以上。以人工种植的甘草为例，2005 年鲜货价为 3 元/千克左右，比 2004 年同期上浮 30% 左右。2006—2007 年，由于甘草供不应求，家种甘草市场价进一步攀升，甘草鲜品收购价在 4.7 元/千克左右。2008 年行业的需求缺口在 25 000 吨左右，供不应求的形势导致了甘草价格持续上涨。2009 年鲜货收购价上升至 7 元/千克以上。2010 年，一级大条草（九成干）价格 15 元/千克，二、三级（九成干）12～14 元/千克。由于甘草的需求市场逐年增大，价格仍有较大的提升空间。

（王俊英　高媛　蒋金成）

九、补骨脂栽培技术

豆科（Fabaceae）补骨脂属（*Psoralea*）植物在全世界共约 130 种，中国仅有补骨脂（*P. corylifolia* Franch.）1 种。果实入药用，具有温肾助阳、纳气、止泻的功效。野生补骨脂自然分布于云南、四川的山坡、溪谷、田边。河北、山西、甘肃、陕西、贵州、广西等地已成功栽培多年。

（一）特征特性

1. 生长习性　补骨脂为一年生直立草本。喜温暖湿润气候，宜向阳、日光充足的环境。对土壤要求不严，但以疏松肥沃、富含有机质的土壤为好。在黏性土质或荫蔽寒冷的高山地区，果实常不易成熟，产量低。

补骨脂种子在8℃以上即可萌发，萌发适温为15～18℃，生长适温为15～20℃。年平均气温在10℃以下只能开花而不能结实。苗期喜潮湿，但忌水淹。生长后期如遇霜冻，种子将不能成熟。

2. 生育特点　补骨脂采用春播，当年即可收获。于清明前后种植，种子播种后约10天即可出苗。从种子萌发至5月底为苗期，生长至5～15厘米高。进入6月生长迅速，不同的条件下可生长至60～150厘米高度。7月开始有腋生的花序自下而上陆续开放，每个花序上有10～30朵小花密集成总状或小头状。进入8月开始有果实陆续成熟，随熟随落。整个花期和果期持续到11月。直至霜降后枯萎，整个周期约180天。在室温下贮藏2年的种子发芽率为67.7%，贮藏3年发芽率为41.3%，贮藏4年发芽率降到30%以下。

（二）林药间作条件下的栽培技术

1. 选地与整地　选择透光条件较好、地势高燥且土层深厚、富含有机质的壤土或沙壤土的幼龄林地行间种植。上一年秋作收获后施足底肥，如厩肥、堆肥、磷钾肥等。施匀后深耕翻地，整平细耕后，坡地宜横向开畦种植，有利于保墒保肥，平地宜东西方向开畦。坡地畦宽1.5～2米，平地1～1.3米；坡地畦高10～15厘米，平地15～20厘米。畦面整成龟背形，畦平垡细。为使秋季排涝，宜整地时留排水沟。

2. 繁殖方法　由于直播省工、省时，所以一般补骨脂栽培多采用种子直播法。由于补骨脂种子发芽率较低，播前必须对种子进行处理。可用40～50℃温水浸泡3～4小时，然后用清水淘洗掉种子表面的黏液；也可将种子用 10～20 毫克/千克的赤霉素液浸种 2 小时，待种子膨胀后，捞出晾干即可播种。

于清明至谷雨在整好的墒上播种。条播按行距 40～60 厘米开沟，穴播按穴距 20 厘米开穴，沟和穴深 3～4 厘米，每穴播种 10 粒左右，盖草木灰或细土 2～3 厘米，再施入人畜稀粪水。播后 10 天左右出苗。每亩用种量 2～2.5 千克。

3. 田间管理

（1）定苗　出苗后及时间苗。于 5 月中下旬苗高 15～20 厘米时，条播者按株距 15～20 厘米定苗，穴播者每穴留壮苗 2～3 株。间苗时留壮间弱、留大间小补缺，保证全苗。

（2）中耕除草　全生育期进行 3～5 次，保持土壤疏松无杂草。第一次在定苗后进行，浅锄表土；第二次在苗高约 30 厘米时，深锄 6～10 厘米；大雨后，要注意中耕松土除草。

（3）肥水　苗期注意浇水，保持土壤湿润，但忌水淹、中、后期注意排水。全生育期必须保证 2 次追肥。第一次在间苗、定苗后，以速效氮肥为主；第二次在开花前，结合培土，每亩追施腐熟饼肥 60 千克，并配施少量尿素。有条件时，在花蕾初期喷施 2 次 0.2% 磷酸二氢钾，作为壮子肥。

（4）打顶　补骨脂为总状花序，果实由下而上逐渐成熟，9 月上中旬把花序上端刚开花不久的花序剪去，以利下部果实充实饱满、提前成熟。

4. 病虫害防治　补骨脂病虫害较少，偶有地老虎、卷叶虫、蛴螬等虫害发生，可用人工捕捉或辛硫磷配毒饵诱杀。几种偶见病害防治方法如下：

（1）根腐病　主要在 5～6 月发生，初期表现为须根腐烂，后期蔓延至主根，叶片逐渐变黄，严重时植株枯死。

防治措施：发现病株立即拔除烧毁，病穴用 5% 石灰乳浇灌。

（2）菌核病　主要危害茎秆，形成倒伏。病从上部叶片开始，产生褐色枯斑。后期蔓延到茎和茎基，产生褐色腐烂，其上产生白色菌丝和黑色颗粒状菌核。严重时病茎中空，皮层烂成麻丝状。

防治措施：冬季清园，认真处理残体；控水排湿，降低土壤和棵间湿度；发病初期喷洒 50％扑海因可湿性粉剂 1 000～1 500 倍液，或 40％菌核净可湿性粉剂 800 倍液，或 70％甲基托布津可湿性粉剂 1 000 倍液，任选 1 种均可。发病后期重点喷洒植株下部。

（3）灰霉病　在叶片上产生褐绿色水渍状的大斑驳，茎部感病后产生淡黄色斑块，花序腐败，各病部均可产生灰色霉状物，都会局部腐烂。

防治措施：注意雨后排除积水，降低湿度；发病初期喷洒 1∶1∶100 波尔多液，或 50％扑海因可湿性粉剂 1 000～1 500 倍液，或 50％多硫可湿性粉剂 500～600 倍液，交替使用。

（4）轮纹病　主要危害叶片，在叶片上产生圆形、褐色、具有同心轮纹的大病斑，病部质脆易裂形成孔洞。

防治措施：冬春清除病株残体，集中处理，减少菌源；发病时喷洒 70％甲基托布津可湿性粉剂 800 倍液，或 50％甲基硫菌灵悬浮剂 1 500～2 000 倍液，或 77％可杀得可湿性粉剂 500～700 倍液，任选 1 种效果均好。

5. 留种技术　选择生长健壮、开花结果多、无病虫害的优良单株留种。于 8 月上旬当植株小穗上的种子绝大部分变黑成熟时采集，采后摊放在竹筐上，置通风阴凉处晾干，切忌阳光暴晒或火炕烘干，否则发芽率极低。以立秋前后第一批采收的种子质量最好，后期成熟的种子多数不饱满，不宜作种用。

（三）采收和初加工

1. 采收　补骨脂一般于 7～11 月果实陆续成熟，8 月为成熟盛期。当小穗上的种子有 80％变黑或接近黑色时，必须分期分批采收，一般半个月采摘 1 次，最后一次全部割下晒干脱粒。

2. *初加工* 将采收的果实晒干脱粒后，去净杂质，即可药用。也有将采回的种子在布袋等容器内闷置一夜，使之发热，再在日光下晒干，这样散发出的气味更浓厚。

（四）市场行情

补骨脂每亩约产 200 千克。补骨脂历史上由于生产较少，价格曾经有过 30~35 元/千克的高价，由此刺激药农盲目发展，造成 2000 年以前全国货源大量积压，加上缅甸货大量进口，价格迅速走低至 3~5 元/千克，并低迷运行了多年，直至 2009 年底市价升至 9~10 元/千克。2010 年市价 17~18 元/千克。目前全国均无规模种植，各产地几乎绝种，国内货源主要依靠缅甸进口，货源明显减少。

（魏胜利　王秋玲）

十、远志栽培技术

远志为远志科远志属植物。据《中华人民共和国药典》收载，有远志和卵叶远志。远志别名小草、细草、小鸡腿、小鸡根、细叶远志等，主要分布在东北、华北、西北和四川等地，生于海拔 460~2 300 米的草原、山坡和草地上。卵叶远志又名西伯利亚远志、宽叶远志、甜远志、大远志、阔叶远志等，主要分布于东北、华北、西北、华中和西南地区，生于海拔 1 100~3 300米的山坡、草地。

（一）特征特性

1. *生长习性* 远志喜凉爽气候，耐高温，亦耐寒，－40℃能安全越冬；抗旱，4 个月无雨能安全度夏，在高燥、向阳、中性土壤上生长良好，忌水涝。对土质要求不严，一般土地均可种植。

2. *生育特点* 远志为多年生宿根性植物，种子在 15~40℃均能萌发，萌发的适宜温度是 25~30℃，萌发时不需光。远志播种后 7~10 天出苗，出苗后 2 片子叶贴近地面生长。在北京地区，一直到 11 月受冻后才枯萎。第二年幼苗返青后，幼苗生长

1～1.5个月，在子叶上方或第1～3片叶的叶腋处长出茎。远志幼苗生长缓慢，3个月的幼苗，株高不超过10厘米。第3～4年生长较快，花茎可达30个以上。生长至第二年5月开花，种子于6月中旬成熟，但成熟后极易脱落。

（二）林药间作条件下的栽培技术

1. **选地与整地**　宜选向阳、地热高燥、排水良好的沙质壤土地块，黏土和低湿地不宜种植。选地后，要在选好地上进行翻耕、镇压、平整、做垄做畦等耕作。每亩施过磷酸钙100千克、磷酸钾30千克、复合肥50千克、腐熟土杂肥3 000千克。耕翻25～30厘米，整平耙细，做成1米宽的平畦，以便于排灌。远志属于耐阴作物，多与幼树果园套种，这样在7～8月远志生长的幼苗阶段果树可以对远志进行遮阴，避免强光直射使远志幼苗生长受到抑制。

2. **繁殖方式**　远志一般采用种子直播。因远志种子寿命短，一般保存期不超过1年，播种前可采用30℃温水浸种4小时后，与草木灰、细沙拌匀进行播种。种子发芽最适温度为25℃，所以播种不宜过早，以雨季播种为宜。播种时，在整好的平畦上，按行距20～30厘米开约2厘米浅沟进行条播，把种子均匀撒于沟内；或按行距20厘米、株距15厘米开穴点播，每穴播种子4～5粒，播后盖约1厘米厚薄土，稍加镇压，并盖草，浇水。如不盖草，最好在播种沟内盖1.5厘米厚的细沙，更应常浇水，保持土壤湿润。播种后约15天开始出苗。每亩用种量750～1 000克。

3. **田间管理**

（1）**间苗、补苗**　苗高3～5厘米时，按株距3～6厘米进行间苗，缺苗的地方及时补苗。

（2）**中耕除草**　远志小苗出土后，田间管理较为麻烦。此时气温较高，利于杂草丛生，远志植株又较矮小，这期间必须勤除草松土，以免草比苗高而欺苗。播后当年需除草2～3次，以远志田间无杂草为准。第二年田间管理类似第一年，及时中耕除草。

（3）浇水施肥　远志性喜干燥，除种子萌发期和幼苗期需适量浇水外，在生长后期一般不需经常浇水。在每年的冬春季以及4～5月各追肥1次，以磷肥为主，每亩可施过磷酸钙20千克。每年的6月中旬至7月中旬，每亩喷1%硫酸钾50～60千克或0.3%磷酸二氢钾80～100千克，每隔10天喷1次，连喷2～3次，喷施时间以下午5：00以后为佳。喷钾肥可增强远志的抗病能力，促进根部生长和膨大，进一步提高根部产量。

4. 病虫害防治

（1）根腐病　使远志烂根，植株枯萎。防治方法：加强田间管理，及早拔除病株烧毁，病穴用10%石灰水消毒。发病初期喷50%多菌灵1 000倍液，7天喷1次，连续喷2～3次。

（2）叶枯病　高温季节易发生，危害叶片。防治方法：代森锰锌800～1 000倍液，或瑞毒霉素800倍液，叶面喷洒1～2次。

（3）蚜虫　用10%吡虫啉喷杀，10天喷1次，连续喷2～3次。

（三）采收及初加工

1. 采收　生长2～3年后，于10月中旬采挖，将鲜根条放在阴凉通风处堆放2天即可加工。

2. 初加工　将新鲜根上的泥土和杂质抖去，趁水分未干时，把粗的根条用木棒敲打，使之松软，晒至皮部稍皱缩时，用手揉戳，抽去木心，再晒干即可。或将皮剖开，除去木心。将抽去木心、皮部直径超过0.3厘米的，加工成远志筒；直径小于0.3厘米的及敲碎的碎根皮为远志肉；最细的不去木心的，直接晒干称远志棍。

（四）市场行情

20世纪90年代远志以野生资源为主，国内外皆有需求。20世纪90年代初随资源的开发，价格逐年上涨，到2000年产新后，价格升至 32 元/千克。较高的价位使山西等地开始发展家种，2002—2004 年价格稳定在 28 元/千克左右。2005 年后，市场和出口需求加大，野生资源稀少，家种面积也难以扩大，价格由 20 元/千克升至 55 元/千克左右。2006—2007 年价格继续高位运行。经过几年家种，2008 年产新后价格由 45 元/千克降至 2009 年的 30 元/千克左右。2009 年以来价格回升，12 月升至 38 元/千克。该品种销量 3 000 吨左右，目前价位不高，后市价格还有上涨空间。

（王俊英　李琳　肖长坤）

十一、人参栽培技术

依据生态条件、植株形态、栽培特点、商品价值等对人参进行了系统的分类。普通参、边条参、石柱参是栽培人参的 3 个商品类型；大马牙、二马牙、圆膀圆芦、长脖等类型或地方品种是以人参的根及根茎的形态为分类特征；黄果类型、红果类型、橙果类型、紫茎类型、青茎类型、紧穗类型、散穗类型等是以人参地上部分形态为分类特征，其中橙果类型人参是目前收集到的国内独有的种质资源。选育的品种有集美人参、福星 1 号、吉参 1 号、吉林黄果参及人参与西洋参的杂交一代植株等。

（一）特征特性

1. 生长习性　人参为阴性植物，喜凉爽温和的气候，耐寒，怕强光直射，忌高温热雨，怕干热风。适宜人参生长的温度为 20～28℃，土温 5℃时芽苞开始萌动，10℃左右开始出苗。世界上，人参仅仅分布在中国、朝鲜和俄罗斯。中国野生山参分布在吉林、辽宁、黑龙江以及河北的山地，在北纬 40°～48°、东经 117°～134°的区域内。

2. 生育特点　三年生以上的植株，每年均可开花，从人参出苗期至开花期需 26～29 天。人参种子有休眠特性，相对湿度为 10%～25% 条件下，需经一个由高温到低温的自然过程才能完成。一般先经高温 20℃左右，时间为 1 个月，然后转入低温

3～5℃，时间为 2 个月，才能打破休眠。发芽适宜温度为 12～15℃，发芽率为 80% 左右，种子寿命为 2～3 年。人参发育缓慢，生长年限长。人参每年只长一次茎叶，展叶后茎叶就不再生长，也无新叶产生，较大的才有"六批叶"（30 片小叶）。叶面积小，光合强度低。

（二）林药间作条件下的栽培技术

1. 选地与整地　林下栽培选地是人参栽培过程中的一个主要环节。在长白山区可以选择中龄以上，坡度小于 25°的阴坡、半阴坡，以红松为主的针阔叶混交林和阔叶林，所谓"三桠五叶，背阳向阴，欲来求我，椴树相寻"。林下伴生有榛柴、胡枝子、刺五加等灌木和蒿草、野豌豆、薹草等草类共同构成的双层遮阴，郁闭度最好在 0.6～0.8。林内土壤底土为黄黏土，中层为活黄土，表层为腐殖土，腐殖土层厚达到 7 厘米以上，还要有 4 厘米以上的枯枝落叶层，并且林地土壤常年保持湿润和排水良好。人参林下栽培对入选林地不进行任何整理，保持原态。

2. 繁殖方法　繁殖方法有林下播种子（出货为山参）和林下移栽参苗（出货为充山参）。

（1）种子繁殖

①播种方式：播种方式有两种。一种是在选好的林地，春、秋季播干种子或夏季播鲜种子；另一种是在春、秋季播已经过催芽的种子。经过出芽处理的种子较干种子可提早 1 年出苗。

②播种方法：播种方法有 3 种。

第一种是在林内用镐开 6～8 厘米长的条穴，每穴播种子 2 粒，穴距 20 厘米。

第二种是穴距 100 厘米，每穴 5 粒种子，种子之间要保持一定距离。穴开得不要过大，穴周围的树须根、草根、草皮都不要破坏。在穴内掺活黄土 60%，穴深 8 厘米，播种深度 3 厘米。为了让人参出苗后横长身形，形成"横灵体"状，许多地方采用播种前把穴内土整理均匀，整平，然后开槽 3 厘米，在种子下面铺上薄石片，石片以5分硬币大小为宜，没有石片的地方也可用纯黄土捏成的小片放在种子下面，然后覆盖上拌好的暄土，覆盖土要高于地表，防止播种穴土沉实后形成洼地，以免积水烂参，然后再覆盖3～4厘米厚的树叶。为了培植"横灵体"状，播种前要进行催芽断根。在播种的前一天，将出芽的种子放在室内（常温）1天，出根芽的种子要把芽尖断掉，使之长出理想的参形。

　　第三种播种方法是不开穴，用长20厘米、粗1厘米的木棒，一头削尖，在选好的林地内，确定播种的地块拉上线，使播种后成行，然后用手扒开枯落叶层，用木棒扎眼，深4～5厘米，间隔20厘米，每个孔眼放1粒催芽断根尖筛选后的种子，然后将孔眼盖实，把枯枝落叶覆回原处。这种方法简单容易，既不破坏土层，又能避免人参生长过速和形体不佳，很适合于大面积林下播种。

　　（2）移栽营养繁殖　从二年生或三年生园参小苗再挑选圆膀长芦类型、类似横灵体、支根八字形、须根清晰的参苗移栽到林下，经过7～10年后可形成类似山参形态的人参。在商品分类中称为充山参，其商品价值高于园参数倍。

　　①移栽时间：在10月中旬或春季立夏之前较适宜。但春季移栽时间短，出苗率高，要在秋季就把参苗选好，集中密爬在林地，要掌握住参苗芽苞萌动季节进行移栽。

　　②移栽方法：爬参苗移栽要开圆形穴，穴的直径10～12厘米，主要根据参苗须根的长短而定，深度要达到10厘米，拌上活黄土摊平穴面。移栽前把穴土开6厘米深小沟，放一块能衬托人参苗主体的薄石片或纯黄土土饼，然后把参苗放在上面，把参的形态摆好再覆盖一层活黄土，然后把拌匀的黑黄土（黑土、黄土比例为4∶6）覆盖上，要高于原地面5厘米，防止穴土沉实后形成小坑积水烂参。覆盖完土以后，再覆盖上5～6厘米厚的树叶，既保水又防寒。不用松土也不用上土，自然落叶即可使参

苗拔芦防寒。有条件的可以摘掉花蕾，助长参根增重。一般 5 年后，每株可达 30～40 克，重者可达 50 克以上。

3. 肥水措施　人参林下栽培对入选林地不进行任何施肥措施，保持原态。

4. 田间管理　林下山参不需松土除草，也不要施肥用药，让其自然生长。草太多，透光率达不到 15％～25％时，用镰刀割掉大草和树的枝叶，切不可拔草，以免破坏表土层。夏天出现"天窗"光照过强，可将相邻树冠的枝叶用铁丝互拉来调节光照，或用遮阳网覆盖，郁闭度超过 0.9 的可将林下灌木略加清理，使人参得到适宜光照。

每年从参苗出土时开始，经常进行观察，如发现有抑制参苗生长的情况，则应及时采取抚育措施。于 5 月上中旬参苗全部出土后，对未出土的参苗植穴与参苗出土后因覆盖物的障碍未能正常伸长的参株，及时检查并加以处理，进行补播、补植和抚育。于 5 月下旬至 6 月上旬进行一次除草，清除妨碍参株生长的灌木和下草，做到虽有一定的侧方庇荫，但无挤压现象。

5. 病虫害防治　防治人参斑点病，叶片发病用多菌灵、百菌清对水喷雾。

地下害虫需药饵。地上害虫主要有椿象、鳞翅目夜蛾科幼虫。在林下培育半野生人参，最好不施农药防治病虫害，以免参体受到污染，降低质量。发现病株及时清出林外，加以销毁。遇虫害发生时，尽量采用捕捉措施消灭害虫。

山老鼠对野播人参危害比较大，要严加防范。防范方法以人工捕捉为主，捕捉山鼠的经验是凌晨 3：00～5：00，按其拱的土印从没有土包的一端用脚踩平，到有土包的地方一下就可捕捉住。

（三）采收和初加工

根据不同情况，到年出货，可在 9 月末起收。可采取一次性采挖和按规格多次采挖两种办法采收林冠下人参。一次性采挖收获期集中，便于作业和大批量销售，但缺点是生产的人参规格不一，有些过小的人参也被同时采挖出来，造成浪费。多次采挖是将达到一定规格的林冠下人参进行采挖，对未达到规格的继续培养，待达到规格后再行采挖。其最大的优点是由于保留了幼参和自然下种参苗，使林冠下始终有参可采，实现一次播种多次采收连续受益的目的。鲜参可直接上市，或鲜参贮存反季上市，也可加工礼品参上市。加工礼品参首先将参用清水冲洗，将泥冲洗净，顺须反复冲洗，注意不要弄掉芦头、须根、珍珠疙瘩，不能刷破皮，选择参纹浅、皮嫩浆足、脖长圆膀的横灵体，加工整形对称美观，烘干作礼品参出售。

（四）经济效益

在林下培育半野生人参，由于不整地做畦，不搭荫棚，不施化肥和农药，所以成本极低。而且由于不砍光林木、不破坏植被，能够避免形成地表径流，防止水土流失，保持良好的生态环境，又能获得较大的经济效益。8～12 年生林冠下栽培山参可产鲜参 60～105 千克/公顷。现鲜参价格为 1.6 万～2.4 万元/千克，以此计算可创产值 96 万～252 万元/公顷。

（郜玉钢　臧埔　赵岩）

十二、西洋参栽培技术

西洋参属五加科人参属多年生宿根性草本名贵药用植物，又称花旗参、洋参、美国人参，以根部入药。20 世纪 70 年代，中国从国外引种进行多点试种，经多年的试验，基本上掌握了西洋参的性状、特性、栽培技术，取得了成功，1981 年已大面积推广。经过化学试验分析，药效成分与美国产西洋参一致。西洋参在中国均为引进栽培品种。

（一）特征特性

1. 生长习性　参根的重量随着参龄的增长而逐年增加。1～2 年生参根增重百分率较大，3～4 年生重量大，4～5 年生根重增加减慢。由于西洋参原产地气候湿润，所以西洋参比人参耐湿；西洋参的抗寒性和抗病性都比人参差。西洋参也有越冬芽休眠的习性。西洋参一年生苗为 1 枚三出复叶，苗高可达 4～6 厘米，直至秋季自然枯萎。幼苗出土 15 天左右，形成白色肉质根，无分支。7 月初（吉林）在根部顶端茎基部附近开始形成白色"鹰嘴状"越冬芽。二年生西洋参以 2 枚复叶为主。三年生植株 90％左右为 3 枚复叶。四年生也以 3 枚复叶为主，但 4 枚复叶也较多，出现少数双茎参。五年生以 4 枚复叶为主，占 65％以上，个别植株具有 5 枚复叶，双茎植株比四年生者略多。各年生掌状复叶并不一定都由 5 小叶组成。西洋参每年只长一次茎叶，展叶后茎叶就不再生长，也无新叶产生。叶面积小，光合强度低。

2. 生育特点 二年生西洋参植株已有部分开花结果，比人参提早 1 年。西洋参为顶生伞形花序，序花期 5～40 天。单花开放持续时间多为 3～5 天，开花顺序是由伞形花序的外围渐向中央开放。一朵花的 5 枚花瓣是逐个张开的，5 枚花瓣全部张开需要 4～6 小时，当花瓣即将全部展开时花丝开始伸长。一天中的开花时间从清晨 6：00 开始，上午 8：00 达到高峰，下午 2：00 结束。西洋参自然异交率为 45.72％，属于常异花授粉作物。西洋参果实成熟后采下来的种子的胚尚未完全分化好，种胚是由多细胞组成的细胞团，胚长仅有 0.3～0.5 毫米，需经较长时间缓慢发育，才能完成胚的分化。西洋参种胚的成熟过程可分为形态发育和生理后熟两个阶段，形态发育阶段又可分为形态发育前期和形态发育后期。在形态发育前期，含胚率从 8％左右发育至 20％左右需 40～50 天，这期间以 20℃左右的变温较好；在形态发育后期，含胚率从 20％发育至 66.7％以上需 80～100 天，这一时期以 15℃左右变温较适宜。种胚生理后熟期以 5℃左右为适宜，持续时间需 3.5～4 个月。在适宜条件下，总共需 8.5 个月完成整个后熟期。西洋参裂口种子在 0～5℃条件下经过 45 天出苗率可达 83％，在 10～15℃条件下也有 30％～40％发芽，证实西洋参种子生理后熟阶段对低温要求不如人参严格。

（二）林药间作条件下的栽培技术

1. **选地与整地** 西洋参林下栽培选地是一个主要环节。在长白山区可以选取 5°～15°的阴坡、半阴坡坡地，最好是以生长红松为主的针阔叶混交林和阔叶林，林下伴生有榛柴、胡枝子、刺五加等灌木和蒿草、野豌豆、薹草等草类共同构成的双层遮阴，郁闭度最好在 0.6～0.8。林内土壤底土为黄黏土，中层为活黄土，表层为腐殖土，腐殖土层厚达到 7 厘米以上，还要有 4 厘米以上的枯枝落叶层。林地土壤常年保持湿润和排水良好。挖穴与做床，床的宽度、长短以床面树少、翻地方便为宜。参床的方向原则上应与山坡方向不一致，但也可采用与山坡方向相一致的间断式的做床方法，间断的目的则是有效防止暴雨冲刷及水土流失。

2. **繁殖方法**

（1）种子繁殖

①穴播：挖取宽 40 厘米、深 30 厘米的正方形坑，疏松土壤，拣净树根。每穴播 4～6 粒种子，覆土 3～5 厘米，不压实，穴中插棍予以标记。

②床播：在确定好的地段上，根据土层深浅以不挖出生土为限，将土翻扣、整碎，拣净树根，整平做床。播种采用株行距 5 厘米×5 厘米，每平方米播种 400 粒，播后覆土 3～5 厘米。原则上应提前 1～2 年整地，使土壤充分腐熟。

（2）移栽营养繁殖

①穴栽：整地规格和方法与种子繁殖法的穴播相同，每穴栽 4 株，分别按 45°斜栽在 4 个角上，覆土 3～5 厘米。

②床栽：整地规格和方法与种子繁殖法的床播相同。采用 10 厘米×20 厘米的株行距由下往上栽，覆土 3～5 厘米，可采用趟子板进行栽植。栽植时，一般应采用二年生苗，以秋栽为宜。东北地区秋栽最迟不应晚于 11 月 1 日，随栽随防寒。对于一年生的参苗，则应更细致地整地，严格防寒。为了达到林药兼顾的

目的，恢复以红松为主的针阔叶混交林，栽参的同时定植好红松幼苗。

3. 肥水措施

（1）肥　由于林木枯枝落叶层很厚和逐年腐烂，有机质十分丰富，经过翻耙加速了土壤有机质的腐熟，为林下参提供了较丰富的营养物质。因施农家肥和化肥会导致西洋参烂根，考虑到实际可能，不主张为林下栽培西洋参施肥。每年将防寒土连同树叶撒回原坑，加速腐熟。每年又可结合松土对参地实行"客土"追肥，增加土壤中营养物质的含量。

（2）水　据观察，林下栽培的西洋参，5月15日前受低温影响，但不存在干旱问题。5月15日至6月15日，如降雨较少，常常由于木争水分而出现干旱，影响出苗。进入雨季，雨水过多易发生病害或暴雨成灾。冬季降雪多少、时间早晚都将直接影响西洋参的出苗率与保存。为提高出苗阶段的地温和保持湿度，采用塑料薄膜覆盖，可提前7～10天出苗。对当年播种苗播后采叶覆盖，也可收到良好效果。

4. 田间管理

（1）床栽、床播　床栽、床播西洋参每年覆树叶1～2次。春季出苗后，从5月20日至6月末有一段干旱时期，应酌情对林下参覆盖树叶。进入雨季，为防止暴雨冲刷和水土流失，可将10°以上坡度的床面覆盖树叶。松土应结合除草进行，除草要除早、除小、除了。每年应进行2次松土，第一次应于苗出齐后进行，第二次应于7月进行。深度要接近参根，但不要损伤参根，要深浅一致，不漏生格，粉碎土块，床面整洁无杂草。每年撒防寒时将床面四边沟清好，并结合修整床边切断树木及草本串根，松土时再进行一次。

（2）穴播、穴栽　穴播、穴栽林下西洋参不需松土除草，也不要施肥用药，让其自然生长。草太多，透光率达不到15%～25%时，用镰刀割掉大草、树叶，切不可拔草以免破坏表土层。

夏天出现"天窗"光照过强，可将相邻树冠的枝叶用铁丝互拉来调节光照，或用遮阳网覆盖，郁闭度超过 0.9 的可将林下灌木略加清理，使西洋参得到适宜光照。每年从参苗出土时开始，经常进行观察，如发现有抑制参苗生长的情况，则应及时采取抚育措施。于 5 月上中旬参苗全部出土后，对未出土的参苗植穴与参苗出土后因覆盖物的障碍未能正常伸长的参株，及时检查并加以处理，进行补播、补植和抚育。于 5 月下旬至 6 月上旬进行一次除草，清除妨碍参株生长的灌木和下草，做到虽有一定的侧方庇荫，但无挤压现象。

5. 病虫害防治

（1）穴播、穴栽　穴播、穴栽林下西洋参，最好不施农药防治病虫害，以免参体受到污染，降低质量。发现病株及时清出林外加以销毁。

（2）床栽、床播　床栽、床播西洋参的病害种类较多，有 20 余种。目前中国引种的西洋参中已发现 10 余种病害。其中立枯病、黑斑病、锈腐病最严重，有时也有猝倒病、炭疽病、疫病、菌核病等发生。

立枯病主要用多菌灵、百菌清、托布津、代森锌防治。

黑斑病俗称斑点病，是西洋参地上植株发生最普遍、危害较严重的病害之一，被害率一般在 20%～50%，叶、茎、花梗、果实、种子均能感病，但以叶为主。连续多天降雨，随着相对湿度增高，林下西洋参容易染病，可用斑绝进行防治，注意排水。

疫病又名"塔拉手巾病"，此病主要危害叶片、茎和根部。叶片被病菌感染后呈水浸状暗绿色，如同热水烫过似的。可喷洒生石灰及 300 倍多菌灵、托布津、代森锌（1∶1∶1）控制感染病株。

锈腐病是西洋参发生较普遍、危害严重的病害之一，从幼苗到各年生均能染病，常严重降低西洋参的产量和质量。采用每平方米用多菌灵 7 克以及每平方米用多菌灵 3 克和百菌清 2 克两种方法进行土壤消毒，收到较好效果。

地下害虫有蝼蛄、蛴螬、地老虎。地上部草地螟、金龟子、象鼻虫、粉虱等害虫，采取人工捕捉及翻地和做床时捕杀。

鼠害种类有鼢鼠、花鼠、大林姬鼠、黑线姬鼠和大仓鼠等。以物理机械防治为主，必要时可用鼠药（水剂）与饵料（玉米楂、大米）拌匀，于晴天傍晚投于鼠类活动场所和活动必经之路进行防治，对死鼠应及时收集深埋。

（三）采收和初加工

基本同人参的采收和初加工。

（四）经济效益

按实际测得的林下栽种西洋参的生长量计算，一般四年生达20～30克，五年生达 30～40克，七年生达 50 克左右。按每平方米栽植 50 株，收获 25 株计算，5 年后每平方米产量为 500～1 250克，按目前收购鲜参价格 100 元/千克计算，每平方米为50～125 元，每公顷每年平均 10 万～25 万元。

（郜玉钢　臧埔　赵岩）

十三、当归栽培技术

当归 *Angelica sinensis*（Oliv.）Diels 为伞形科当归属植物，被载入国家药典。入药部位为其干燥根。按产地，又名秦归、岷山归、西当归、云归等。含有多种挥发油，具有补血、活血、止痛、润肠之功效，是中医常用的妇科良药。主产于甘肃、云南，四川、陕西、湖北等地亦产。随着中国中医药事业的不断发展和世界范围内掀起的"中医药热"，中药材的需求量日益增大，当归作为大宗常用中药材，有着极其广阔的市场前景，是山区农民脱贫致富的一条新路。

（一）特征特性

1. 形态特征　详见第一章。

在多年生的生长周期中，生育期在 780 天以上。株高可达80～150 厘米。肉质主根粗壮，呈圆柱形，支根数条到十几条，根长 30～35 厘米，表皮黄色。

2. 生长习性　当归喜气候凉爽、湿润环境。幼苗喜阴，宜在高寒山区栽培。当归对环境条件有着特殊的要求，生于高寒多雨的山区。主产于甘肃、云南、四川等地。在甘肃海拔 2 000 米以上处在 6 月中旬播种、云南海拔 2 600～2 800 米的山区在 8 月播种，空气湿度大的自然环境下生长良好。当归属低温长日照植物，在生长发育过程中，由营养生长转向生殖生长时，需通过 0℃左右的低温阶段和 12 小时以上的长日照阶段。当归幼苗期喜阴，忌阳光直射，荫蔽度以 80%～90% 为宜，以后逐渐增大透光度。当归对温度要求严格，当平均气温达 5～8℃时当归栽子（一年生根作繁殖用）开始发芽，9～10℃时开始出苗，大于 14℃时地上部和根部迅速增长，8 月平均气温达 16～17℃时生长又趋缓慢；9～10 月平均气温降至 8～13℃时地上部开始衰老，营养物质向根部转移，根部增长进入第二个高峰；10 月底至 11 月初地上部枯萎，肉质根休眠。当归幼苗期要求有充足的雨水，生长的第二年较耐旱，但水分充足也是丰产的主要条件。雨水太少会使抽薹率增加；雨水太多则易积水，降低了地温，影响生长且易发生根腐病。在土层深厚、肥沃疏松、排水良好、含丰富的腐殖质的沙质壤土和半阴半阳生荒地种植当归为好，但忌连作。

（二）林药间作条件下的栽培技术

1. 选地与整地

（1）育苗地选择　育苗地荫蔽度以 80%～90% 为宜，以后逐渐增大透光度。土壤宜选择微酸性至中性、土层深厚、疏松肥沃、排水良好、富含有机质的沙壤土、腐殖土的地块作苗床。在甘肃、云南分别宜选择海拔 2 000 米以上、2 800～3 200 米阴凉湿润的山坡或平地，土质疏松肥沃的沙质壤土作育苗地为好。播种前结合整地每亩施入农家肥 2 500～3 000 千克，翻入土中作基肥，整平土地做成宽 1 米的畦，随即播种。

（2）移栽地选择　当归的整个生长期对水分的要求较高，选择湿润肥沃的林间地或山地，林缘地最为适合。种植前深翻土地，深达 25 厘米以上，施足底肥，每亩施 2 500～3 000 千克农家肥作底肥，拣除草根石块，耙平整细后开沟做成宽 1.2 米、高 25～30 厘米的畦，四周开好排水沟。

2. 直播

（1）留种　育苗移栽的当归，在秋末收获时，选择土壤肥沃、植株生长良好、无病虫害、较为背阴的地段作为留种田，不起挖。待第二年发出新叶后，拔除杂草。苗高 15 厘米左右时进行根部追肥，待秋季当归花轴下垂、种子表皮呈粉红色时，分批采收扎成小把，悬挂于室内通风干燥无烟处，经充分干燥后脱粒贮存备用。

直播的当归在选留良种时，必须创造发育条件，促使早期抽薹，形成发育饱满、充实、成熟度高的种子。但该种子只能用于直播，不能育苗移栽。

（2）播种　根据产地海拔和气候条件确定播期。甘肃、四川、云南约在 7 月播种，陕西 8 月左右播种。每亩播种量 4～5 千克。在整理好的育苗地上按行距 20 厘米开 3～5 厘米深的横沟，沟底要平整。播种前先将种子用 30℃的温开水浸泡 24 小时后捞出晾干，拌上 10 倍于种子的草木灰，均匀撒于播种沟内，覆细土约 1 厘米厚，再盖 2～3 厘米厚的草。

（3）苗期管理　当归播种要保持土壤湿润，以利出苗，一般播后 15～20 天出苗。待苗高约 1 厘米时，将所盖的草逐步揭掉。当苗高 3 厘米左右有 3 片真叶时进行间苗并拔除杂草，使苗距在 1 厘米左右。在幼苗生长中期可适当浇施人粪尿，以促进幼苗生长。

（4）贮藏　甘肃在 10 月下旬、云南在 11 月中下旬，把栽子挖出扎成重约 200 克的小把，切去叶片，晾除部分水分，当水分达 60%～65% 时即可贮藏。

①堆藏：在无烟的室内，先在地上铺一层 5～7 厘米厚的新

干土，在上面摆一层扎成小把的当归根苗，苗头向外，用土壤填满空隙，压实，再铺一层土一层苗，依次摆放 5～6 层。此法适用于低龄当归苗贮藏，不适用于大苗。

②窖藏：选择阴凉干燥处，根据苗量挖一长方形窖，窖底部铺一层约 5 厘米厚的新土，土上摆放一层扎成小把的当归根苗，用土填平压实，再铺一层土一层苗，依次摆放 6～7 层，然后在最上面堆土高出地面以防积水，窖四周挖排水沟。用此法贮苗，苗的抗寒能力较差。

③密封贮藏：用木桶、塑料桶、铁桶等作容器，采用一层土一层苗的方法，填满压实不留空隙，埋好后密封，置于阴凉干燥低温处，温度保持在 1～5℃，以促进当归苗完成春化阶段。

3. 移栽　每年 4 月上中旬移栽较为合适，过早容易遭受霜冻，过晚则种苗已发芽，会降低成活率。移栽时，按株行距 25 厘米×30 厘米三角形交叉挖穴，穴深 20 厘米左右，每穴栽苗 3 株，呈品字形排列。边栽边覆土压紧，覆土满穴后耙平，以免积水。

栽后管理包括以下环节。

（1）间苗、定苗　出苗不全时及时补苗；苗高 5 厘米以上时，结合第一次中耕间苗；苗高 8 厘米时按株距 10～15 厘米定苗。

（2）中耕　当苗高 5 厘米时进行第一次中耕除草，要求浅锄、细锄多次，土不埋苗。苗高 10～15 厘米时进行第二次中耕，要求锄深、锄净，培土育根。以后视田间杂草情况及时拔除。禁止使用对双子叶植物敏感的所有除草剂。

（3）拔薹　一般 5 月中下旬开始，发现田间抽薹的植株要及时拔除，因为抽薹后当归根木质化程度加快，并迅速失去药用价值。为了避免与其他植株竞争田间的阳光、水分和养分应该尽早拔去，让未抽薹的植株更好地生长。

4. 病虫害防治

（1）根腐病　又名烂根病。用1∶1∶150波尔多液浸泡；用70％五氯硝基苯或70％敌克等农药进行土壤消毒；用5％石灰乳浇灌或用50％退菌特600倍液全面喷洒病区。

（2）褐斑病　喷洒1∶1∶150波尔多液或65％代森锌500倍液2～3次。

（3）白粉病　用50％甲基托布津1 000倍液或0.5％代森锌喷洒。

（4）黄凤蝶　又名茴香凤蝶。用菊酯类药剂喷杀，每周1次，连续2～3次。

（5）其他害虫　如有种蝇、红蜘蛛、桃大尾蚜、蛴螬等以化学防治为主。

（三）采收和初加工

栽培生长2年后，于霜降后采挖，云南等地亦有于立冬前后采挖的。采挖时力求根系完整无缺，抖净泥土，挑出病根，刮去残茎，置通风处。待水分蒸发，根条柔软后，按规格大小扎成小把，堆放于竹筐内，待水分稍蒸发后根变软时，按大小分别捆成小把，架于棚顶，以木材的文火熏干，以免泛油变黑，并每日翻动一次，以便色泽均匀。当烘至七、八成干时停火，干后下棚。成品外色黄棕，内色粉白。本品不宜用煤火熏，否则色泽发黑，也不宜直接晒干，否则易枯硬如干柴。成品置阴凉干燥处，防潮、防蛀、防泛油；烟制品置干燥容器内密闭贮藏。

（四）市场行情

2011年初，全归片市价10～14元/千克，当归头市价在30～45元/千克，当归尾市价3.5～4元/千克。

（段碧华　韩宝平）

十四、防风栽培技术

伞形科防风属植物只有防风 *Saposhnikovia divaricata* (Turcz.) Schischk. 1种，是单种属植物，也是载入国家药典的正品"关防风"。主产于黑龙江、吉林、河北、内蒙古及辽宁等地，其中黑龙江产量最大，一般也认为质量最佳。

在实用中，往往把不属于防风属的一些植物也并为防风类药材，是同科不同属植物。据产地和使用习惯，分为5类：①北防风类，包括正品防风及河北怀安县产的硬苗防风。②水防风类，包括河南水防风，其为该省防风习用品，为宽萼岩风，是岩风属Libanotis植物；山西运城产水防风，其原植物亦为上种；而陕西产水防风实为华山前胡。③云防风类，包括云南使用的竹叶防风 Seseli dilavayi Franch 和松叶防风 Seseli yunnanensis Franch，都是西风芹属植物，分别是多毛西风芹和松叶西风芹。④川防风类，是四川东部地区使用的川防风，习称竹节防风 Ligusticum brachylobum Franch，实是短裂藁本，为藁本属植物；而四川万县地区尚有一种同样称作"竹节防风"的药材，原植物为华中前胡。⑤西北防风类，包括青海、甘肃、宁夏的某些地区以葛缕子的根作防风用，当地称小防风或马英子。此外，尚有杏叶防风及田葛缕的根常混杂于当地产防风药材中。

（一）特征特性

1. 生长习性　防风适应性较强，喜温暖、凉爽的气候条件。耐寒，耐旱，怕高湿，忌雨涝。夏季持续高温，容易引起枯黄，太潮湿的地方生长不良。喜生于草原、山坡和林地边，适生于土层深厚、土质疏松、肥沃、排水良好的沙质壤土。在中国北方及长江流域均可栽培。

2. 生育特点　防风种子容易萌发，在15～25℃均可萌发，发芽的适宜温度为15℃。新鲜种子发芽率在75%～80%，贮藏1年以上的种子发芽率显著降低，故生产上以新鲜种子作种为好。

（二）林药间作条件下的栽培技术

1. 选地与整地　防风是深根性植物，主根长50～60厘米，应选择土壤疏松肥沃、土层深厚、地势高燥、排水良好的沙壤土地块种植。在黏土地种植的防风，根极短，分叉多，质量差。防风喜阳，适宜与幼龄的果树间作，不适宜于密闭度较大的果树间作；适宜的果树树种比较多，如苹果树、梨树、杏树、樱桃、核桃等。

防风是多年生植物，整地时需施足基肥，每亩用厩肥 3 000～4 000 千克、过磷酸钙 15～20 千克。深耕 20～30 厘米，细耙。在中国北方可做成 1.3～1.7 米宽的平畦，在南方多雨地区可做成宽 1.3 米、沟深 25 厘米的高畦。

2. **繁殖方法** 防风的繁殖方法有种子繁殖和分根繁殖，生产中以种子繁殖为主。

（1）种子繁殖

①播种时间：春播时间，长江流域在 3 月下旬至 4 月中旬，华北地区在 4 月上中旬；秋播时间，长江流域在 9～10 月，华北地区在地冻前播种，翌年春季出苗。秋播比春播好，秋播产的防风粗壮、粉性大、不抽沟。

②浸种：播种前将种子用温水浸泡 1 天，捞出后保持一定湿度，待种子开始萌动时播种。

③开沟条播：每亩用种量 2 千克。按行距 30 厘米，顺畦开 1～1.5 厘米的浅沟，将种子均匀撒入沟内，覆土，稍加镇压，浇水。温度在 25～28℃，保持土壤湿润，20 天左右即可出苗。

（2）分根繁殖 在防风收获时，选取二年生以上、生长健壮、粗 0.7 厘米以上、无病虫害的根条，截成 3～5 厘米长的小段作种。按行距 50 厘米、株距 10～15 厘米开穴栽种，穴深 6～7 厘米，每穴栽 1 个根段，栽后覆土 3～5 厘米厚；或于冬季将种根按 10 厘米×15 厘米的行株距育苗，待翌年早春有 1～2 片叶时定植。定植时，应注意剔除未萌芽的种根。每亩用种根量约 50 千克。

3. 田间管理

（1）定苗 苗高 6 厘米时，按株距 5 厘米间苗；待苗高 10 厘米时，按株距 15 厘米定苗。拔除小苗、弱苗、病苗。若苗情太差,可结合追肥浇水,保持土壤湿润。

(2)除草 出苗后松土除草不宜太深,随着幼苗长高,中耕可加深。结合间苗进行除草,6 月进行多次除草。8 月以后根部生长以增粗为主,此时植株已封行,应停止中耕除草。翌年中耕2～3 次,当植株高 30 厘米左右时,先摘除老叶,后培土壅根,以防其倒伏。入冬时结合清理田间杂草、老叶,再次培土。

(3)肥水 防风生长的前期,以地上部茎叶生长为主,根部生长缓慢。当植株进入生长旺季,根部生长加快,以增长增粗为主。所以进入 8 月应适当追施促进根部生长的磷、钾肥,以利根部的生长发育。一般施肥 3 次:第一次在间苗时,每亩施稀人粪尿 1 000 千克,轻浇于行间;第二次于定苗后,每亩施尿素 10～15 千克;第三次于 8 月下旬,每亩施过磷酸钙 25 千克。在播种或栽种后到出苗前,应保持土壤湿润。防风抗旱能力强,不需浇灌。雨季要及时排水,以防积水烂根。

(4)除花蕾 防风一般种植 2 年就有部分植株抽薹开花,开花后根部木质化,失去其药用价值。因此,在 6～7 月抽薹开花时,除留种外,发现花薹应及时将其摘除。

4. 病虫害防治

(1)白粉病 该病多发生于夏、秋季,主要危害叶片。防治方法:注意通风透光,增施磷、钾肥;发病时用 50％甲基托布津 800～1 000 倍液喷雾防治。

(2)根腐病 该病多发生于高温多雨季节,主要危害根部。防治方法:在发病初期,及时拔除病株,并撒石灰粉消毒病穴;及时排除田间积水;在地势低洼处进行起垄种植。

(3)斑枯病 又名叶斑病,主要危害叶片。防治方法:在发病初期,摘除病叶,喷洒 1∶1∶100 的波尔多液 1～2 次;收获后,清除病残组织,并将其集中烧毁。

(4)黄凤蝶 该虫危害多发生在 5 月,幼虫主要咬食叶片和花蕾。

（5）黄翅茴香螟　该虫危害多发生于现蕾开花期，幼虫在花蕾上结网，取食花和果实。防治方法：在早晨或傍晚用苏云金杆菌乳油 300 倍液喷雾防治。

（6）胡萝卜微管蚜　该虫危害多发生于 5～6 月，主要危害防风的嫩梢。

5. 留种技术　防风播种后当年不开花结实。秋季选无病害、粗壮的根作秧栽种。翌年注意增施磷肥，促其开花、结实。8～9月，待种子成熟后割下茎枝，放阴凉处后熟 5～7 天，然后脱粒，晾干贮藏备用。晾干后也要放在阴凉处保存，注意采收成熟的种子，否则发芽率很低或不发芽。新鲜种子发芽率 50%～75%，存放 2 年的种子发芽率低，甚至不能作种子。也可在收获时选取粗 0.7 厘米以上的根条作种根，边收边栽，也可在原地假值，等翌年春季移栽、定植用。

（三）采收和初加工

1. 采收　冬季在 10 月下旬至 11 月中旬或春季在萌芽前采收。用种子繁殖的防风，第二年就可收获。春季分根繁殖的防风，在水肥充足、生长茂盛的条件下，当根长 30 厘米、粗 1.5 厘米以上时，当年即可采收；秋播的于翌年 10～11 月采收。采收时需从畦的一端开深沟，按顺序挖掘，根挖出后除去残留茎和泥土。每亩可收干货 150～300 千克。

2. 初加工　将挖出的防风去掉须根及小侧根，晒干即可。

（四）市场行情

20 世纪 80 年代防风以野生为主，价格逐步上涨。20 世纪90 年代野生变家种发展成功，价格在 3～12 元/千克间浮动。2003 年"非典"期间，家种货随野生货价格暴涨，最高达到 20元/千克以上。2004 年价格跌至 9.5 元/千克，2005 年 4 月跌至7 元/千克后走稳。在药材市场整体回暖，野生品价格走高，家种货库存消化的背景下，家种防风价格回升，2006 年 10 月升至11 元/千克，2007 年 7 月升至 14 元/千克。较好的价格致使家种面积逐步恢复和扩大，2007年产新后，价格回落至12元/千克，2008年10月落至10元/千克，2009年初跌至5～5.5元/千克。2009年下半年受流感疫情的影响，价格不断上涨，12月升至18元/千克。该品种年需求量3000吨，后市价格仍处于走好的趋势之中。

（李　琳）

十五、连翘栽培技术

药用连翘为木樨科连翘属植物连翘的干燥果实。连翘属全世界有11种，大多源自中国，有些源自朝鲜和日本，源自于欧洲南部的只有1种。在中国分布于河北、山西、陕西、甘肃、宁夏、山东、江苏、河南、江西、湖北、四川及云南等地。

（一）特征特性

1. 生长习性　连翘耐寒、耐旱、耐瘠，对气候、土质要求不高，适生范围广。在干旱阳坡或有土的石缝，甚至在基岩或紫色沙页岩的风化母质上都能生长。连翘根系发达，虽主根不太显著，但其侧根都较粗而长，须根众多，广泛伸展于主根周围，大大增强了吸收和固土能力。连翘耐寒力强，经抗寒锻炼后，可耐受−50℃低温，其惊人的耐寒性使其成为北方园林绿化的佼佼者。连翘萌发力强、发丛快，可很快扩大其分布面。因此，连翘生命力和适应性都非常强。

2. 生育特点　连翘的萌生能力强，无论是平茬后的根桩还是干枝，都具有较强的萌生能力，可以较快地增加分株的数量，增大其分布幅度。连翘枝条的连年生长不强，更替快。随着年龄的增加，萌生枝以及萌生枝上发出的短枝，其生长均逐年减少，并且短枝由斜向生长转为水平生长；连翘的丛高和枝展幅度不同年龄阶段变化不大。由于连翘枝条更替快，加之萌生枝长出新枝后逐渐向外侧弯斜，所以尽管植株不断抽生新的短枝，但其高度基本维持在一个水平上。连翘结果早，8～12年为结果盛期，12年后产量明显下降，需采取更新复壮措施；连翘枝条的结果龄期较短，其产量主要集中在 3～5 年生枝条上，5 龄以后每个短枝上的平均坐果数逐年降低，产量明显下降。

（二）林药间作条件下的栽培技术

1. 选地与整地

（1）育苗地　应选择阳光充足、背风、土壤疏松肥沃、腐殖质含量高的沙质壤土地块进行育苗。要求耕翻深度 24～30 厘米，结合耕翻每亩施农家肥 5 000 千克。然后整平做畦，畦宽 100～120 厘米，垄高约 25 厘米，四周开好排水沟以利排水，沟宽 18～24 厘米，沟深 15 厘米。此选地整地方式亦适合于扦插育苗。

（2）移栽地（大田）　连翘为深根性植物，其根系发达，入土较深，喜肥，怕积水。移栽地（大田）应选择背风向阳、土层深厚、疏松肥沃、腐殖质含量高、排水良好的熟地，以中性土壤为佳。种植前翻耙 2 次，然后按株距 1.5 米、行距 2 米挖穴，每穴施腐熟厩肥或土杂肥 20～30 千克。

2. 繁殖方法　连翘可用种子、扦插、压条、分株等方法进行繁殖，生产上以种子、扦插繁殖为主。

（1）种子繁殖　选择生长健壮、枝条间短而粗壮、花果着生密而饱满、无病虫害、品种纯正的优势单株作母树。一般于 9 月中下旬到 10 月上旬采集成熟的果实，要采发育成熟、子粒饱满、粒大且重的连翘果，然后薄摊于通风阴凉处，阴干后脱粒。经过精选去杂，选取整齐、饱满又无病虫害的种子贮藏留种。连翘种子采用干燥器贮存较好。连翘种子容易萌发，栽培时间可安排在春季或冬季，春播在 4 月上中旬，冬播在封冻前进行。播前可进行催芽处理，选择成熟饱满的种子，放到 30℃ 左右温水中浸泡 4 小时左右，捞出后掺 3 倍湿沙拌匀，用木箱或小缸装好，上面封盖塑料薄膜，置于背风向阳处，每天翻动 2 次，经常保持湿润，10 多天后种子萌芽，即可播种。

播种时，在整好的畦面上，按行距 20～25 厘米开 1 厘米深的沟，将种子掺细沙，均匀地撒入沟内，覆土约 1 厘米，稍加镇压，盖草保持湿润。10～15 天幼苗可出土，出土后随即揭草。每亩用种量 2～3 千克。苗高 10 厘米时，按株距 10 厘米定苗。第二年 4 月上旬苗高 30 厘米左右时可进行大田移栽。也可采用大田直播，按行距 2 米、株距 1.5 米开穴，施入堆肥和草木灰，与土拌和。3 月下旬至 4 月上旬开始播种，也可在深秋土壤封冻前播种。每穴播入种子 10 余粒，播后覆土，轻压。注意要在土壤墒情好时下种。

（2）**插条繁殖**　秋季落叶后或春季发芽前均可扦插，但以春季为好。选 1～2 年生的健壮嫩枝，剪成 20～30 厘米长的插穗，上端剪口要离第一个节 0.8 厘米，插条每段必须带 2～3 个节位。然后将其下端近节处削成平面。为提高扦插成活率，可将插穗分扎成 30～50 根一捆，用 500 毫克/千克 ABT 生根粉或 500～1 000 毫克/千克吲哚丁酸溶液，将插穗基部（1～2 厘米处）浸泡 10 秒钟，取出晾干待插。南方多于早春露地扦插，北方多在夏季扦插。插条前，将苗床耙细整平，做高畦，宽 1.5 米，按行株距 20 厘米×10 厘米斜插入畦中，插入土内深 18～20 厘米，将枝条最上一节露出地面，然后埋土压实。天旱时经常浇水，保持土壤湿润，但不能太湿，否则插穗入土部分会发黑腐烂。加强田间管理，秋后苗高可达 50 厘米以上，于次年春季即可挖穴定植。

3. **田间管理**

（1）**定植**　栽植时要使苗木根系舒展，分层踏实，定植点覆土要高于穴面，以免雨后穴土下沉，不利成活和生长。为克服连翘同株自花不孕，提高授粉结果率，在其栽植时必须使长花柱花与短花柱花植株定植点合理配置。栽植时，要按苗木大小进行分级，使两种植株生长基本一致，林相整齐，有利授粉，提高产量。

（2）**中耕除草**　夏季雨水较多，容易生长许多杂草，要及时清除。除草时一要将草根挖出（尽可能用锄除草）；二要保护连翘幼苗，切不可损伤苗根；三要依具体情况而定，若苗太小，可用手拔草，苗生大后，可结合中耕松土进行除草。有条件的，一年中应除草3次，即在春、夏、秋季，以保证连翘健壮生长。

（3）肥水管理　连翘怕积水而耐旱力较强。苗株成活后一般不需要浇水，但幼苗期和移栽后缓苗前，天旱时需适当浇水。待苗长至50厘米以上时，可施稀薄人粪尿1次。次年春季，结合松土中耕，追施1次土杂肥，每穴施肥2.5～5千克，在株旁开浅沟施入，盖严，并向根部培土。第三年春季再结合松土除草施厩肥，并多施些磷钾肥。每亩施腐熟人粪尿2 000～2 500千克或尿素15千克、过磷酸钙40千克、氯化钾20千克，可在植株周围沟施，及时覆土浇水，以促其开花结果。若遇连阴雨，应注意及时排涝，防止积水浸泡或淹没幼苗，同时也可避免因积水而引起早期落叶，影响花芽分化等。第四年以后，植株较大，田间郁闭，为满足连翘生长发育的需要，每隔一定时间（一般是4年）深翻林地1次，每年5月和10月各施肥1次，5月以化肥为主，10月施土杂肥。化肥每株施复合肥0.3千克，优质土杂肥每株施20～30千克，于根际周围沟施。必要时，在开花前喷施1%过磷酸钙水溶液，以提高坐果率。

（4）合理剪枝　由于连翘基部萌蘖力很强，每年都要抽出许多徒长枝，消耗大量养分，导致树势减弱，影响产量。因此，合理地进行整枝修剪，去弱留强，培养开花结果壮枝，是保证连翘丰产的基础。冬季修剪，以疏剪为主，短截为辅，即每株除保留3～5个生长旺盛的主枝外，其余全部从基部剪除，同时为了控制长枝的生长，促使抽生壮枝，对部分枝条可适当短截，一般留6～8个叶芽为宜。对已经开花结果多年、开始衰老的结果枝群，也要进行短截或重剪，可促使剪口以下抽生壮枝，恢复生长势，提高结果率。对因管理不善，生长过弱的"小老树"，可通过清除基部多余枝条，培养主枝，结合适当的短截或重剪，促使其抽生壮枝，以扩大结果面积，提高结果率。对于徒长枝（明条）一般于 6 月从基部进行剪除，同时剪去过密枝、病弱枝和老枝，保留需培养的健壮生长枝。

（三）采收和初加工

1. 采收 因采收时间和加工方法不同，中药将连翘分为青翘、黄翘两种。青翘于 9 月上旬采收未成熟的青色果实，黄翘于 10 月上旬采收熟透的黄色果实。

2. 初加工 青翘用沸水煮片刻或蒸半个小时，取出晒干即成，以身干、不开裂、色较绿者为佳。黄翘晒干，除去杂质，习称"老翘"，以身干、瓣大、壳厚、无种子、色较黄者为佳。

（四）市场行情

连翘为野生资源，20 世纪 90 年代用量有限，资源较多，价格较低，运营价格在 3～5 元/千克。随成药开发用量扩大，野生货源逐渐减少，价格上行。2001 年价格大涨，2002 年市价升至 19 元/千克，2003 年"非典"期间升至 30 元/千克，疫情过后迅速回落至 10 元/千克左右。2004、2005 年稳定在 8 元/千克，2006 年受寒流影响，年底升至 16 元/千克左右。2007 年 4 月价格回落至 14 元/千克，2008 年 11 月回落至 12 元/千克，2009 年价格稳定在 12 元/千克。2009 年产新较少，加上遭遇"流感"疫情，11 月价格升至 23 元/千克，12 月升至 25 元/千克。该品年用量 8 000 吨左右，目前市场出现走稳迹象，预计随市场货源消化，后市将震荡盘整，价格会随产新回落。

（李琳）

十六、秦艽栽培技术

秦艽 *Gentiana macrophylla* Pall. 为载入国家药典的龙胆科龙胆属药用植物，其干燥根入药。

此外，麻花秦艽 *Gentiana straminea* Maxim.、粗茎秦艽 *Gentiana crassicaulis* Duthie ex Burk 和小秦艽 *Gentiana dahurica* Fisch.

也是国家药典植物。

（一）特征特性

1. 形态特征 见第一章。

2. 生活习性 多见于高海拔阳坡、二阳坡，在海拔 1 000～1 800 米的山区、丘陵区的坡地、林缘及灌木丛中较多。喜冷凉、降水较多、日照充足的气候，忌积水、盐碱地和强光。适宜在土层深厚、肥沃、富含腐殖质的山坡草丛中生长。分布于东北、西北、华北以及四川等地，主产于陕西、甘肃等省。

（二）林药间作条件下的栽培技术

1. 选地与整地 选择土层深厚、肥沃、质地疏松、向阳的沙壤土。于春季或秋季进行翻耕，耕深 30 厘米左右，拣去石块和树根。每亩施优质腐熟农家肥 3 000 千克、过磷酸钙 80 千克、草木灰 500 千克。整平耙细，做畦或打垄，待播。

2. 繁殖方法 用种子繁殖。可分春播和夏播。春播在 4 月上中旬，夏播于 6 月上中旬进行。方法是选取饱满成熟的种子，于早春在整好的地上开沟，沟深 1～2 厘米、沟距 24 厘米。条播或穴播，将种子均匀地撒入沟内，然后覆土，略加镇压，有条件的地区可以覆盖一层草，进行保墒遮阴，以促进种子萌发。每亩播种 0.5 千克。一般从播种到种子发芽大约需要 1 个月。

3. 田间管理 播种后 1 个月左右出苗。当苗高 6～10 厘米时，按株距 12～15 厘米进行均匀间苗。间苗后要适当浇水与追肥。每年中耕除草 2～3 次，一般于 5 月中下旬进行第一次中耕除草，此时幼苗易受伤，必须操作细致；6 月中下旬或 7 月上旬再进行第二次除草。每年追肥 2～3 次，以农家肥为主。农家肥作冬肥施入，每亩施人粪尿 1 500～2 000 千克或腐熟油饼 50～100 千克，加水 1 500 千克。化肥以氮磷钾复合肥为好，一般在植株封垄后趁雨或浇水时撒施，每亩施 20 千克。在开花期叶面喷施磷酸二氢钾，每亩施 0.6 千克，分 3 次喷施，每隔 10 天喷1 次。

4. 病虫害防治

（1）叶斑病 一般多于6月或7月发生，危害叶片，严重时植株枯萎死亡。防治方法：清除病叶并集中烧毁；发病初期可喷1：1.5：150的波尔多液，10天喷1次，连喷3次，或用65%代森铵可湿性粉剂800倍液，每7天喷1次，喷洒2～3次。

（2）蚜虫 多于春末夏初发生，危害根部。防治方法：发病期喷20%速灭杀丁每亩20毫升，加水50千克喷雾，每隔15天用药1次，连续2～3次，效果明显。

（三）采收和初加工

1. 采收 种子繁殖的2～3年，根茎繁殖的1年即可采收。在9～11月倒苗时挖取全根。

2. 初加工 除去茎叶，洗净泥土，晒至半干，堆闷发汗1～2天，再摊开晒至全干，理顺根条，留1厘米长芦头。每亩产干货150～180千克。

（四）经济效益

秦艽为较常用的根类药材，为甘肃省大宗药材之一，在国内外市场享有一定盛誉。但由于长期以来过多强调开发利用，盲目采挖，已使野生资源日趋减少，各地收购量逐年下降。据甘肃省中药资源普查，1988年以前中药秦艽（含粗茎秦艽和小秦艽）分布面积约为67万公顷，蕴藏量为7 800吨，收购量1976年达到历史最高峰639吨。20世纪90年代初期秦艽年收购量5～6吨，但在1995年仅收0.5吨。据2001年调查结果显示，在甘肃省秦艽主要分布区天水、平凉等地区，已有2年未收购到野生秦艽。20世纪90年代初期，麻花艽的主产区天祝、古浪、民乐、山丹一带野生资源蕴藏量在100万千克，2001年调查结果，便于采挖之处已是零星偶见，收购量仅1～2吨。20世纪80年代以来，甘肃庆阳、正宁、环县等医药部门已开展了野生变家种试验，但由于生长周期长，产量少，家种效益较低，所以未形成商品。据1995年报道，全国秦艽年收购量为65万千克，而年需求量达 115 万千克，收购量仅占需求量的 56.5%，供不应求，属紧缺药材。

（部玉钢　杨鹤　张浩）

十七、三花龙胆栽培技术

三花龙胆 *Gentiana triflora* Pall. 是龙胆科龙胆属中的 1 个常见入药物种。条叶龙胆 *Gentiana manshurica* Kitag.、龙胆 *G. scabra* Bge. 及滇龙胆 *G. rigescens* Franch. 的干燥根及根茎也入药。三花龙胆、条叶龙胆和龙胆主产东北，习称"关龙胆"；滇龙胆主产云南，又称"坚龙胆"。在龙胆属中，也不乏其他入药物种。

（一）特征特性

1. 形态特征　见第一章。

2. 生长习性　三花龙胆多生长于海拔 300～1 500 米的草甸、山坡草地、灌木丛中或林中空地上。喜阴及潮湿凉爽环境，耐寒性强。在腐殖土上生长良好。

药用龙胆分布于中国东北、华北及新疆、山东、江苏、浙江、江西、福建、湖南、广东、四川、云南等地；日本、朝鲜、俄罗斯也有分布。

（二）林药间作条件下的栽培技术

1. 选地与整地　根据三花龙胆的生长特性，应选择富含有机质的土壤。要求土层深厚，土质肥沃、疏松、湿润，土壤 pH 以 7.8 为宜。地块周边环境应远离交通干道 200 米以外，且近水源，排水方便，周围不得有污染源。选好地块之后，首先耕翻土地，施基肥。施有机肥料 2 000 千克/亩左右，也可以使用鸡粪、猪粪等农家肥。然后整平垄畦，最好做成宽 80～100 厘米的平畦床，畦埂宽 25 厘米左右，畦长 3 米左右，以方便管理。对播床土壤要求特别严格，整地要精细。

2. 繁殖方法

（1）种子繁殖　三花龙胆种子休眠期长，自然发芽率低

（3%以下）。播种前需要进行催芽处理。先用清水将种子浸泡 7 天（每天用清水投洗 2～3 次），捞出种子，用低浓度的赤霉素溶液浸泡 1 小时，此时大部分种子已露白，用清水漂洗 2 次即可播种。播前要将苗床浇透，种子播完后，用细筛筛土覆盖 1 毫米，加盖塑料薄膜或草帘子。由于三花龙胆的种子很小，千粒重24～27 毫克，因此为保证播种均匀，可将沙与种子均匀混合，定量撒播（处理过的湿种子 3 克/平方米）。三花龙胆一般在播种后 6 天左右就开始出苗，15 天左右进入出苗盛期。出苗 50% 时将草帘或塑料薄膜支起。避免中午强光直射，高温时注意通风，30 天左右出苗结束。

（2）分根繁殖　当地上芽进入休眠期，生长停滞，则根茎上端的潜伏芽可形成越冬芽。根茎每节上生 1～3 条须根。将根茎切成 3 节以上、带有 5～6 条须根的切段埋入土中，第二年可长成新株。行距 20～23 厘米，株距 10～20 厘米。

（3）扦插繁殖　在 6 月选取二年生以上的地上茎，剪成 5～6 厘米长的插条，每段保留 2 个节以上，上部节保留部分叶片。将插条下端插入 20 毫克/千克萘乙酸水溶液中浸泡 18 小时，或用赤霉素 1 毫克/千克、6-苄基嘌呤 1 毫克/千克、萘乙酸 1 毫克/千克等量混合液体浸泡 48 小时。插床底部铺 10 厘米厚混合土（腐殖土、田土和粗沙等量混合），上层再铺 3～5 厘米的河沙，均需干热灭菌，浇透水，将插条插入，插完立即浇水，保持湿润。温度保持在 20～28℃，一般 10～15 天可产生不定根，25～30 天时不定根可长出 5～6 条，当不定根长到约 5 厘米时可定植到田间。

3. 田间管理

（1）除草　苗出土后用小扒锄除草，整个生育期除草 3～4 次。

（2）疏花与摘蕾　非种子田在生育开花期，为加速根茎生长，减少养分消耗，当龙胆草出现花蕾时，立即将花蕾摘除。种子田，为提高种子饱满度，每植株留 3～5 朵花，摘掉多余的花。

秋季植株枯萎后，清除地上残茎，在畦面上盖 3～5 厘米厚的粪肥或畦埂上的土，以保护越冬芽安全越冬。

（3）肥水管理　土壤干旱时，应及时浇水防旱。2～3 年生龙胆，可在生育期进行适量追肥，一般每平方米追施农家肥 3 千克、磷酸二氢铵 50 克。

4. 病虫害防治

危害龙胆的主要病害是斑枯病。在东北 6 月上中旬开始发生，7～8 月高温、高湿容易发生。病菌以分生孢子器在病株残体上越冬，翌春条件适宜时，分生孢子随气流传播危害。在叶片上形成近圆形褐色病斑，严重时全株叶片枯死。

防治方法：入冬前搞好清园，烧掉病株残株；在生育期（每年 6 月，白天气温达 20～25℃，空气相对湿度 70％以上时）要注意在发病初期（菌丝潜伏期）用 70％甲基托布津和 50％百菌清各 1 000 倍液喷雾防治，每 10 天喷 1 次，连续喷 3～4 次。

（三）采收和初加工

1. 种子收获　选三年生以上的无病害健壮植株作采种用。当果实顶端出现枯萎时，种子即成熟。一般花后 22 天果实开始裂口，采收时将果实连果柄一起摘下，放入室内阴干后脱粒。另一种方法是当种子田内植株有 30％以上的果实裂口时，将所有的植株齐地割下，捆成小把，立放于室内，半个月后将小把倒置，轻轻敲打收取种子，装入布袋中贮存。

2. 根茎收获　移栽后，生长 1～2 年即可采收。在秋季龙胆地上茎叶枯萎时，在畦头用铁锹挖深 30～40 厘米的沟，再用铁钗子按行顺沟挖出根茎，抖净泥土，晒至半干捆成小把，再晒干即可。

（四）经济效益

每亩可产干龙胆草 200～250 千克，以 60 元/千克计，每亩可收 12 000～15 000 元。

（邰玉钢　臧埔　赵岩）

十八、藿香栽培技术

唇形科藿香属植物在中国只有 1 种，即藿香 *Agastache rugosa*（Fisch. et Mey.）O. Kuntze，可入药。全国各地分布广泛，朝鲜、日本、俄罗斯也有分布。中国东北尤其是长白山区各县均有较大面积野生或半野生分布，常称东北藿香，药材名土藿香。

载入国家药典的广藿香 *Pogostemon cablin*（Blanco.）Benth.，与藿香同科不同属，是唇形科刺蕊草属植物。广藿香为广东道地药材，按主产地分为石牌藿香、高要藿香、湛江藿香及海南藿香。

（一）特征特性

1. 生长习性 喜温暖潮湿气候，怕干旱和霜冻。苗期喜湿度大的环境，成株期喜暖、喜湿，增加日照有利于提高含油率。有一定的耐寒性。适宜在云南海拔 1 100～1 800 米、年均气温 15～21℃、相对湿度 60%～75%、年降水量 700～1 800 毫米的地区栽培。一般作为一年生种植。对土壤要求不严，但以排水良好的沙质壤土最佳；易积水的低洼地种植，容易发生根部腐烂而死苗。

2. 生育特点 3 月下旬至 4 月上旬播种，气温在 13～18℃ 范围内，10 天左右可出苗。藿香茎叶中的有效成分含量从苗期到孕穗期呈上升趋势，以 6～9 月挥发油含量最高，以后增长减慢，木质化的老茎中有效成分含量最低，所以应适时收获。花期一般为 6～8 月，果期为 7～9 月。

（二）林药间作条件下的栽培技术

1. 选地与整地 选择地势高燥、排水良好的沙质土壤或壤土地种植。施足底肥，每亩施农家肥 2 000～3 000 千克、普钙 30～40 千克，均匀撒施，深翻入土，整平耙细。开沟理墒，春播理成 1.2～1.3 米宽的高墒，墒高 15～20 厘米；秋播则理成 1.8～2 米宽的矮墒，墒高 10～15 厘米，有利于排水和保墒，以备种植。

2. 繁殖方法　种子繁殖或分根繁殖，多用种子繁殖。

(1) 种子繁殖　可春播也可秋播。北方地区多春播，南方地区为秋播。分育苗移栽和直播，多数地区采用直播。5～6 月收割藿香时正值现蕾开花期，留种田不收，待种子大部分变成棕色时收割。收割后置于阴凉处后熟数日，晒干脱粒。秋播于 9～10 月抢墒播种。在整好的墒面上，按株行距 30 厘米×30 厘米打塘，塘深 3～5 厘米，平底大塘，施人畜尿每塘 0.5～1 千克后，将浸泡过的种子趁潮拌草木灰后，均匀地播于塘内，每塘播种 5～6 粒，盖 1～2 厘米薄土。久晴不雨应及时浇水。产量较高，适宜中低海拔地区应用。

春播即 2～3 月抗旱播种。顺墒按行距 25～33 厘米，划 1.5～2 厘米深的小浅沟，将粪水顺沟浇施后，把拌过草木灰的种子均匀地撒于沟中，每亩播种 3～4 千克，覆土 1～2 厘米厚，适当压实，以后保持土壤湿润。春播产量较低。

(2) 育苗　苗床通过精细整地后进行播种。播种前，每公顷施腐熟人畜粪水 22 500～30 000 千克，湿润畦面并作基肥。然后将种子拌细沙或草木灰，均匀地撒入畦面，用竹扫帚轻轻拍打畦面，使种子与土紧密接触，最后畦面盖草，保温保湿。种子萌发后，揭去盖草，出苗后进行松土、除草和追肥。当苗高 12～15 厘米时移栽。

(3) 扦插繁殖　一般 10～11 月或 3～4 月扦插育苗。雨天选生长健壮的当年生嫩枝和顶梢，剪成 10～15 厘米带 3～4 个节的小段，去掉下部叶片，插入 1/3，插后浇水盖草。

3. 田间管理

(1) 间苗补苗　气温在 13～18℃ 时进行间苗，条播可按株距 10～11 厘米，两行错开定苗；穴播的每穴留壮苗 3～4 株。移栽成活后发现缺株，应在阴天进行补苗，栽后浇 1 次稀薄人畜粪水，以利成活。

(2) 中耕施肥　除草和施肥每年进行 3～4 次。第一次在苗高 3～5 厘米时进行松土，并拔除杂草，松土后每公顷施稀薄人畜粪水 15 000～22 500 千克；第二次在苗高 7～10 厘米时进行第一次间苗后，结合中耕除草，每公顷施人畜粪水 22 500 千克；第三次在苗高 15～20 厘米时进行，中耕除草后，每公顷施人畜粪水 22 500～30 000 千克；第四次在苗高 25～30 厘米时进行，中耕除草后，每公顷施人畜粪水 30 000 千克，封垄后不再进行追肥。每次收割后都应中耕除草和追肥 1 次。苗高 25～30 厘米时第二次收割后进行培土，保护老蔸越冬。

（3）排灌水　雨季要及时疏沟排水，以防积水引起植株烂根。旱季要及时浇水，抗旱保苗。

4. 病虫害防治

（1）轮纹病　主要危害叶片。在叶片上产生近圆形、暗褐色、具轮纹、无边缘病斑，病叶早枯早落。防治方法：冬前收集病残体烧毁，减少初侵染菌源；发病初期喷洒 50％硫菌灵悬浮剂 1 500～2 000 倍液，或 77％可杀得可湿性粉剂 500～700 倍液，视病情决定喷药次数。

（2）枯萎病　常发生于 6 月中旬至 7 月上旬的梅雨季节。被害植株萎垂、青枯、根腐、死亡。多雨、低洼地、黏土地发生严重。防治方法：清除田间枯枝落叶，集中处理；疏沟培土，排除田间积水；发病初期拔除病株，选 50％多菌灵可湿性粉剂 1 000 倍液，灌病塘及附近植株根部，以防蔓延；或喷施 10％双效灵水剂 500 倍液。

（3）朱砂红叶螨　又叫红蜘蛛。6～8 月天气干旱、高温低湿时发生。以成、若虫聚集在叶背刺吸汁液，被割处初成小斑，后期被害斑扩大，全叶失绿黄化，最终脱落。防治方法：收获时要清洁田间，收集落叶集中烧毁；早春清除田边、沟边杂草；适当灌水增加湿度，减轻发生；发生初期用 20％松脂合剂乳油 1 000 倍液，每隔 7～10 天喷 1 次，连喷 2～3 次，效果良好。

（4）银纹夜蛾　又叫夜盗虫。4～5月第一代幼虫发生危害时，咬食叶片呈孔洞或缺刻，严重时被食成网状。防治方法：冬季清园集中烧毁；发生初期喷洒 2.5％天王星乳油 1 500～2 000 倍液，或 5％鱼藤酮乳油 1 500～2 000 倍液，或 25％苏云金杆菌乳油 2 000～3 000 倍液，任选一种效果均好，根据虫情决定喷药次数。

（三）采收和初加工

1. 采收　4～6月采摘嫩茎叶或幼苗食用；现蕾开花时，采摘花序洗净、切段，放入酱中调味。

春播为一年生种植，9～10月收获，可连收 2 年，产量以第二年为高；冬季收获后应施肥培土，以保次年丰收。秋播为二年生种植，6～7月植株枝叶茂盛、花序抽出而未开花时进行第一次收获，第二次在 10 月收获。

2. 初加工　6～7月收获时择晴天齐地面割取全草，薄摊晒至日落后，收回重叠过夜，次日再晒，于日落后收行，次晨理齐捆扎包紧，以免散失香气。10月收获时迅速晾干、晒干、烘干，即可药用。

（四）市场行情

藿香为家种药材，2001—2002 年价格多低位运行在 2～3 元/千克。2003 年逢"非典"疫情，价格一度升至 45 元/千克，年底落至 8 元/千克。该年高价刺激种植，2004 年产新货量很大，价格回落至 3.2 元/千克。2005 年价稳，年底又逢"禽流感"疫情，市价最高升至 9 元/千克。2006 年 8 月产新后回落至 4.5 元/千克，近几年多在 4.5～5 元/千克运行。2009 年受疫情的影响，价格再升，11 月升至 10 元/千克，12 月回落至 8 元/千克左右。该品种价格较其他经济作物优势不大，但是属于"流感"配方品种之一，2009 年涨幅较大，现价格虽稍有回落，预计后市随货源消化将仍有商机。

（李　琳）

十九、益母草栽培技术

益母草属于唇形科（Lamiaceae）益母草属（*Leonurus*）植物，一年生或二年生草本，是中药益母草和茺蔚子的主流种。与其功效相同的尚有变种白花益母草，与原种不同之处仅在于花冠白色。细叶益母草与益母草近似，但茎中部的叶及花序上的叶3裂，每裂片再分裂成条状小裂片，花较大。益母草在全国大部分地区均有分布。白花益母草主产于江苏、福建、广东、广西、贵州、云南、四川等地。细叶益母草主产于内蒙古、河北、山西及陕西等地。

（一）特征特性

1. 生长习性　喜温暖湿润环境，耐严寒。一般土壤均可栽种，但以土层深厚、富含腐殖质的壤土及排水好的沙质壤土栽培为宜。

2. 生育特点　早熟益母草春播、夏播、秋播均可。冬性益母草必须于秋季9～10月播种。春性益母草秋播与冬性益母草播种时期相同，春播于2月下旬至3月下旬进行，夏播在6月下旬至7月下旬进行。春播益母草15～20天出苗，夏播5～10天即可出苗，秋播15天左右出苗。在海拔1 000米以下的地区可一年两熟，即秋、春播种者于6～7月收获，随即整地播种，于当年10～11月收获。

（二）林药间作条件下的栽培技术

1. 选地与整地　益母草对土壤要求虽不严，但仍以肥沃、排水良好、又能保水耐旱、pH 6～8的中性土壤为好。可与果树幼林进行间作，也可种植于疏林地。选好地后于播种前深翻25～30厘米，亩施腐熟堆肥或厩肥2 000千克左右，翻入土中，耙细整平，平地做畦。一般畦宽120厘米，畦沟宽30厘米，沟深15厘米，畦面呈瓦背形。坡地可不开畦。因地制宜开好排水沟，以利排水。整地时施足腐熟的有机肥或速效复合肥作基肥。

2. 繁殖方法　用种子繁殖。以直播方法种植。育苗移栽者亦有，但产量较低，仅为直播的 60%，故多不采用。

播种前将益母草种子用火灰或细土拌匀，再用适量人畜粪水拌湿为"种子灰"，以便播种。生产上多以点播和条播为主。点播是在整好的畦面上按行距 25 厘米、穴距 23 厘米开穴，穴深 3～5 厘米，每穴施入人畜粪水，将"种子灰"播入穴内，注意尽量使"种子灰"散开，不能成一团，播后不另覆土，亩用种子 0.3～0.4 千克。条播是在整好的畦面上按行距 25 厘米开深 5 厘米的播种沟，播幅 10 厘米，沟中施入人畜粪水，将"种子灰"均匀地播入沟内，不另覆土，亩用种子 0.5 千克。

3. 田间管理

（1）间苗补苗　苗高 5 厘米时开始间苗，后续间苗 2～3 次，至苗高 15～20 厘米时定苗。定苗时每隔 15 厘米留壮苗 1 株。每亩保持存苗 3 万～4 万株。间苗时若发现缺苗，要及时移栽补植。

（2）中耕除草　春播者中耕除草 2～3 次，中耕宜浅；夏播按植株生长情况适时中耕除草；秋播者中耕除草 3～4 次，第一次在 12 月前后间苗时进行，第二年视杂草及苗生长情况进行。

（3）施肥　一般追肥结合中耕除草进行。肥料以氮肥为主，用尿素、硝酸铵、人畜粪尿均可，用水稀释后施用。幼苗期可适量减少尿素用量或不施用，以免"烧苗"。

（4）排灌　天旱应及时浇灌，以免干旱苗枯。雨后应及时疏沟排水，以免地面积水，使植株溺死或黄化。

4. 病虫害防治

（1）白粉病　危害叶及茎部。受害叶片变黄褪绿，生有白色粉状物，重者可致叶片枯萎。防治方法：可用 50% 多菌灵可湿性粉剂 500～1 000 倍液喷雾。

（2）锈病　危害叶片。发病后，叶下表面出现赤褐色突起，上表面生有黄色斑点，导致全叶卷缩枯萎脱落。防治方法：可用 97% 敌锈钠 200～250 倍液喷雾防治。

（3）地老虎 危害幼苗。低龄幼虫常把叶片食成小孔，3龄以上幼虫还会把作物幼苗从茎基咬断。防治方法：小地老虎于早晨捕杀或堆草诱杀。

5.留种技术 应先选留留种区或在田间选择品种纯正、生长健壮、子粒饱满、无病虫害的植株留种。当种子充分成熟后，单独收获，因成熟种子易脱落，可于田间初步脱粒，将植株运至晒场放置3～5天后进一步干燥，再翻打脱粒，筛去叶片粗渣，晒干，风扬干净即可。然后存放在干燥阴凉处，防止受潮、虫蛀和鼠害，贮藏备用。

（三）采收和初加工

1.药用

（1）采收

①采收全草：应在枝叶生长旺盛、每株开花达2/3时收获。秋播者在芒种前后（5月下旬至6月中旬），春播者在小暑至大暑期间（7月中旬），夏播者以不同播种期在花开2/3时，适时收获。收获时，在晴天露水干后，齐地割取地上部分。

②采收种子：应待全株花谢，果实完全成熟后收获。果实成熟易脱落，收割后应立即在田间脱粒，及时集装，以免散失减产。也可在田间置打子桶或大簸箩，将割下的全草放入，进行拍打，使易落部分的果实落下，株粒分开后分别运回。

（2）初加工 益母草收割后，及时晒干或烘干，在干燥过程中避免堆积和雨淋受潮，以防其发酵或叶片变黄，影响质量。然后贮藏在防潮、防压、干燥处，贮存期不宜过长，否则易变色。

2.食用

（1）采收 当植株长至30～40厘米时，即可陆续采收。采收时，可将大叶片剪下，也可将植株从根部5～10厘米处割下，留下部分萌生侧芽。其嫩茎叶可连续采收多次，每次采收后及时浇水及追肥，以促进新枝生长。

（2）初加工 益母草收割后，及时晒干或烘干，在干燥过程中避免堆积和雨淋受潮,以防其发酵或叶片变黄,影响质量。茺蔚子在田间初步脱粒后,将植株运至晒场放置 3～5 天后进一步干燥,再翻打脱粒,筛去叶片粗渣,晒干,风扬干净即可。

(四) 市场行情

益母草为药食两用药材,需求量大。在全国各地都能生长,但分布零星,野生采集很困难,家种又很少。据实地考察,家种益母草产量很高,每年可割 2 茬,晒干后亩产 1 500～1 600 千克。随着运输费用的提高,益母草进入市场的大货已显少,但是随着货源的不断外销,市上存量已明显减少,价格出现稳步上涨,现统货市场售价 4.3～4.5 元/千克,短期内行情趋于稳定。

(魏胜利　徐立军)

二十、薄荷栽培技术

薄荷分大叶和小叶两个类型。一般应选择大叶类型,其适应性强,生长快,茎秆含油量高,品质好。

(一) 特征特性

1. 生长习性　性喜湿润,适应性强。耐寒,在上海能露地越冬,但连续栽 3 年后植株生长不良,耐寒力也明显减弱。需要充足的阳光,不适宜在荫蔽条件下栽培。

2. 生育特点　对环境条件的适应性较强,在全国各地均能种植。一般喜阳光充足、温暖、湿润的环境,耐热、耐寒能力强,温度在 30℃ 以上时仍能正常生长,在 -20～-30℃ 的低温地下根茎仍能存活。早春当地表温度达到 5℃ 左右时开始萌发出土,幼苗可耐 -5℃ 的低温,一般适宜生长的温度为 25～30℃,昼夜温差越大,越有利于植株体内精油的积累。喜潮湿,但怕涝,一般田间持水量在 75% 较有利于生长,但各生育期对水分的要求不同,苗期和花期需水较多,第二茬需水较少。

(二) 林药间作条件下的栽培技术

1. 选地与整地　对土壤要求不严,一般土壤均适合生长,尤其是沙壤土、壤土更适合生长。土壤盐碱过大,可导致植株矮小，生长缓慢，影响产量。土壤 pH 以 6.5～7.5 为宜。

2. **繁殖方法** 由于种子繁殖变异较大，生产上一般采用根茎繁殖和分枝繁殖两种方式。

北京地区采用根茎繁殖法，在 4 月初将地下根茎挖出，选健壮无病虫的新鲜根，切成 5～8 厘米的根段，按宽窄行种植，宽行距 60 厘米、窄行距 40 厘米、株距 10 厘米，将根段摆在已开好的播种沟内，然后覆土。大田需种根量为 80～100 千克/亩。

3. **田间管理**

(1) 除草 苗期气温较低，必须在封行前（苗高 15～20 厘米）松土除草 1～2 次。松土时靠近植株处浅松，行间可深些，雨后土壤板结及时松土。在收割前还应人工除杂草 1 次，以免收割时混入，影响精油的质量。也可采用化学除草，一是苗前封闭处理（未出苗和杂草未出土时），每亩施用 25%敌草隆可湿性粉剂 200 克，或 25%绿麦隆可湿性粉剂 200 克；或 80%伏草隆可湿性粉剂 100 克，或果尔 24%乳油 66 毫升，或 25%敌草隆可湿性粉剂 125 克＋25%绿麦隆可湿性粉剂 150 克，或 25%绿麦隆可湿性粉剂 100 克＋20%克无踪水剂 100 毫升。此方法一般头茬不需用，在第二茬上施用，第二茬施用是在头茬收割后 3 天之内。二是苗后茎叶处理（苗龄 5 叶期以上，杂草草龄 6 叶期以下时），每亩施用 5%精禾草克乳油或 10.8%高效盖草能乳油 60 毫升，或 25%灭草松水剂 300 毫升，或 48%排草丹水剂 150 毫升，或 25%敌草隆可湿性粉剂 200 克，或 25%绿麦隆可湿性粉剂 100 克＋48%排草丹水剂 100 毫升。此方法施用后对薄荷有轻微伤害，但 6 天后生长可恢复正常。

(2) 施肥 在整个生育期追肥 1～2 次。当株高 10 厘米时，可施提苗肥，亩施尿素 5～8 千克；第二次施肥可根据长势，在 6 月上中旬每亩施磷肥 3 千克、尿素 5 千克，以促进薄荷健秆增油，提高产量。

4. **病虫害防治** 常见病害为菌核病。

(1) 病原 病原为核盘菌 *Sclerotinias clerotiorum*（Lib.）de Bary，属子囊菌亚门核盘菌属真菌，无性世代属丝核菌属（*Rhizoctonia*）。菌丝无色，直角或锐角分枝，近分枝处有缢缩和分隔；初分枝菌丝呈棒状，无分隔，缢缩不明显。田间病叶上产生的菌丝为蚕丝状，属初期菌丝，细胞较长，分枝少。菌核半球形或不规则形，直径小的 1 毫米左右，大的可达 3.5 毫米左右，一般为 1.5 毫米左右，初期表面乳白色，继之褐色至深褐色，表面粗糙。

植株下部叶片首先发病，叶片上出现不规则水渍状暗绿色或黄褐色或深褐色病斑。3～4 天后，湿度大时在病斑上可看到不明显的轮纹，上面布满蚕丝状灰白色霉层（菌丝），病叶变黑褐色腐烂；湿度小时在病斑上未见到轮纹，上面布有白色霉点（菌丝），病叶发黄萎蔫萎缩。7～10 天后，环境不适则茎秆表皮破裂萎缩，上部叶凋萎发黄，中、下部叶黑褐色萎谢；环境适宜则病叶腐烂发黑脱落成光秆，茎秆发黑枯死。

(2) 农业防治措施

①降湿灭渍开墒挖沟：可降低地下水位，墒墒通沟、沟沟通河，排水畅通，雨止田干，减轻湿度消灭渍害，创造一个有利于作物生长而不利于病害发生的环境。一个田块，两头出水，三沟配套，四面脱空。墒沟间距 2.4 米，腰沟间隔 30 米，田块沟间距离 50 米。头茬和二茬薄荷出苗后，均要及时进行清沟埋墒。

②科学施肥控制氮肥，增施磷钾肥：可协调植株体内氮、磷、钾的比例，增强抗病能力。基肥以有机肥为主，化肥为辅；化肥以磷钾肥为主，氮肥为辅。追肥以化肥为主，有机肥料为辅；有机肥料以氮肥为主，磷钾肥为辅，氮、磷、钾比例为 1∶0.65∶0.15。

③轮作换茬：实行连年换茬，最好水旱轮作，以减少菌源。

在苏北东台地区大致有两种轮作方式：一是一年二熟制。第一年夏熟为麦子或油菜，秋熟为水稻、玉米、大豆；第二年夏熟是薄荷,秋熟是薄荷或赤豆、菊苣、蔬菜等。二是二年五熟制。第一年夏熟为大麦或蚕豆,早秋熟为玉米,晚秋熟为赤豆、菊苣、胡萝卜等;第二年夏熟是薄荷,秋熟是薄荷或菜豆、菊苣、蔬菜等。

④合理密植:薄荷分枝力强,分枝多,节位低。头茬适宜密度约1万株/亩,行距为0.4米左右,株距为0.17米左右;二茬适宜密度为4万株/亩以上,过密必须进行人工间苗或机械疏苗,以控制密度而增强通风透光。

⑤以药剂保护为主,辅以药剂治疗:在短时间降雨(如雷阵雨)后,及时施药预防1次;在梅雨(连阴雨)期间,每隔7天防治1次,连续2~3次;在发病高峰(或大发生)的初期治疗2~3次,每次施药间隔5天。药剂防治每亩可选用40%多菌灵胶悬剂150毫升、70%甲基托布津可湿性粉剂75克或75%百菌清可湿性粉剂150克,防效在70%以上;20%三唑酮乳油50毫升,防效65%。

(三)采收和初加工

1. 采收 薄荷每年可收割2茬,5~8月采收。第一次在7月下旬,正值初花时节,大田60%的植株开2、3轮花序时,植株茎叶含油最高,为最佳收割期。收割时应选择连续晴天的上午,在阴雨大风、阳光不强的天气收割对产量影响很大。

2. 初加工 收割后在地上摊晒七成干时即可蒸馏加工。每年收割2次,将收割好的薄荷放入蒸锅,以提取薄荷油。

(四)市场行情

薄荷平均亩产精油35千克。根据市场价格动向,精油价格达200元/千克,亩产值达7 000元。经过蒸锅提油后的茎叶是非常好的饲料,可喂食牛羊。

(王俊英 李琳 谷艳蓉)

二十一、丹参栽培技术

目前发现鼠尾草属共有40多个种(含变种、变型)的根及根茎可作丹参使用，有近 30 个种进行过化学成分含量研究，其中脂溶性成分含量高的种类有甘西鼠尾草、三叶鼠尾草、毛地黄鼠尾草、橙色鼠尾草、云南鼠尾草、南丹参、栗色鼠尾草、黄花鼠尾草、红根草、皖鄂丹参等。

（一）特征特性

1. **生长习性**　丹参生于林边地堰、路旁山坡等光照充足的地方。怕涝，耐寒。对土壤要求不严格。

2. **生育特点**　丹参地上部分生长最适气温在 20～26℃。平均气温 10℃以下，地上部分开始枯萎。抗寒力较强，初次霜冻后叶仍保持青绿。根在气温－15℃左右、最大冻土深度 40 厘米左右仍可安全越冬。种子一般在 18～22℃情况下，保持一定湿度，2 周左右可出苗。根段一般在地温 15～17℃开始萌发不定芽和根，一般 1 周左右发新根，20 天左右发不定芽。人工栽培以选择土层深厚、质地疏松的壤土或沙质壤土为宜，过黏或过沙的土壤不宜种植。3～5 月为茎叶生长旺季，4 月开始长茎秆，4～6 月枝叶茂盛，陆续开花结果，7 月之后根生长迅速，7～8 月茎秆中部以下叶子部分脱落，果后花序梗自行枯萎，花序基部及其下面一节的腋芽萌动并长出侧枝和新叶，同时基生叶又丛生。此时新枝新叶能加强植物的光合作用，受伤或折断后能产生不定芽和不定根，故在生产上应广泛采用根段育苗，是提高丹参产量的有效办法。

（二）林药间作条件下的栽培技术

1. **选地与整地**　选择排灌良好、酸碱度近中性、微酸或微碱性的土地。每亩施圈肥或土杂肥 1.5 万～2 万千克，捣细撒于地内。深耕 30～40 厘米，耙细整平，做 90 厘米宽的平畦，畦埂宽 24 厘米。播种时如土壤干旱，先浇水灌畦，待水渗下后再种植。

2. **繁殖方法**　常有种子、扦插、分株、根段等繁殖方法。现以根段繁殖产量高，生产上以根段育苗移栽和分株繁殖为主。

（1）种子育苗　7～8月种子成熟后，分期分批采下种子及时播种。在整好的畦内，按行距12～15厘米，开1.5厘米深的浅沟，将种子掺沙均匀地撒于沟内，覆土耧平，稍加镇压。土壤湿润，一般播种后10～15天即可出苗。每亩用种量1～1.5千克。苗高9～12厘米时，移栽地按行距24～30厘米、株距9～12厘米，挖9厘米左右深的穴，每穴栽2～3株。栽后浇水，待水渗下后培土，压紧，以提高成活率。也可以在7～8月直播，按行距24～30厘米开沟，方法与种子育苗相同。每亩用种量1～1.5千克。当年播种，如浇水、施肥等管理措施及时，生长良好，第二年年底收刨，亩产可达250千克左右。

（2）分株繁殖　在早春或晚秋收刨丹参时，将根剪下供药用。根据自然生长情况，大的芦头可分为3～4株，小的可分为1～2株或不分，一般根上部留3～6厘米（秋季收刨的需剪去茎秆）。将分好的芦头按行距24厘米、株距21厘米，在已整好的畦地里挖穴栽种，深度与原来在地里相同。栽后立即浇水，待水渗下后培土压紧。晚秋栽种的，年前不能萌发新芽，在每墩上面盖6～9厘米厚的土，既可防旱保墒，又能避免人畜踩伤幼芽。早春分株栽后，也得培土压紧，及时浇水，即可成活。

（3）根段繁殖　早春收刨丹参时，选择向阳避风处，挖深30厘米、宽30厘米、长不定的东西畦向育苗池。池底铺一层骡马粪或麦穰作酿热物，厚6～7厘米，上面再铺一层沙或炉灰、土杂肥或圈肥与土混合好的育苗土，厚10～15厘米。在育苗池的四周用土坯或砖垒成北高南低的矮墙。在惊蛰前后，选择粗壮、色鲜红、粗0.5～1厘米、无病虫害的新根。种根以根的上、中段为好，整理成把，剪成6～7厘米长的根段。有条件的地区根下端可浸泡于50毫克/千克ABT生根剂溶液中2小时，然后垂直或略倾斜插于育苗池内，株距1.5～2.5厘米，根上、下端不能倒置。选用根段繁殖后存下老母根可按大田分株移栽方法种植在大田中。扦插完后，覆1厘米厚的土，轻轻拍平，然后用

30～40℃温水喷洒池面,一次浇透,用塑料薄膜覆盖严密。池墙上可架秫秸或竹竿,以防塑料布下榻。为了防止夜间低温或寒流,覆盖稻草帘子,做到早晨揭晚上盖。育苗池要保持土地湿润,浇水要选择温暖有阳光的中午进行,最好浇温水,浇水后及时将塑料薄膜盖好封固。育苗池温度保持在 20～25℃,约 20 天幼苗萌发出土,30 天新叶展露。如池内温度超过 30℃,则需及时通风降温(一般揭开两侧薄膜即可)。待苗高 2～3 厘米时,选择温暖有太阳的中午,揭开薄膜晒苗。北方寒冷地区晚上仍需覆盖塑料薄膜,南方地区不用覆盖塑料薄膜。苗高 6～9 厘米时即可移栽,移栽时间常在谷雨前后。整个育苗期 40～50 天。移栽前,在育苗池内浇水。用小铲挖苗,不可用手拔。移植大田的密度与方法与分株繁殖相同。

(4)根段大田直播 选 0.5～1 厘米粗、色鲜红的根,在大田墒情好的情况下直播,保证根的上头向上,可提早发芽,提高产量。一般株行距 20 厘米×25 厘米,每亩用鲜根 35～50 千克,栽时用手现折现栽,不可用刀切。

3. 田间管理

(1)覆膜 春季清明前播种,播种后立即覆盖塑料薄膜,周围用细土压严,防止进风。阳畦和小拱棚育苗,夜间要加盖草苫。夏至至处暑前育苗的,应在苗床上加遮阳设施,防止灼伤幼苗。出苗后要及时间苗拔草,第一次间苗应在子叶充分展开时进行,苗距 1～1.5 厘米;第二次间苗在 2 叶时进行,苗距为 2～3 厘米。苗床土壤的适宜含水量是 20%～22%,当苗床土壤含水量降低到 17%时应及时浇水。

(2)蹲苗 幼苗返青之后,要经常松土浅锄。一般不浇水以利根向下深扎,使新生根向下生长,少出细侧根和纤维根,以利提高丹参质量。

(3)排灌 移植后缓苗前应保持畦地湿润,确保成活。成活后一般不浇水。分株和根段繁殖的地块,若在春季收刨,需浇好封冻水。雨季要及时排水，以防烂根。追肥后要浇水。

（4）施肥　在开始现蕾雨季封垄之前，可结合中耕，每亩追尿素 30 千克和复合肥 15 千克，或磷酸二铵 20 千克。丹参根段繁殖的应重施基肥，促使丰产丰收。

（5）摘蕾　6～7 月，除留种用外，及时摘去花蕾。

4. 病虫害防治

（1）根腐病　5～11 月发生，尤其在高温多雨季节危害严重，可使植株枯萎死亡。防治方法：雨季注意排水，发病初期用 50％托布津 800～1 000 倍液浇灌。

（2）根结线虫病　沙性重的土壤，因透气性好，易发病。

（3）棉铃虫　幼虫钻食蕾、花、果，影响种子产量。

（4）银纹夜蛾　幼虫咬食叶片，夏秋多发。

此外，还有蛴螬、蚜虫等危害，应注意防治。

对以上害虫以化学防治为主。

（三）采收和初加工

1. 采收　种子繁殖一般 2～3 年才能收获。分株繁殖一般 1.5～2 年即可收刨，管理措施得当，1 年即可收获。根段育苗移栽 1 年就能收刨，一般在霜降到立冬之间或春季发芽之前刨收。在畦的一端顺行深刨，防止刨断。

2. 初加工　将根刨出后，去净泥土，晒干（防止雨淋或水洗），去净须根和附土，即可供药用。每 3 千克左右鲜根可加工成 1 千克干货，以条粗、色紫红、无须根、杂质少者为佳。一般亩产干品 400～500 千克。

（四）市场行情

丹参以家种为主，从 1995 年到 1999 年价格持续攀升，从 3.5 元/千克升至 14 元/千克，2000 年开始回落，到 2002 年回落至 3 元/千克。2003 年后价格逐渐有起色，2004、2005 年价格在 5 元/千克左右，2006 年初升至 6.5 元/千克，2007 年 8 月升至 13 元/千克，2008 年稳定在 11 元/千克左右。2009 年上半年运行于 5 元/千克左右，下半年逐步回升，11 月升至 7.5 元/千克，12 月升至 9 元/千克。该品种年用量巨大，为 15 000 吨左右。

（王俊英　李琳　佟国香）

二十二、黄芩栽培技术

黄芩为唇形科黄芩属植物黄芩的干燥根，别名黄金条根、山茶根、黄芩茶，是中国常用的大宗药材之一。黄芩始载于《神农本草经》，列为中品，其性寒味苦，具有清热燥湿、泻火解毒、止血安胎的作用，为清凉解热药。黄芩属种质资源丰富，现知有 10 多种植物入药。近年来野生黄芩被大量采挖，人工栽培虽取得一些成果，但目前还没有培育出品质优良的品种。黄芩在中国的分布以北方为主，其中山西产量最大，河北承德质佳。

（一）特征特性

1. 生长习性　黄芩常野生于山顶、山坡、林缘、路旁等向阳干燥的地方。喜温暖凉爽气候，耐寒、耐旱、耐瘠薄，成年植株地下部分可耐 $-30℃$ 的低温，$35℃$ 高温不致枯死。耐旱怕涝，地内积水或雨水过多则生长不良，重者烂根、死亡。黄芩在排水不良的地块不宜种植，适宜生长在阳光充足、土层深厚、肥沃的中性和微碱性土壤或沙质土壤环境。

野生黄芩在中温带山地草原常见，分布于海拔 $500\sim1\,500$ 米的向阳山坡或高原，年平均气温 $-4\sim8℃$，最佳年平均气温为 $2\sim4℃$；年降水量 $400\sim600$ 毫米；土壤 pH 为 7 或稍大于 7。

2. 生育特点　黄芩为唇形科多年生草本植物，播种后第二年秋季地上部枯萎时或第三年初春芽未萌动时刨收。黄芩播种后 15 天左右出苗，苗高 $10\sim15$ 厘米时即可定植。黄芩出苗或返青后在 6 月下旬至 7 月上旬现蕾，现蕾后约 10 天开花，开花后 22 天左右种子成熟，果实发育一般需 $41\sim43$ 天。8 月上旬以后种子陆续成熟。黄芩在 8 月中旬前以地上部分生长为主，8 月下旬至 9 月上旬为以地上部分生长为主转入以地下部分生长为主的过渡时期，9 月上旬以后转入以地下部分生长为主，生长至第三年，部分根开始枯空。

黄芩种子收获后有 6 个月的成熟期，种子保质期在一般情况下只有 12 个月，所以播种必须使用新种子，发芽率应达到 80%以上，方能保证在田间出苗。新种子的颜色为深黑色，子粒饱满，大小均匀，色泽鲜明。存放时间稍长，种子颜色会变淡，贮存时间较短。

（二）林药间作条件下的栽培技术

1. 选地与整地　黄芩性喜温暖、光照充足。成年植株能忍耐—30℃低温，耐干旱瘠薄，在荒山灌木丛中均能正常生长。但怕水涝，忌连作。宜选择排水良好、光照充足、土层深厚、富含腐殖质的淡栗钙土或沙质壤土地块，也可在幼龄果树行间以及退耕还林地的树间种植，但不适宜在枝叶茂密光照不足的林间栽培。黄芩的林间种植有效减少了山坡地和沙质土地的水土流失。在种植前施足基肥，每亩施优质腐熟的农家肥 2 000 千克，之后深耕土地 25～30 厘米，耙细耙平，做成平畦备播，一般畦宽1.2 米。

2. 繁殖方法　黄芩以种子繁殖和分株繁殖为主，扦插繁殖极少。

（1）种子繁殖　种子直播的播期根据当地条件适当掌握，以能达到苗全苗壮为目的。春播在 4～5 月，夏播一般在 6～8 月，也可在 11 月冬播，以春播产量最高。无灌溉条件的地方，应在雨季播种。黄芩一般采用条播，按行距 30～35 厘米开 2～3 厘米深的浅沟，将种子均匀播入沟内，覆土 0.5～1 厘米厚，播后轻轻镇压。每亩播种量 1.5～2.0 千克，因种子细小，为避免播种不匀，播种时可掺 5～10 倍细沙或小米混匀后播种。如土壤湿度适中，15 天左右即可出苗。

（2）分株繁殖　可在收获时进行。采收时选取高产优质植株，切取主根留作药用，根头部分供繁殖用。冬季采收的可将根头埋在窖内，第二年春天再分根栽种。若春季采挖，可随挖随栽。为了提高繁殖数量，可根据根头的自然形状，用刀劈成若干个单株，每个单株留 3～4 个芽眼，然后按株行距 5 厘米×35 厘米栽于田中。分株繁殖成活率高，生长快，可缩短生产周期。

3. 田间管理

（1）间苗　幼苗长到 4 厘米高时，间去过密和瘦弱的小苗，按株距 10 厘米定苗。育苗的不必间苗，但需加强管理，除去杂草。干旱时还需浇清粪水。在幼苗长至 8～12 厘米高时，选择阴天将苗移栽至田中。定植行距为 35 厘米，株距为 10 厘米，移栽后及时浇水，以确保成活。

（2）中耕除草　第一次除草一般在 5 月中下旬，结合中耕拔除田间杂草，中耕要浅，以免损伤黄芩幼苗；第二次除草一般在 6 月中下旬追肥前，中耕不要太深，结合间苗把草除净；第三次除草一般在 7 月中下旬，此时要拔除田间杂草，并进行深中耕。

（3）追肥　苗高 10～15 厘米时，用人畜粪水 1 500～2 000 千克/亩追肥 1 次，助苗生长。6 月底至 7 月初，每亩追施过磷酸钙 20 千克、尿素 5 千克，在行间开沟施下，覆土后浇水 1 次。第二年返青后于行间开沟亩施腐熟厩肥 2 000 千克、过磷酸钙 50 千克、尿素 10 千克、草木灰 150 千克或氯化钾 16 千克，然后覆土盖平。

（4）灌溉与排水　黄芩一般不需浇水，但如遇持续干旱时要适当浇水。黄芩怕涝，雨季要及时排除田间积水，以免烂根死苗，降低产量和品质。

（5）摘除花蕾　在抽出花序前，将花梗剪掉，减少养分消耗，促使根系生长，提高产量。

4. 病虫害防治

（1）叶枯病　在高温多雨季节容易发病。开始从叶尖或叶缘发生不规则的黑褐色病斑，逐渐向内延伸，并使叶干枯，严重时扩散成片。防治方法：①秋后清理田园，除尽带病的枯枝落叶，消灭越冬菌源。②发病初期喷洒 1∶1∶120 波尔多液，或用

50%多菌灵 1 000 倍液喷雾防治，每隔 7～10 天喷药 1 次，连喷 2～3 次。

（2）根腐病　栽植 2 年以上者易发此病。根部呈现黑褐色病斑以致腐烂，全株枯死。防治方法：①雨季注意排水、除草、中耕，加强苗间通风透光，并实行轮作。②冬季处理病株，消灭越冬病菌。③发病初期用 50%多菌灵可湿性粉剂 1 000 倍液喷雾，每 7～10 天喷药 1 次，连用 2～3 次；或用 50%托布津 1 000 倍液浇灌病株。

（3）黄芩舞蛾　黄芩舞蛾是黄芩的重要害虫。以幼虫在叶背作薄丝巢，虫体在丝巢内取食叶肉。防治方法：①清园，处理枯枝落叶及残株。②发病期可配合化学防治。

（4）菟丝子病　幼苗期菟丝子缠绕黄芩茎秆，吸取养分，造成早期枯萎。防治方法：①播前净选种子。②发现菟丝子随时拔除。③喷洒生物农药鲁保 1 号灭杀。

5. 留种技术　留种田在开花前追施过磷酸钙 50 千克/亩、氯化钾肥 16 千克/亩，促进开花旺盛、子粒饱满；花期注意浇水，防止干旱。黄芩花果期较长，7～9 月共 3 个月，且成熟不一致，极易脱落。当大部分蒴果由绿变黄时，边成熟边采收，也可连果剪下，晒干打出种子，除去杂质，置干燥阴凉处保存。

（三）采收和初加工

1. 采收　黄芩种植 2～3 年后收获，经研究测定，最佳采收期应是三年生。秋季地上部分枯萎之后，此时商品根产量及主要有效成分黄芩苷的含量均较高。在秋后茎叶枯黄时，选晴天采收，生产上多采用机械起收，也可人工起收。因黄芩主根深长，挖时要深挖起净，挖全根，避免伤根和断根，去净残茎和泥土。

2. 初加工　起收后运回晾晒场，去除杂质和芦头，晒到半干时，放到筐里或水泥地上，用鞋底揉擦，撞掉老皮，使根呈现棕黄色，然后继续晾晒，直到全干。在晾晒过程中不要暴晒，否则根系发红，同时防止雨淋和水洗，不然根条会发绿变黑，影响质量。加工场地环境和工具应符合卫生要求，晒场预先清洗干净，远离公路，防止粉尘污染，同时要备有防雨、防家禽设备。

（四）市场行情

黄芩为大宗常用中药材，需求量大。由于野生资源的减少，近几年才开始大量人工栽培，三年生平均每亩可产干货 200～350 千克。2003 年一场突然而来的"非典"，使得正处于低谷运行中的黄芩一跃而起，干货价格瞬间升至 10～12 元/千克，"非典"过后干货价格又回落到 6～7 元/千克。连续 3 年低价使得药农种植积极性受挫，2005 年黄芩种植面积缩减，致使当年黄芩干货价格回升至 7～8 元/千克，2006 年升至 9～10.5 元/千克的价位，各产区种植相继恢复。2007 年全年黄芩干货价格基本保持稳定。2008 年中期，其干货价格上升至 11～13 元/千克，野生黄芩干货价格更是升至 24～27 元/千克。2009 年全年价格较 2010 年基本保持平稳。2010 年黄芩干货价格有所上升，全年基本稳定在 10～12 元/千克，优质选条每千克达到 15 元左右。

作为中药材大宗品种，黄芩不但在传统中药生产、中药饮片生产中需求较大，且美容化妆品、兽药生产等需求都有较大增长，其供应紧张的局面在短期内难以改变，因此可以说，无论是野生还是家种黄芩，其价格在今后将持续趋升。

（王俊英　蒋金成　刘洋）

二十三、枸杞栽培技术

枸杞 *Lycium chinense* Miller 干燥根皮入药，称地骨皮，主产河北、天津等地。主产宁夏回族自治区的宁夏枸杞 *Lycium barbarum* L. 的干燥成熟果实作为枸杞子正品，根皮也入药。以上两种枸杞均被载入国家药典。

栽培中，因植株形态和产地不同，已有不同的品种。如甘肃产的甘州子以及新疆产的古城子。枸杞的品种类型不同，其枝条性状差异较大，通常按枝条分为硬条型（如白条枸杞等）、软条型（如尖头黄叶枸杞等）和半软条型（如麻叶枸杞等）。软条型、半软条型品种，其枝条通常下垂，整形定干较费工。宁夏枸杞的品种，可分为3个枝型、3个果类、12个栽培品种。近年来，人们从大麻叶枸杞中又选育出宁杞1号和宁杞2号两个优良品种。

（一）特征特性

1. 生长习性 枸杞适应性强，生长季节能忍耐38℃高温，耐寒性亦强。枸杞的生存和有效生产均能适应环境。开花最适宜温度为17~22℃，果实发育最适宜温度20~25℃，秋季气温降到10℃以下，果实生长发育转缓。枸杞是强阳光树种，无光不结果，庇荫条件下不宜栽培，但在疏林和幼林的林间及林缘则可栽培。枸杞对土壤要求不严，耐盐碱，在土壤含盐为0.5%~0.9%、pH8.5~9.5的灰钙土和荒漠土上生长发育正常。在轻壤土和中壤土，尤其是淤土上栽培最适宜。

2. 生育特点 枸杞种子较小，但寿命长，在常规保存条件下，保存4年时发芽率仍在90%以上。种子发芽的最适温度为20~25℃，在此条件下7天就能发芽。

每年3月中下旬根系开始活动，3月底新生吸收根生长，4月上中旬出现一次生长高峰，5月后生长减缓；7月下旬至8月中旬，根系出现第二次生长高峰，9月生长再次减缓，到10月底或11月初根系停止生长。

枸杞的枝条和叶也有二次生长习性。每年4月上旬休眠芽萌动放叶，4月中下旬春梢开始生长，到6月中旬春梢停止生长；7月下旬至8月上旬，春叶脱落，8月上旬枝条再次放叶并抽出秋梢，9月中旬秋梢停止生长，10月下旬再次落叶进入冬眠。

伴随根、茎、叶的两次生长，开花结果也有两次高峰。春季现蕾开花期是4月下旬至6月下旬，果期是5月上旬至7月底；秋季现蕾开花多集中在9月上中旬，果期在9月中旬至11月上旬。

（二）林药间作条件下的栽培技术

1. **选地与整地** 育苗田以土壤肥沃、排灌方便的沙壤土为宜。育苗前，施足基肥，翻地 25～30 厘米，做成 1.0～1.5 米宽的畦，等待播种。定植地可选壤土、沙壤土或冲击土，要有充足的水源，以便灌溉。土壤含盐量应低于 0.2%。定植地多进行秋翻，翌春耙平后，按 170～230 厘米距离挖穴，穴径 40～50 厘米，深 40 厘米，备好基肥，等待定植。

2. **繁殖方法** 枸杞可采用种子、扦插、分株和压条繁殖，生产上以种子和扦插育苗为主。

（1）**种子育苗** 播前将干果在水中浸泡 1～2 天，搓除果皮和果肉，在清水中漂洗出种子，捞出稍晾干。然后与 3 份细沙拌匀，在 20℃ 条件下催芽，待种子有 30% 露白时，再行播种。以春播为好，当年即可移栽定植。多用条播，按行距 30～40 厘米开沟，将催芽后的种子拌细沙撒于沟内，覆土 1 厘米左右，播后稍镇压并覆草保墒。播后 7～10 天出苗。当苗高 3～6 厘米时，可进行间苗；苗高 20～30 厘米时，按株距 15 厘米定苗。结合间苗、定苗，进行除草松土，以后及时拔出杂草。7 月以前注意保持苗床湿润，8 月以后要降低土壤湿度，以利幼苗木质化。苗期一般追肥 2 次，每次施入尿素 5～10 千克/亩，视苗情配合施适量磷、钾肥。

（2）**扦插育苗** 在树液流动前，选一年生的徒长枝或七寸*枝（长约 22 厘米），截成 15～20 厘米长的插条，插条上端剪成平口，下端削成斜口，按行株距 30 厘米×15 厘米斜插于苗床中，保持土壤湿润。

3. **定植** 枸杞定植株行距为 100 厘米×150 厘米。春、秋定植均可，春季在 3 月下旬至 4 月上旬，秋季在 10 月中下旬。定植不宜过深，定植时应开大穴而浅平，把根系横盘于穴内，覆土

---

* 寸为非法定计量单位，1 寸=3.33 厘米。

10～15 厘米，然后踏实灌水。

4. 田间管理

（1）翻晒园地　一年一次，春季或秋季进行。春季多在 3 月下旬或 4 月上旬进行，不宜过深，一般 12～15 厘米。秋季在 10 月上中旬进行，可适当深挖，为 20 厘米左右。

（2）中耕除草　幼龄植株未定型时，杂草易滋生，中耕除草要勤；定型后，中耕除草次数可减少。一般每年进行 3～4 次，多在 5～8 月进行。同时结合中耕除草要除去萌蘖。

（3）施肥　追肥分生长期追肥和休眠期追肥。休眠期追肥以有机肥为主，3～4 年生一般单株追施圈肥 10 千克左右，5～6 年生增加到 15～20 千克，7 年生以上 25 千克左右，在 10 月中旬到 11 月中旬施入，可用对称开沟或开环状沟施肥，深度 20～25 厘米为宜。生育期追肥可在 5 月和 8 月追施尿素或复合肥，2 年生每次每株用量 25 克，3～4 年生 50 克，5 年生以后 50～100 克，可在雨前追施，若不遇降水，追肥后需浇水。

（4）灌溉与排水　2～3 年生的幼龄枸杞应适当少灌，一般年灌水 5～6 次，多旱灾年份 5～9 月及 11 月每月灌溉 1 次。4 年生以后，在 6～8 月每月还要增加 1 次灌溉次数。在雨水较大的年份，可酌情减少灌水，并在积水时注意排水。

（5）整形修剪　第一年定干剪顶，第二、三年培育冠层，第四年放顶成型。成型标准为株高 1.6 米左右，上层冠幅 1.3 米，下层冠幅 1.6 米，单株结果枝 200 条左右。定植当年，定干 60 厘米，并选择 3～5 个分布均匀的主枝。第二年在主枝上选 3～4 个新枝，于 30 厘米处短截。第三年对二层骨干枝上的新枝于 20 厘米处短截。树冠基本成形后，每年于夏季或秋季剪去枯枝、老弱枝、病虫枝、重叠枝、扫地枝及过密的枝条。

5. 病虫害防治

（1）炭疽病　实施检疫，严禁使用有病种苗；秋后清洁田园，及时剪去病枝、病叶及病果，减少越冬菌源；加强肥水管理，提高植株的抗病能力，减轻病害发生；药剂防治可在发病前20天用65％代森锌400倍液，每隔7～10天喷1次，连续2～3次；雨季前，喷洒1∶1∶120波尔多液，每隔7～10天喷1次，连续3～4次。

（2）负泥虫、实蝇、蚜虫　忌与茄科作物间、套作；随时摘除虫果，集中烧埋；7～8月对发病严重的植株可采用化学药剂防治。

（三）采收和初加工

以采收枸杞子为例。

1. 采收　枸杞子的采收要在芒种至秋分之间进行。当枸杞果实变红，果松软时即可采摘。采果宜在每天早晨露水干后进行。采果时注意轻摘、轻拿、轻放。

2. 初加工　采摘成熟果实，阴干或晾晒，不宜暴晒，以免过分干燥，并注意不要用手揉，以免影响质量。晒至果皮干燥而果肉柔软时即可，在夏季伏天多雨时可烘干。

（四）市场行情

枸杞为家种药材，20世纪90年代末至21世纪初价格稳定在11元/千克左右，2002年市场回暖，价格回升至15元/千克，2003年3月升至18元/千克，2004—2006年价格稳定。2007年8月枸杞迅速攀升至30元/千克以上，2008年市价继续高位运行，产新后一度回落至25元/千克。2009年5月市价回升至35元/千克。枸杞年需求量50 000吨，近几年价格高，种植面积较大，后期价格将难有大的升幅，并有回调的可能。

（李　琳）

二十四、锦灯笼栽培技术

锦灯笼 *Physalis alkekengi* L. var. *franchetii* （Mast.）Makino 是茄科酸浆属的1个变种，其宿萼或带果实的宿萼入药。

（一）特征特性

1. 形态特征　见第一章。

2. 生活习性　野生于山坡、路旁、村边林下及田野草丛中。喜温暖、潮湿气候，耐寒，在北部稍冷的地方也可生长。开花期需要充足的水分，否则果实产量较低，但在高温季节水分过多，也常引起烂根死亡。适于肥沃、排水良好的沙质壤土或黏质壤土上栽培，过黏或过于低洼地区不宜栽种。忌连作，不能以茄科植物为前茬。全国各地均有分布，主产于辽宁、河北等地。

（二）林药间作条件下的栽培技术

栽培选果园、山地、平地均可。

1. 繁殖方法

（1）种子繁殖　清明至谷雨施足基肥，翻耕整地做畦。顺畦按行距 17～20 厘米开 0.6～0.9 厘米深的浅沟，将种子均匀撒入沟内，每亩用种子 1 千克。随后用锄顺沟推一遍，将种子埋严，脚踩一遍，浇水即可。一般温度在 20℃ 左右，半个月可出苗。

（2）分根繁殖　秋末或春初整地耠沟，行距 27～33 厘米，深 13～17 厘米。然后将地下根茎刨出，剪成 10～13 厘米的小段，顺沟按小段长度的距离撒 3～5 小段，覆土 0.6～0.9 厘米，再顺沟浇水。过 3～4 天后，用铁耙将 2～3 个沟耧成平畦。出苗前不再浇水，温度在 18℃ 左右，半个月可出苗。

2. 田间管理　幼苗期宜小水勤浇，经常松土除草。苗高 13～17 厘米时，需水、需肥量逐渐增多，应追施一些人粪尿或每亩施磷肥 20～25 千克。花期可适当多浇水，形成果实后适当减少浇水次数。雨季低洼积水处应注意排水。

（三）采收和初加工

当年或第二年秋季白露至寒露，果实由绿转红时采收。

采下后，去掉红色圆形果实，取其外壳（宿萼）晒干即可药用。全草鲜用或晒干备用。

（四）经济效益

人工栽培锦灯笼，每亩用种量 500 克，成本 50 元，人工费 40 元左右，合计投入不超百元。近几年东北的收购价为每千克

10～12 元，亩产量达 50 千克干品。

（郜玉钢　杨鹤　张浩）

二十五、金银花栽培技术

金银花（忍冬）*Lonicera japonica* Thunb. 是载入国家药典的忍冬科忍冬属植物。

忍冬属植物中多数可入药，如红腺忍冬、山银花、毛花柱忍冬的干燥花蕾或带初开的花皆是药材来源。其中，忍冬的花蕾是药材金银花的主流，主要来源于人工栽培，其他几种植物多为野生，极少入药。忍冬的人工栽培生产区域主要集中于山东和河南两省。山东产的金银花药材俗称"东银花"，河南产的金银花药材俗称"密银花"，品质均优良，驰名中外，以山东金银花药材的产量最大。

（一）特征特性

1. 生长习性　原产中国，分布于全国各地。温带及亚热带树种，生于山坡灌丛或疏林中，根系发达，生根力强，山岭瘠薄地、土丘荒坡、路旁地边、河旁堤岸以及林果行间均可种植，是一种很好的固土保水植物，适应性很强。故农谚讲："涝死庄稼旱死草，冻死石榴晒伤瓜，不会影响金银花。"金银花喜阳、耐阴，耐寒性强，耐干旱和水湿，对土壤要求不严，酸性、盐碱土壤均能生长。但以土质疏松、肥沃、排水良好的沙质壤土上生长最佳，在荫蔽处则生长不良。每年春、夏两次发梢，根系繁密发达，萌蘖性强，茎蔓着地即能生根，在当年生新枝上孕蕾开花。

2. 生育特点　金银花为多年生植物。茎细中空；叶对生，叶片卵圆形或椭圆形；花簇生于叶腋或枝的顶端，花冠略呈二唇形，管部和瓣部近相等，花柱和雄蕊长于花冠，有清香，初开时花白色，过 2～3 天后变为金黄色，故称为金银花；浆果成对，成熟时黑色，有光泽。花期 5～7 月，果期 9～10 月。

金银花生长快，寿命长，其生理特点是更新性强，老枝衰退新枝很快形成。金银花喜温暖湿润、阳光充足、通风良好的环境，喜长日照。根系极发达，细根很多，生根能力强。以 4 月上旬到 8 月下旬生长最快，一般气温不低于 5℃ 均可发芽，适宜生长温度为 20～30℃，但花芽分化适宜温度为 15℃，生长旺盛的金银花在 10℃ 左右的气温条件下仍有一部分叶片保持青绿色，但 35℃ 以上的高温对其生长有一定影响。

（二）林药间作条件下的栽培技术

1. 选地与整地　选择向阳、土层较为深厚、土壤肥沃疏松、透气、排水良好、pH5.5～7.8 的沙质壤土种植。金银花喜阳不耐荫蔽，适宜与幼龄的果树间作，不适宜与密闭度较大的果树间作。适宜果树树种较多，如苹果树、梨树、杏树等。

选好地后，深翻土壤 30 厘米以上，打碎土块。栽植密度可选 2 米×1.5 米或 2 米×1 米的行株距，即每亩栽苗 220 株或 330 株。4 月初挖定植沟，沟宽 80 厘米，深 80 厘米，或挖定植穴，穴大小为 80 厘米×80 厘米×80 厘米，每穴底施有机肥（氮、磷、钾含量在 4% 以上）5 千克或农家肥 15 千克，与土壤拌匀。

2. 繁殖方法

（1）种子繁殖　8～10 月从生长健壮、无病虫害的植株或枝条上采收充分成熟的果实，采后将果实搓洗，用水漂去果皮和果肉，阴干后去杂。将所得纯净种子在 0～5℃ 温度下层积至翌年 3～4 月播种。播种前先把种子放在 25～35℃ 温水中浸泡 24 小时，然后在温室下与湿沙混拌催芽，当 30%～40% 的种子裂口时即可播种。覆土 1 厘米，每 2 天喷水 1 次，10 余日即可出苗。秋后或翌年春季移栽，苗床播种以每平方米 100 克为宜。

（2）扦插繁殖　扦插可在春、夏和秋季进行，雨季扦插成活率最高。扦插选用株型健壮、叶片翠绿、开花次数多、花量大、质优、产量高、无病虫害、三年生以上的枝条，将上部半木质化枝条斜剪成 30～35 厘米段，摘去下部叶片作为插条，随剪随用。扦插前用生根粉蘸一下（注意不能用金属容器稀释生根粉），然后在备好的苗床上按行距 20 厘米开沟,把插条斜立着放到沟里,株距 2 厘米,插深为 6～10 厘米,露出 1～2 个腋芽为宜,填土压实,插后浇透水,每隔 2 天浇 1 次水,浇水 3～5 次,半个月左右即能生根。春插苗当年秋季可移栽,夏秋苗可于翌年春季移栽。

(3) 压条繁殖　6～10 月,用富含养分的湿泥垫底,取当年生花后枝条,将其用肥泥压上 2～3 节,上面盖些草以保湿,2～3 个月后可在节处生出不定根,将枝条在不定根的节眼后 1 厘米处截断,使其与母株分离独立生长,然后栽植。

3. 田间管理

(1) 定植　春、秋两季均可定植,在挖好的穴坑内栽植金银花,覆土后适当压紧,浇透定植水。

(2) 松土、培土、除草　每年春初地面解冻后和秋冬地冻前进行松土和培土工作,保持植株周围无杂草。

(3) 施肥与排灌水　每年早春、初冬,结合松土除草,在植株四周开环状沟,每株追施尿素 0.1 千克或复合肥 0.15 千克。另外,可在花前见有花芽分化时,每株追施复合肥 0.1 千克或叶面喷施 0.2%～0.3% 的磷酸二氢铵溶液等。金银花虽抗旱、耐涝,但要丰产仍需一定的水分。萌芽期、花期如遇干旱,应适当灌溉。雨季雨水过多时要特别注意排涝,因长期积水影响土壤通气,根系缺氧严重时会引起根系死亡,叶面发黄,树木枯死。

(4) 整形修剪

①整形:通常栽后 1～2 年内主要是培育直立粗壮的主干。定植后当主干高度在 30～40 厘米时,剪去顶梢,以解除顶端优势,促进侧芽萌发成枝。第二年春季萌发后,在主干上部选留粗壮枝条 4～5 个作为主枝,其余的剪去,以后将主枝上长出的一级侧枝保留 6～7 对芽,剪去顶部;再从一级侧枝上长出的二级侧枝中保留 6～7 对芽,剪去顶部。经过上述逐级整形后,可使

金银花植株直立，分枝有层次，通风透光好。

②修剪：修剪分冬、夏两个时期。冬剪又称休眠期修剪，即在每年的霜降后至封冻前进行的修剪。剪除病、弱、枯枝，原则是"旺枝轻剪，弱枝重剪，枯枝全剪，枝枝都剪"。保留健壮枝条，对剩余枝要全部进行短截，以形成多个粗壮主侧干，逐年修剪形成圆头状株形或伞形灌木状，促使通风透光性能好，既增加产量，又便于摘花。夏剪又称生长期修剪，是剪除花后枝条的顶部，促使多发新枝，以达到枝多花多的目的。因为金银花的花芽只在新抽生的枝条上进行，开过花的枝条虽然能够继续生长，但不能再次开花，只有在原结花的母枝上抽生的新枝条才能形成花蕾开花。

4. 病虫害防治　主要病害为褐斑病。危害叶片，7～8月发病。要及时清除病株、病叶，加强栽培管理，增施有机肥料，以增强抗病力。另外，在发病初期用 1：1.5：200 波尔多液喷施，可有效防治褐斑病。

主要虫害为蚜虫和咖啡虎天牛。防治蚜虫可用 10％吡虫啉预防和喷杀。防治咖啡虎天牛可采用烧毁枯枝落叶，以毁灭其虫卵生长环境；或 7～8 月人工释放天敌赤腹姬蜂和肿腿蜂，适宜释放密度为 1 500 头/公顷，防治效果明显。

（三）采收和初加工

1. 采收　一般 5 月中下旬采摘第一茬花，1 个月后陆续采摘二、三茬花。摘花最佳时间是一天之内上午 11：00 左右，此时绿原酸含量最高。应采摘花蕾上部膨大略带乳白色、下部青绿、含苞待放的花蕾，过早、过迟采摘都不适宜，会影响花的药材品质。应先外后内、自下而上进行采摘，注意不能带入枝干、叶片及其他杂质，花蕾采下后尽量减少翻动和挤压，要及时送晒场或烘房。

2. 初加工　采收的花蕾，若采用晾晒金银花，以水泥石晒场晒花最佳。要及时将采收的金银花摊在场地，晒花层要薄，厚度 2～3 厘米，晒时中途不可翻动，在未干时翻动会造成花蕾发黑，影响商品花的价格。以暴晒一天干制的花蕾，商品价值最优。晒干的花，其手感以轻捏会碎为准。晴好的天气当天即可晒好，当天未能晒干的花，晚间应遮盖或架起，翌日再晒。采花后如遇阴雨，可把花筐放入室内，或在席上摊晾，此法处理的金银花同样色好、质佳。另外，可采用烘干法，一般在 30～35℃ 初烘 2 小时，再升至 40℃ 左右烘 5～10 小时后，保持室温 45～50℃ 烘 10 小时后，鲜花水分大部分排出，再将室温升高至55℃，使花速干。一般烘 12～20 小时即可全部干燥。超过 20 小时，花色变黑，质量下降，故以速干为宜。烘干时不能翻动，否则容易变黑。未干时不能停烘，否则会发热变质。

（四）市场行情

金银花以家种药材为主。20 世纪 90 年代前期价格一度从 17元/千克攀升到 40 元/千克，1994 年跌至 23 元/千克，1995—1998 年价格稳定，1999 年受灾减产，价格升至 37 元/千克。2001 年底跌至 29 元/千克，2002 年 7 月跌至 24 元/千克。2003年因"非典"疫情价格迅速涨至 180 元/千克，年底价格在 45元/千克左右。2004—2006 年价格在 24～40 元/千克之间震荡，2007 年底市价攀升至 55 元/千克，2008 年 6 月升至 78 元/千克，2009 年 2 月 85 元/千克左右，12 月升至 330 元/千克。该品种年需求 15 000 吨以上，但由于近几年价格较高，种植面积大幅提高，预计后市价格仍将震荡频繁。

（王凤英）

二十六、党参栽培技术

党参 Codonopsis pilosula Nannf 为载入国家药典的桔梗科桔梗属多年生草本植物。具有益脾生津、补中益气之功能，为常用滋补强壮药。主产于山西、陕西、甘肃、四川以及东北地区。素花党参 Codonopsis pilosula Nannf. var. modesta （Nannf.）L. T. Shen 和川党参 Codonopsis tangshen Oliv. 也是载入国家药典的同属种类。素花党参主产于四川西部及甘肃部分地区，川党参主要分布于四川、重庆、湖北、湖南、贵州等地。在党参栽培中，按产地分为不同的类型，如东党参（吉林）、西党参（甘肃等地）、潞党参（山西）等。随着品种选育，栽培中已有不同的党参品种用于生产。

（一）特征特性

1. 药材特征　党参根呈长圆柱形，稍弯曲，长 10～35 厘米，直径 0.4～2 厘米；表面黄棕色至灰棕色，根头部有多数疣状突起的茎痕及芽，每个茎痕的顶端呈凹下的圆点状；根头下有致密的环状横纹，向下渐稀疏，有的达全长的一半，栽培品种环状横纹少或无。全体有纵皱纹及散在的横长皮孔，支根断落处常有黑褐色胶状物。质地稍硬或略带韧性，断面稍平坦，有裂隙或放射状纹理，皮部淡黄白色至棕色，木部淡黄色。有特殊香气，味微甜。

素花党参表面黄白色至灰黄色，根头下致密的环状横纹常达全长的一半以上。断面裂隙较多，皮部灰白色至淡棕色，木部淡黄色。

川党参表面灰黄色至黄棕色，有明显不规则纵沟。质地较软而结实，断面裂隙较少，皮部黄白色，木部淡黄色。

2. 生长习性　党参适应性较强，喜温和凉爽气候。不同的生长时期对水分、温度、阳光的要求有所不同。种子萌发的适宜温度为 18～20℃。幼苗喜阴，成株喜光，能耐受 33℃ 的高温，也可在-30℃条件下安全越冬。在排水不利和高温高湿时易发生根腐病。党参是深根性植物，土壤 pH 以 6.5～7.0 为宜。忌连作，一般应隔 3～4 年再种植。党参以三年生植株所结的种子发芽率高，一般为 90％ 以上。室温下贮存 1 年则降低发芽率，贮存期间受烟熏或接触食盐，种子将丧失发芽率。

（二）栽培技术

1. 选地与整地　党参是深根性植物，应选择土层深厚、疏松肥沃、排水良好的林间地或山地，林缘地栽培党参，不宜在容易干旱的岗地和低洼易涝地种植。

育苗地应选靠近水源、土壤较湿润的地块；移栽地应选择地势较高、排水良好的地块，以防根腐病蔓延。

林地间作党参，应在头一年秋季清除林间杂草，然后耕翻30厘米，随即耙细整平，根据育苗或移栽的要求做畦或打垄。一般育苗地做畦，宽1.2～1.3米，长根据地形地势而定，以便于排水为宜，低洼地做高畦，干旱地做平畦，一般畦高15厘米，畦与畦间距30厘米左右。移栽地宜垄作，一般垄宽50～60厘米。

利用熟地栽培党参，也以秋翻地、秋整地、秋做畦或秋打垄为好，以免春旱，不利于出苗。同时，应结合翻地每亩施有机肥2 000～3 000千克。

2. 播种　种子直播春、秋两季均可进行，以秋播出苗较好，春播最好头年秋季整地做成畦或垄，以利保墒。秋播于10月初开始至地冻前播完；春播于3月下旬至4月上旬，一般采取撒播或条播。为了促进种子萌发和幼苗健壮生长，播种前最好将党参种子用50毫克/千克的赤霉素溶液浸泡6小时，然后把种子捞出，用清水冲干净稍加晾干即可播种，发芽率可提高115.3%。因党参种子细小，为使播种均匀和播时不被风刮走，播种前将种子与草木灰、细沙或细土混拌均匀。撒播时，将拌好的种子均匀地撒在畦面上，然后覆一层薄土，以盖住种子为宜，再覆盖一层干草，每亩用种量2～2.5千克；条播时，做成播种尺板，行距20厘米，或在整好的畦面上横开浅沟，行距20厘米，播幅10厘米，将拌好的种子均匀播于沟内，微盖细土，稍加镇压，再覆盖干草，每亩用种量1.5～2千克；垄播可在做好的大垄上用镐顺垄开浅沟，再将种子均匀播于沟内，微盖细土，稍加镇压。

党参育苗地做畦，播种时期及播种方法同于直播。育苗1年即可进行秋栽或春栽，一般育苗1亩可移栽5～8亩。

3. 移栽　春季移栽应在芽萌动前，于 3 月下旬至 4 月上旬进行；秋季移栽在 10 月中下旬土壤结冻前进行。生产上以秋季移栽为好。最好选择阴天或早晚进行移栽。土壤干旱应在挖苗前 1～2 天适当浇水，保持土壤潮湿，以免伤苗。就近移栽应随起随栽；如需进行远途运输，将党参苗用木箱或纸箱包装，装箱时芽苞朝里，根部面向箱壁，以免途中颠簸损伤芽苞，运回后如不能当天栽完要进行假植。

垄栽可在垄上顺垄开 15～20 厘米深的沟，按株距 8～10 厘米斜栽，覆土 5～7 厘米，栽后及时镇压保墒；畦栽时在畦面上按行距 20 厘米开沟，沟深按种栽大小而定，一般以不窝卷须根为宜，按株距 8～10 厘米立栽或斜栽，覆土 3～5 厘米，栽后稍加镇压。如春栽过晚，党参小苗已出土，移栽时需将茎叶露在土外，栽后及时覆盖干草或稻草、麦秸，然后浇水，待 3～5 天缓苗后再将覆盖物撤除，浅松表土。

党参除适于林间栽培、林药间作外，可与玉米、小麦进行粮药间作，与黄连、贝母、细辛等进行药药间作。具体做法是在育苗地畦旁种植玉米或小麦，在玉米苗高约 30 厘米或小麦苗高 6 厘米左右，将拌匀的党参种子均匀撒播于土内，借玉米叶和小麦叶遮阴。秋季或春季在黄连、贝母、细辛畦旁移栽党参 1～2 年生苗，待党参苗高约 30 厘米时用竹条搭架，引茎蔓缠绕而上为黄连、贝母、细辛遮阴。还可利用房前屋后采用堆栽种植党参，具有一定产量。

4. 田间管理

（1）覆盖　直播田和育苗田春播后，为了保墒，利于出苗，畦面应盖草，盖草不宜太厚，以达到保湿为度，待出苗时将草撤除。南方气候炎热，小苗期应搭设荫棚，以避免强光。

（2）浇水　春播后要保持畦面湿润，利于种子萌发和出苗。幼苗生长期遇到干旱要及时浇水，浇水时间最好在早晨 8：00 前和下午 3：00 后进行。

（3）间苗除草 党参育苗期应见草就除，防止草荒。当幼苗长至5～7厘米高时，按株距3厘米进行间苗，结合间苗对缺苗严重的地方进行补苗。直播田应分2次间苗，第一次间苗时间和密度与育苗田相同；第二次间苗于第二年春季出苗后进行，按株距5～7厘米定苗，将过密参苗间除，缺苗地方补栽。

（4）除草松土培垄 对移栽田或直播二年生以上的田块要及时除草松土，一般生长期内可除草3～4次。垄作的要在7月下旬至8月中旬进行培垄。秋末地上植株枯萎后，先浅锄1次，然后再进行培垄。

（5）追肥 党参为喜肥植物，7月中旬，每亩用硫酸铵10千克与过磷酸钙15千克混合追施，于行间距根部10厘米处开6厘米深沟，施入肥料后培土。

（6）搭架 苗高30厘米时用树枝或细竹竿插行间搭架，引茎蔓缠绕而上，以利于通风、透光，促进党参生长。

（7）防寒 严寒地区种植党参要在秋末地上部枯萎后盖上防寒土，以防冻害，翌年春季党参越冬芽萌动前撤除。

（8）清理田园 于党参地上部枯萎后，要及时清出残株茎叶，拔除架设物，用50%多菌灵800～1 000倍液进行田园消毒处理，以减轻病害蔓延发生。

5. 种子采收 一般选择三年生植株作留种用。在9月下旬至10月上旬大部分果实的果皮变成黄色，种子变成褐色时即可采收。因党参种子成熟期不一致，要随熟随采，以防果壳开裂种子脱落。

6. 病虫害防治

（1）锈病

①发病期：5月下旬发生，6～7月严重。

②发生条件：气温高或气温低易发生。

③症状：初期下部叶片出现黄斑，叶背略隆起，扩大后，病斑中心色泽变为淡褐色或褐色，外围有黄色晕圈。除叶片被害

外，花托、茎部都被害。

④防治方法：发现病株立即拔除烧毁；用 50％多菌灵 800 倍液喷雾，每隔 10 天喷 1 次，连续 2～3 次。

（2）根腐病

①发病期：5 月中下旬发生，6 月上旬最重，7 月下旬逐渐减轻。

②发生条件：排水不良、多雨年份。

③症状：初期近地面须根、侧根呈黑褐色，轻度腐烂；严重时，整个根茎水渍状腐烂，植株死亡。

④防治方法：拔除病株烧毁，在发病处撒石灰；注意选地，及时排水；可以在较轻的病株根部浇适量的 50％退菌特 1 500～2 000 倍液或 1％的石灰水。

（3）菌抗病

①发病期：4～5 月。

②发生条件：低温多湿。

③症状：发病部位在芽苞、根部及茎基。烂根初期表现灰黑色软腐，上面逐渐生有白色菌丝和黑色小疙瘩，地上部枯萎。

④防治方法：拔除病株烧毁，在病穴撒生石灰；早春出苗前浇 1％硫酸铜液，可控制蔓延。

（4）蛴螬

①为害时期：5～6 月上升至距地面 10 厘米处活动。

②发生条件：未腐熟的农家肥里发生。

③为害部位：咬食党参根部。

④防治方法：施腐熟好的农家肥，必要时配合化学防治。

（5）蝼蛄

①为害时期：4 月中旬开始到 10 月为止。

②发生条件：较湿的土壤中。

③为害部位：咬食党参根部。

④防治方法：常采用化学防治。

(6) 金针虫（铁丝虫）

①为害时期：6 月前开始，危害到 7～8 月。

②发生条件：前茬马铃薯地，排水不良的黏土地。

③为害部位：咬食根部，钻入根内。

④防治方法：常采用化学防治。

（三）采收和初加工

1. 采收　移栽 2 年后于 10 月上旬采收。先将支架、茎蔓清除，刨取根部。

2. 初加工　去净土，按根的粗细和长短分别晾晒，八成干后捆成小把，稍压，再晒全干即可。每亩收干品 300～400 千克。

（四）市场行情

2011 年初，党参陈货小条交易价 28～30 元/千克，中条交易价 30～35 元/千克，大条交易价 35～38 元/千克。

（韩宝平）

二十七、桔梗栽培技术

桔梗科桔梗属仅有桔梗 1 种。但有一些变种，有紫色、白色、黄色等花色，有早花、秋花的，大花、球花的，也有高秆、矮生的，还有半重瓣、重瓣的。这些变种中，白花的常作蔬菜用，产量较高，其他多为观赏品种。入药以常品为主为好。

（一）特征特性

1. 生长习性　桔梗为耐干旱的植物，多生长在沙石质的向阳山坡、草地、稀疏灌丛及林缘。桔梗常在的群落有稀疏的蒙古栎林、榆栎林、榛灌丛、中华绣线菊灌丛和连翘灌丛等。

桔梗喜温，喜光，耐寒，怕积水，忌大风。适宜生长的温度范围是 10～20℃，最适温度为 20℃，能忍受－20℃低温。在土壤深厚、疏松肥沃、排水良好的沙质壤土中植株生长良好。土壤水分过多或积水易引起根部腐烂。

2. 生育特点　桔梗为多年生宿根性植物，播种后 1～3 年收获，一般 2 年采收。

桔梗种子室温下贮存，寿命 1 年，第二年种子丧失发芽力。种子 10℃ 以上发芽，15～25℃ 条件下 15～20 天出苗，发芽率50%～70%。5℃ 条件下低温贮存，可以延缓种子寿命，生活力可保持 2 年以上。赤霉素可促进桔梗种子的萌发。

桔梗播种 15 天后开始出苗，从种子萌发到倒苗，一般把桔梗生长发育分为 4 个时期：从种子萌发至 5 月底为苗期，这个时期植株生长缓慢，高度为 6～7 厘米；此后生长加快，进入生长旺盛期，至 7 月开花后减慢；7～9 月孕蕾开花，8～10 月陆续开花，为开花结实期，一年生开花较少，5 月后晚种的翌年 6 月才开花，二年生以后开花结实多；10 月至 11 月中旬地上部开始枯萎倒苗，根在地下越冬，进入休眠期，至翌年春出苗。

种子萌发后，胚根当年主要为伸长生长，一年生主根可达15 厘米，二年生可达 40～50 厘米，并明显增粗，第二年 6～9月为根的快速生长期。一年生苗的根茎只有 1 个顶芽，二年生苗可萌发 2～4 个芽。

（二）林药间作条件下的栽培技术

1. 选地与整地　选疏松、肥沃、湿润、排水良好的沙质土壤种植。从长江流域到华北、东北均可栽培。前茬作物以豆科、禾本科作物为宜。黏性土壤、低洼盐碱地不宜种植。适宜 pH 为6～7.5。桔梗喜阳，适宜与幼龄的果树间作，不适宜与密闭度较大的果树间作；适宜的果树树种比较多，如苹果树、梨树、杏树、樱桃、核桃等，但不适宜与偏酸的板栗等树种间作。

每亩施有机肥 4 000 千克，过磷酸钙 30 千克，均匀地撒入。深翻 30～40 厘米，整平耙细，做成长 10～20 厘米、宽 1.2～1.5 米、高 15 厘米的畦，或做成 45 厘米宽的小垄种植。

2. 繁殖方法　桔梗有种子繁殖、根茎或芦头繁殖等。生产中以种子繁殖为主，其他方法很少应用。

（1）种子繁殖　在生产上有直播和育苗移栽两种方式。因直播产量高于移栽，且根直，分权少，便于刮皮加工，质量好，生产上多采用。

①播期：桔梗一年四季均可播种。秋播当年出苗，生长期长，产量和质量高于春播。秋播于10月中旬以前；冬播于11月初土壤封冻前播种；春播一般在3月下旬至4月中旬，华北及东北地区在4月上旬至5月下旬；夏播于6月上旬小麦收割完后进行，夏播种子容易出苗。

②浸种：播前可用温水浸泡种子24小时，或用0.3%高锰酸钾溶液浸种12～24小时，取出冲洗去药液，晾干播种，可提高发芽率。也可温水浸泡24小时后，用湿布包上种子，上面用湿麻袋片盖好放置催芽，每天早晚各用温水淋1次，3～5天后种子萌动，即可播种。

③直播：种子直播分为条播和撒播两种方式，生产上多采用条播。条播按行距15～25厘米，深3～6厘米，将种子均匀撒在沟内，覆土盖严种子，以不见种子为度，一般厚0.5～1厘米。条播每亩用种量0.5～1.5千克。播后畦面要保温保湿，可以在畦面盖草，干旱时要浇水。春季早播的可以采用覆盖地膜措施。

④育苗移栽：育苗方法同直播。一般培育1年后，在当年茎叶枯萎后至翌春萌动前出圃定植。小苗也可移栽，栽前将种根小心挖出，勿伤根系，以免发杈，按大、中、小分级定植。按行距20～25厘米、沟深20厘米开沟，株距5～7厘米，将根垂直舒展地栽入沟内，覆土略高于根头，稍压即可，浇足定根水。

（2）根茎或芦头繁殖　可春栽或秋栽，以秋栽较好。在收获桔梗时，选择发育良好、无病虫害的植株，从芦头以下1厘米处切下芦头，即可进行栽种。

3. 田间管理

（1）定苗　苗高4厘米左右时间苗。若缺苗，宜在阴天补苗。苗高8厘米左右时定苗，按株距6～10厘米留壮苗1株，拔除小苗、弱苗、病苗。若苗情太差，可结合追肥浇水，保持土壤湿润。

（2）除草　桔梗生长过程中，杂草较多，从出苗开始，应勤除草松土。苗小时用手拔出杂草，以免伤害小苗，每次应结合间苗除草。定植以后适时中耕除草，松土宜浅，以免伤根。植株长大封垄后不宜再进行中耕除草。

（3）肥水管理　一般对桔梗进行 4～5 次追肥。苗齐后追肥 1 次，每亩施有机肥 1 000 千克，以促进壮苗；6 月中旬每亩施有机肥 1 000 千克及过磷酸钙 50 千克；8 月再追肥 1 次；入冬植株枯萎后，结合清沟培土再追肥 1 次。翌年苗齐后，追施有机肥 1 000 千克，以加速返青，促进生长。整个生育期适当施用氮肥，以农家肥为主，配施磷钾肥，培育粗壮茎秆，防止倒伏，并能促进根的生长。若植株徒长可喷施矮壮素或多效唑以抑制增高。若干旱，适当浇水；多雨季节及时排水，防止发生根腐病而烂根。

（4）除花蕾　桔梗花期长达 3 个月，要及时去除花蕾，以提高产量和质量。可以人工去除花蕾，也可以化学去蕾。生产上多采用人工去除花蕾，10 多天进行 1 次，整个花期约 6 次。近年来，开始采用乙烯利除花，方法是在盛花期用 0.05% 的乙烯利喷洒花朵，每亩用药液 75～100 千克，省时省工，使用安全。

（5）其他　桔梗根以顺直、少杈为佳。直播法相对发杈少一些，适当增加植株密度也可以减少发杈。桔梗在第二年易出现一株多苗，会影响根的生长，而且易生杈根，因此，春季返青时要把多余的芽苗除掉，保持一株一苗，可减少杈根。

4. 病虫害防治

（1）轮纹病　6 月开始发病，7～8 月发病严重。受害叶片病斑近圆形，直径 5～10 毫米，褐色，具同心轮纹，上生小黑点。严重时叶片由下而上枯萎。高温多湿易发此病。防治方法：冬季要注意清园，把枯枝、病叶及杂草集中处理；发病季节加强田间排水；发病初期用 1：1：100 波尔多液，或 65％代森锌 600 倍液，或 50％多菌灵可湿性粉剂 1 000 倍液，或 50％甲基托布津 1 000 倍液喷洒。

(2) 斑枯病 危害叶部，受害叶两面有病斑，圆形或近圆形，直径 2～5 毫米，白色，常被叶脉限制，上生小黑点。严重时，病斑汇合，叶片枯死。发生时间和防治方法同轮纹病。

(3) 蚜虫 在桔梗嫩叶、新梢上吸取汁液，导致植株萎缩、生长不良。4～8 月危害。

(4) 地老虎 从地面咬断幼苗，或咬食未出土的幼芽。1 年发生 4 代。

5. 留种技术 栽培桔梗最好用二年生植株产的种子，大而饱满，颜色黑亮，播种后出苗率高。留种田在 6 月开花前，每亩施尿素 15 千克、过磷酸钙 30 千克，为后期生长提供充足营养，以促进植株生长和开花结实。6～7 月可以去除小侧枝和顶端花序，后期花序也可去除。桔梗种子从上部开始成熟，要分批采收。果实外皮变黄，种子变棕褐色即可采收。也可在果枝枯萎，大部分种子成熟时，连同果枝一起采回，置于通风干燥的室内后熟 3～4 天，然后晒干脱粒，除去果壳，贮藏备用。若过晚采收，果裂种散，难以收集。

(三) 采收和初加工

1. 采收 桔梗一般生长 2 年，华北和东北 2～3 年收获，华东和华南 1～2 年收获。一般在秋季地上部枯萎到翌年春萌芽前收获，以秋季采收最好。采收时，先割去地上茎，从地的一端起挖，一次深挖取出，或用犁翻起，将根拾出，或采用药材挖掘机挖出。要防止伤根，以免汁液流出，更不能挖断主根而影响桔梗的等级和品质。

2. 初加工 将挖出的桔梗去掉须根及小侧根，用清水洗净泥土，用竹刀或破瓷碗片趁鲜刮去外皮，晒干即可。来不及加工的桔梗，采用沙埋方法防止外皮干燥收缩。

（四）市场行情

桔梗每亩可产干货 300～400 千克，高产者可达 600 千克。桔梗为大宗用药，产地较广，用量大。2005—2010 年桔梗市场价格一直处于上升阶段，2005 年 9 月为 6.2 元/千克，2006 年多徘徊在 8 元/千克左右，2007 年 9 月价格上升至 12 元/千克，2008 年 10 月升至 13 元/千克，2009 年 12 月升至 43 元/千克。该药材年需求量 15 000 吨，后市价格仍处于走好的趋势之中。

（李琳）

二十八、紫菀栽培技术

菊科紫菀属约 500 种，分布于温带地区。中国约 100 种，各地均产，其中有很多种类供观赏用。紫菀 *Aster tataricus* L. f. 为常用药材，产于华北、东北和西北。

（一）特征特性

1. 生长习性　喜温暖气候，较耐寒。生于低山阴坡湿地、山顶、低山草地及沼泽地。喜湿润，在地势平坦、不积水的土壤上长势好。与其他根类药材相比，紫菀比较耐涝，遇短时间浸水后仍能正常生长。紫菀怕干旱，在地势较高、没有灌溉的土壤上生长较差。紫菀对土壤的要求不严，适宜栽培在土层深厚、疏松肥沃的沙壤土上。

2. 生育特点　紫菀为多年生草本，稀一年生。短日照植物。紫菀长新梢便开始花芽分化，5～6 月开花，从植株基部抽出更健壮的新梢。8～9 月达到盛花期，9～10 月花谢。11 月上旬开始枯萎，根部萌蘗紧贴地面生长并越冬。

紫菀种子容易萌发，发芽适温为 20～25℃。种子寿命为 1 年。

（二）林药间作条件下的栽培技术

1. 选地与整地　紫菀可忍受中等遮阴的林地，喜肥，选择疏松肥沃的壤土或沙质壤土种植为佳，排水不良的洼地和黏重土壤不宜栽培。每亩施农家肥 5 000 千克，深翻耙平，做成 1.3 米宽的平畦。土壤的 pH 以 7 左右为好，切忌盐碱土。紫菀适宜与果树间作，如梨树等。

2. **繁殖方法** 紫菀用根状茎繁殖。春、秋两季栽植均可，春栽于 4 月上旬，秋栽于 10 月下旬，实际生产上多采用秋栽。在北方寒冷地区为防止种苗冬季在地里冻死，只能春天栽。在刨收时，选择粗壮节密、色白较嫩带有紫红色、无虫伤斑痕、接近地面的根状茎作种栽。不采用芦头部的根状茎作种栽，因为这样的根状茎栽植后容易抽薹开花，影响产量和质量。秋栽时种栽随刨随栽，若春栽需窖藏，栽前将选好的根状茎剪成 6.7～10 厘米长的小段，每段带有芽眼 2～3 个，以根状茎新鲜、芽眼明显的发芽力强。按行距 33 厘米开 6.7～8.3 厘米深的浅沟，把剪好的种栽按株距 16.5 厘米平放于沟内，每撮摆放 2～3 根，盖土后轻轻镇压并浇水。每亩需用根状茎 10～15 千克。栽后 2 周左右出苗，苗未出齐时应注意保墒保苗。

3. 田间管理

（1）中耕除草 早春和初夏地里杂草较多，应勤除草。苗出齐后，应及时中耕除草，初期宜浅锄，夏季封行后只宜用手拔草。

（2）灌溉 苗期需适量灌水，生长期间应经常保持土壤湿润，尤其在北方干旱地区栽种应注意灌水。无论秋栽或春栽，在苗期均应适当灌水，但地面不能过于潮湿，以免影响根系生根。6 月是叶片生长茂盛时期，需要大量水分，此时正值北方旱季，应注意多灌水勤松土保持水分。7～8 月北方雨季，紫菀虽然喜湿但不宜积水，应加强排水。9 月雨季过后，正值根系发育期，应适当地灌水。总之，紫菀的灌排水应根据生长发育期和地区不同而异。

（3）追肥 一般要进行 2 次。第一次在 6 月，第二次在 7 月上中旬，每次每亩施人畜粪水 3 000～4 000 千克，并配施 25～30 千克过磷酸钙。

（4）摘除花薹　紫菀宜采用具腋芽的紫红色根状茎作繁殖材料，不抽薹开花。若用芦头繁殖，则会抽薹开花结子，需消耗大量养分。除留种外，生产上采用剪除花薹的方法以利根茎生长。因此，8～9月发现抽薹时，应选晴天将花薹全部剪除。

4. 病虫害防治

（1）立枯病　发病初期，茎基部发生褐色斑点。发病严重时，病斑扩大呈棕褐色，茎基部收缩、腐烂，在病部及株旁表土可见白色蛛丝状菌丝。最后，苗倒伏枯死。防治方法：选地势干燥、排水良好的地块种植；病前喷1:1:100波尔多液，每隔10～14天喷1次。

（2）斑枯病　危害叶片，病斑呈不规则形，初期为水渍状，后期为褐色，严重时造成叶片枯死。防治方法：轮作；发病前和发病初期用1:1:120波尔多液或多抗霉素200倍液喷施；收获后清园，清除枯枝落叶、残体。

（3）白粉病　危害叶片、叶柄。发病初期叶片正反面产生白色圆形粉状斑点，以后逐渐扩展为边缘不明显的连片白斑。防治方法：用硫制剂防病；用75%百菌清500～800倍液喷施。

（4）黑斑病　初期叶片上产生不规则的褐色斑，随病斑扩大，叶片黑褐色枯死，茎部呈褐色。防治方法：同立枯病。

（5）紫苏野螟　幼虫咬食叶片和枝梢，常造成枝梢折断。7～9月危害，1年发生3代。

（6）小地老虎　从地面咬断幼苗，或咬食未出土的幼芽。1年发生4代。

（三）采收和初加工

1. 采收　霜降前后是紫菀的最佳采收时间，如秋季来不及收刨，可在春季2月萌发前采挖。采挖时先割去地上枯萎茎叶，稍浇水湿润土壤，使土壤稍疏散，然后小心挖出根状茎，切勿弄断须根，挖出后抖净泥土，选出部分健壮根茎剪下作种材。

2. 初加工　将刨出来的根茎顺割数刀，放干燥处晒至半干，编成辫子或切成段后再晒至全干，即为"辫紫菀"药材。

（四）市场行情

紫苑每亩产干品 300 千克左右，折干率为 25％。随着紫菀药用范围不断扩大，需求量逐年增加。2005—2010 年紫菀市场价格变化幅度较大。2005 年初，紫菀的价格为 7 元/千克，并且逐步攀升至 11 元/千克左右，10～12 月价格升至 15 元/千克以上。2006 年紫菀的种植面积增加，导致价格回落，至 12 月价格回落到 5～5.5 元/千克。2007 年初价格在 2.5～3 元/千克，后逐渐上扬至 5 元/千克。2008 年价格基本稳定在 9 元/千克左右。2009 年价格在 8～9 元/千克。2010 年初统货价 8.5～10 元/千克，7 月升至 13～16 元/千克，11 月到年底价格升至 19 元/千克左右。

（魏胜利　王丹）

二十九、苍术（北苍术）栽培技术

苍术（北苍术）*Atractylodes chinensis* （Bunge）Koidz. 是载入国家药典的菊科苍术属药用植物，其干燥块根入药。

（一）特征特性

1. 形态特征　见第一章。

2. 生长习性　生于低山阴坡疏林边、林下、灌木丛或草丛等处。生活力很强，瘦地也可种植。喜凉爽气候，生长期最适温度为 15～22℃，耐寒。对土壤要求不严，但在排水良好、地下水位低、土壤结构疏松、富含有机质的沙壤土上生长最好。忌低洼地，水浸易烂根。

据研究报道，苍术的种子属短命型，在室温下贮藏，寿命只有 6 个月，因此，隔年种子不能用于播种。然而在低温下保存，可延长种子寿命，在 0～4℃条件下贮藏 1 年，种子发芽率可达80％以上。种子萌发最低温度为 5～8℃，最适温度为 10～15℃，高于 25℃则种子萌发受到抑制，若超过 45℃，种子几乎全部霉烂。生产中适于秋播。

种子萌发出土时有 2 枚真叶，下胚轴膨大，逐渐形成根茎，随着植株的生长，叶片增多增大；二年生植株开始形成地上茎；三年生植株开始抽薹开花，根茎增粗。用种子繁殖 3～4 年可收获商品药材。

分布于东北、华北及山东、河南、陕西等地。

（二）栽培技术

1. 选地与整地　选择向阳荒山、荒坡地、林间空地、林缘耕地或果园空地。土壤以疏松、肥沃、排水良好的腐殖土或沙壤土为宜，不可选低洼、排水不良的地块。选好地后，每亩施 2 000 千克农家肥作基肥，翻耕耙细，在干旱的地区做成平畦，雨水多的地方应做成高畦，畦宽一般 1.3 米左右，长度不限。

2. 播种方法　一般在 4 月初进行育苗，可条播或撒播。

（1）条播　在畦面横向开沟，沟距 20～25 厘米，沟深 3 厘米。把种子均匀撒于沟中，然后覆土。播量 2.5～3 千克/亩。2～3 片真叶时定植。

（2）撒播　直接在畦面上均匀撒上种子，覆土 2～3 厘米。每亩用种 3～4 千克。播后都应在上面盖一层稻草，经常浇水保持土壤湿度，苗长出后去掉盖草。苗高 3 厘米左右时进行间苗，10 厘米左右即可定植，以株行距 15 厘米×30 厘米定植，栽后覆土压紧并浇水。一般在阴雨天或午后定植易成活。种子发芽适宜温度为 15～20℃，播后 2 周左右出苗。

3. 田间管理

（1）中耕除草　幼苗期应勤除草松土，定植后注意中耕除草。如天气干旱，要适时灌水，也可以结合追肥一起进行。

（2）追肥　一般每年追肥 3 次，结合培土，防止倒伏。第一次追肥在 5 月，每亩施清粪水约 1 000 千克；第二次在 6 月苗生长盛期时，每亩施入鸡粪水或人粪尿约 1 250 千克，也可以每亩施用硫酸铵 5 千克；第三次追肥在 8 月开花前，每亩用人粪尿 1 000～1 500 千克，同时加施适量草木灰和过磷酸钙。

（3）摘蕾　在 7~8 月现蕾期，对于非留种地的苍术植株应及时摘除花蕾，以利地下部生长。

4. 病虫害防治

（1）根腐病　一般在雨季严重，在低洼积水地段易发生，危害根部。防治方法：①进行轮作；②选用无病种苗用 50% 退菌特 100 倍液浸种 3~5 分钟后再播种；③生长期注意排水，以防止积水和土壤板结；④发病期用 50% 托布津 800 倍液进行浇灌。

（2）蚜虫　苍术在整个生长发育过程中均易受蚜虫危害，以成虫和若虫吸食茎叶汁液。防治方法：①清除枯枝和落叶，深埋或烧毁；②在发生期用 50% 杀螟松 1 000~2 000 倍液或 10% 吡虫啉可湿性粉剂 1 000 倍液进行喷洒防治，每 7 天喷 1 次，连续进行直到无蚜虫危害为止。

（三）采收和加工

家种的苍术需生长 2 年后才可收获。北苍术春、秋两季都可采挖，但以秋后至翌年初春苗未出土时采挖的质量好。北苍术挖出后，除去茎叶和泥土，晒到五成干时装进筐中，撞去部分须根，表皮呈黑褐色；晒到六七成干时，再撞一次，以去掉全部老皮；晒到全干时最后撞一次，使表皮呈黄褐色，即成商品。每亩产北苍术干品 300~350 千克。药材质量以块根大、质坚实、断面采砂点多、香气浓者佳。

（时祥云）

三十、药菊栽培技术

药菊 *Chrysanthemum morifolium* Ramat.［*Dendranthema morifolium*（Ramat.）Tzvel.］是菊科菊属植物。药用菊花与品种繁多的观赏菊花在植物分类上是同一个物种。

因产地和加工方法不同而有不同的栽培品种或类型。如杭菊（浙江）、滁菊（安徽）、亳菊（安徽）、贡菊（安徽）、怀菊（河南）、川菊（四川）、济菊（山东）、祁菊（河北安国）等。其中的亳菊、滁菊、贡菊、杭菊是中国四大名菊，是菊花中的典型入药品种类型，均被载入国家药典。随着品种改良，每个类型中还有不同的品种。

（一）特征特性

菊花是典型的短日照植物。对日照长短（光周期）反应敏感。在日照 12 小时以下及夜间温度 10℃左右时花芽才能分化，每天不超过 10～11 小时的光照才能现蕾开花。因此，在春夏长日照季节里，只能进行营养生长。立秋以后，随着天气的转凉和日照时间的缩短，才能开始花芽分化，孕育花蕾，冒霜开花。药菊产地的菊花一般于 3 月萌芽展叶，9 月现蕾，10 月开花，年生育期 290 天左右。菊花的适应性强，平川、山地、林缘、幼林林下都可健壮生长。对气候和土壤条件要求不严，最适生长温度 15～25℃，在微酸、微碱性土壤上都能生长，全国各地均有栽培。小菊的耐寒力比大菊强，花经几次严霜而不凋谢。温度在 10℃以上隐芽可以萌发。菊花耐干旱，怕积水，喜疏松肥沃、含腐殖质多的沙质土壤以及凉爽的气候和充足的阳光。

药用品种主要栽培于河南、河北、山东、安徽、江苏、浙江、四川等地。

（二）栽培技术

1. 选地与整地　宜选地势高燥、阳光充足的林缘耕地或向阳幼林种植。土壤以疏松肥沃且排水良好的沙质壤土为宜。整地应在 3 月下旬至 4 月上旬，每亩施猪粪或堆肥 2 000 千克作基肥，进行翻耕做畦。一般林缘种植多为平畦，畦宽 1.2 米，长度不限，以浇水好操作为准；幼林中栽种则根据树的株行距大小来确定畦宽，一般以树的冠幅垂直阴影以外 20 厘米为宜。

2. 繁殖方法　菊花的繁殖方法很多，一般可分为分根、扦插、播种和压条等繁殖方法。栽培中以扦插为主，因为扦插苗缓苗快，分枝多，产量高。具体方法是选择健壮、无病虫害、根茎白色母株栽于保护地中。当母株上长出 10 厘米芽时，基部留 2～

3 片叶采下，并整理成长 6 厘米带有两叶一心的插穗进行扦插育苗。苗床最好用无菌基质（蛭石、珍珠岩等）。扦插后每天要给苗床多次喷水，生根最适温度为 15～18℃，前 3 天相对湿度为 100%，以后视天气情况逐渐降低。一般扦插 15 天后生根，根长 2 厘米以上时即可定植大田。

3. 定植　根据土壤质地确定定植密度。沙土地由于不保水保肥，植株生长瘦小，因此可以密度大些，墒土好的密度小些，一般密度为 2 500～3 000 株/亩。定植后及时浇水。

4. 田间管理

（1）中耕锄草　菊花缓苗后，不宜浇水，而以锄地松土为主。第一、二次要浅松，使表土干松，地下稍湿润，使根向下扎，并控制水肥，使地上部生长缓慢，俗称"蹲苗"，否则生长过于茂盛，至伏天不通风透光，易发生叶枯病。第三次中耕时要深松，并在植株根部培土，保护植株不倒伏。在每次中耕时，应注意勿伤茎皮，不然在茎部内易招致虫或蚂蚁，将来生长不佳，影响产量。总之，中耕次数应视气候而定，若能在每次大雨之后土地板结时浅锄一次，即可使土壤内空气畅通，菊花生长良好，并能减少病害。

（2）追肥　菊花根系发达，根部入土较深，细根多，吸肥力强，需肥量大。一般施 2 次肥。第一次施肥在摘心后，每亩施硫酸铵 10 千克，结合培土；第二次施肥在花蕾将形成时，每亩用硫酸铵 5 千克、保利丰 4 千克，促使花蕾多、花朵大、舌状花肥厚，从而提高产量及品质。

（3）灌溉与排水　菊花喜湿润，但怕涝，春季要少浇水，防止幼苗徒长，视气候情况，以保证成活为度。6 月下旬以后天旱，要经常浇水。如雨量过多，应疏通大小排水沟，切勿有积水，否则易生病害和烂根。

（4）摘心　在菊花生育期中，如果肥料充足，植株生长健壮。为了促使主干粗壮，减少倒伏，在菊花生长期要摘心 1～3

次。第一次在 5 月进行，菊花缓苗后留 2～3 对叶片摘心；第二次在 6 月底，侧枝长到 10 厘米以上时留 2 对叶摘心；第三次不得迟过 7 月底，同样侧枝上留 2 对叶片。摘心的目的是促使侧枝发育和多分枝条，增加单位面积上的花枝数量，提高产量。

（5）选留良种　选择无病、粗壮、花多、花头大、层厚心多、花色纯洁及分枝力强的植株作为种用。然后根据各种不同的繁殖方法进行处理。但是在同一个地区的一个菊花品种由于多年的无性繁殖，往往有退化现象，病虫害特多，生长不良，产量降低。故选留良种时，应特别注意选留性状良好的加以培育和繁殖。必要时，可在其他地区进行引种。

5. 病虫害防治

（1）叶枯病　又称斑枯病。在菊花整个生长期都能发生，尤以雨季严重。植株下边叶片首先被侵染。初期叶片上出现圆形或椭圆形的褐色病斑，中心为灰白色，周围有一淡色的圈，后期在病斑上生有小黑点。病斑扩大后，造成整个叶片干枯，严重时，整株叶片干枯，仅剩顶部未展叶的嫩尖。

防治方法：①菊花采收完后，集中残株病叶烧掉。②前期控制水分，防止疯长，以利通风透光。③雨后及时排水。④发病初期摘除病叶，用 1∶1∶100 的波尔多液或 65％代森锌可湿性粉剂 500 倍液喷雾，每 7～10 天喷 1 次，连续 3～4 次。

（2）菊花牛　又称蛀心虫。在 7～8 月菊花生长旺盛时，多在菊花茎梢上咬成一圈小孔产卵，在茎中蛀食。受害处可见许多小粒虫粪成一团，使伤口以上的茎梢萎蔫，茎干中空枝条易断，或伤口愈合时有肿大的结节。卵孵化后，幼虫钻入茎内，向下取食茎秆，故在发现菊花断尖之后，必须在茎下摘去一节，收集烧掉以减少其危害，否则造成整株或更多的植株枯死。

防治方法：①从萎蔫断茎以下 3～6 厘米处摘除受害茎梢，集中烧毁。②成虫发生期，趁早晨露水未干时进行人工捕捉或用乳油类低毒农药喷施防治。

（3）蚜虫　又叫腻虫。成、若虫吸食茎叶汁液，严重者造成茎叶发黄。

防治方法：①冬季清园，将枯株和落叶深埋或烧掉。②发生严重时适当配合化学防治。

（三）采收和加工

1. 采花

（1）采花时间　在 8 月底开始一直采到下霜。以花心散开2/3 为采收适期，最好在晴天露水已干时进行。这时采得的花水分少，干燥快，省燃料和时间，减少腐烂，色泽好，品质好。但遇久雨不晴，花已成熟，雨天也应采，否则水珠包在花内不易干燥，而易引起腐烂，造成损失。

（2）采摘方法　用食指和中指夹住花柄，向怀内折断。操作熟练的工人每天可采鲜花 60～75 千克。

（3）注意事项　采下的鲜花立即干制，切忌堆放，应随采随烘干，最好是采多少烘多少，以减少损失。菊花采收完后，用刀割除地上部分，随即培土，并覆盖熏土于菊花根部。

2. 干制　采回鲜花应及时放于烤房竹帘上，抖松铺开，厚约 6 厘米，即用煤或柴火烘烤。约半个小时应进行翻松，翻时应退着翻，切忌踩到花朵，影响品质。如产量少，气候好，晴天采收即铺于晒场阳光下晒干，晒时宜薄摊勤翻，或薄铺于通风处吹干。有些地方如河南、四川、安徽、河北等地将植株于晴天全部割下捆成小捆，在室外搭架晒干，或在室外悬挂于通风处吹干，再将花摘下。杭菊的花采用蒸菊花的办法，把菊花放在蒸笼内，厚约 3 厘米，一次锅内放笼 2～3 只，把蒸笼搁空，火力要猛而均匀，锅水不宜过多，每蒸一次加一次热水，以免水沸到笼上，影响菊花质量。蒸 4～4.5 分钟，过熟不易晒干，过快防止生花变质。蒸好的菊花放在竹帘上暴晒，菊花未干不要翻动，晚上收进室内不要压，暴晒 3 天后翻动 1 次，晒 6～7 天后收起，贮藏数天再晒 1～2 天，花心完全变硬即可贮藏。

一般亩产干菊花 60 千克左右，高产时可达 150 千克。质量以朵大、花洁白或鲜黄、舌状花肥厚或多而紧密、气清香者为佳。

（时祥云）

三十一、蒲公英栽培技术

蒲公英已在辽宁、吉林、黑龙江、河北、浙江、内蒙古等地进行栽培。中国有蒲公英 70 种 1 变种。除东南及华南外，分布几乎遍及全国，西北、华北及西南最多，华中、华东略少。主要的分类群有 18 组，如芥叶蒲公英组、蒲公英组、短嚎蒲公英组、白花蒲公英组、大头蒲公英组、山地蒲公英组、西藏蒲公英组等。药用的来源于蒲公英属的至少 27 种，最常用的是蒙古蒲公英、热河蒲公英、碱地蒲公英、东北蒲公英、反苞蒲公英和兴安蒲公英 6 种。食用的有蒲公英组中的蒲公英等。

（一）特征特性

1. 生长习性　蒲公英适应性广，抗逆性强。抗寒又耐热。抗旱、抗涝能力较强。可在各种类型的土壤条件下生长，但最适在肥沃、湿润、疏松、有机质含量高的土壤上栽培。

2. 生育特点　蒲公英于早春 4 月下旬出苗，气温 8～10℃时迅速生长，5 月中旬可采食，5 月中下旬开花，6 月中旬种子成熟。种子无休眠特性，落地后很快（约 1 周时间）萌发出芽，形成新的植株，直到初霜始枯萎。再生能力强，生长季节把生长点切去后，可形成多个新生长点，只是开花结果期推迟。

（二）林药间作条件下的栽培技术

1. 选地与整地　蒲公英适应性强，既耐旱又耐碱，喜疏松肥沃且排水良好的沙壤土。每公顷施有机肥，最好是马粪30 000～45 000 千克，混合过磷酸钙 225～300 千克，均匀铺撒于地面，再深翻 20 厘米。地面整平耙细后，做宽 100 厘米、高15 厘米、长 10 米的播种床或做高 30 厘米、基宽 30 厘米、肩宽20 厘米的小垄。

2. **繁殖方法** 蒲公英可进行种子繁殖，也可采用埋根栽植。一般生产中采用种子繁殖。

（1）浸种 成熟的蒲公英种子没有休眠期，当气温在 15℃以上时，即可将种子播在湿润的土壤中，经过 90 个小时左右即可发芽。种子在土壤温度 15℃左右时发芽较快，在 25～30℃以上时发芽慢，所以从初春到盛夏都可进行播种。为了使播种后提早出苗，可采用温水烫种催芽，即把种子置于 50～55℃温水中，搅动到水凉后，再浸泡 8 小时，捞出，把种子包于湿布内，放在 25℃左右的地方，上面用湿布覆盖，每天早晚用 50℃温水浇 1 次，3～4 天种子萌动即可播种。每公顷播种量 11.25 千克。

（2）露地直播 一般采用条播，按行距 25～30 厘米开浅横沟，播幅约 10 厘米。种子播下后覆土 1 厘米，然后稍加镇压。播种后盖草保湿，出苗时揭去盖草，约 6 天可以出苗。

（3）埋根栽植 为了提早上市，增加收入，野外挖根到温室埋根栽植可以收到事半功倍的效果。当深秋（10 月中下旬）蒲公英第一次遭霜打，叶色由绿变红时，要抓紧野外采挖蒲公英根系，全根最好。在温室内做床，规格如上述。按行距 15 厘米、株距 5 厘米栽根，埋到原根地表位置为宜，使根顶在地面似露非露，用手压实即可。温室温度控制在 20℃左右，蒲公英就能正常生长。如使蒲公英在市场需求旺季上市，要控制温室温度，使植株生长受到限制，即可收到满意效果。

3. **田间管理**

（1）松土除草 蒲公英出苗后半个月进行 1 次松土除草。床播的用小尖锄于苗间刨耕；垄播的用镐头在垄沟刨耕。以后每10 天进行 1 次松土中耕。封垄后要不断人工除草。

（2）定苗 蒲公英地上植株叶片大，管理要充分考虑植株生长有一定的空间，不可贪密恋苗，影响生长。一般在出苗 10 天后即可定苗，株行距 5～10 厘米。

（3）浇水施肥 蒲公英生长期间要经常浇水，保持土壤湿润。蒲公英出苗后需要大量的水分，因此保持土壤的湿润状态，是蒲公英生长的关键。播种的蒲公英当年不能采收。入冬后，在床（垄）上撒施有机肥，每亩 2 000 千克，最好是腐熟的马粪。这样，既起到施肥作用，又可保护根系安全越冬。不提倡施化肥，施化肥虽然嫩株及叶片色黑突长，但失去绿色植物的内涵，也失去了蒲公英的野味风格。

（4）采收种子　蒲公英一般二年生就能开花结子。野生 5～6 月开花，有单株也有群落生长。蒲公英年龄越长开花越多，最多开花 20 朵以上。开花后种子成熟期短，一般 13～15 天种子即可成熟。花盘外壳由绿色变为黄色，每个花盘种子也由白色变为褐色，即为种子成熟期，便可采收。种子成熟后，很快伴絮随风飞散，可以在花盘末开裂时抢收，这是种子采收成败的关键。花盘摘下后，放在室内后熟 1 天，待花盘全部散开，再阴干 1～2 天，种子半干时，用手搓掉种子先端的绒片，然后将种子晒干。大叶型蒲公英千粒重 2 克，小叶型品种为 1～1.2 克。

4. 病虫害防治　蒲公英一般不发生病虫害。常见病害有叶柄病，发病前期喷 1：1：120 的波尔多液或 50% 甲基托布津 800～1 000 倍液喷雾防治。

（三）采收和初加工

1. 采收　蒲公英可在幼苗期分批采摘外层大叶供食，或用刀割取心叶以外的叶片食用。每隔 15～20 天割 1 次。也可一次性割取整株上市。

2. 初加工　蒲公英一般用作蔬菜进行鲜食。药用蒲公英收获时择晴天齐地面割取全草，迅速晾干、晒干、烘干即可药用。

（韩烈刚）

三十二、天南星栽培技术

天南星为有毒中药。2010 年版《中华人民共和国药典》（一部）收载种类为天南星科天南星属植物天南星 *Arisaema erubescens*（Wall.）Schott.、异叶天南星 *A. heterophyllum* Bl.、

东北天南星 *A. amurense* Maxim.，干燥块茎入药。

　　另外，虎掌南星、象头花、螃蟹七、花南星、灯台莲、刺柄南星、朝鲜南星等 7 个种类有与天南星相近的功效，可作为地区习用品使用。而黄苞南星、象南星、一把伞、普陀南星、云台南星、全缘灯台莲、七叶灯台莲、川中南星、多裂南星、短柄南星等 10 个种类虽有与天南星类似的功效，但作用各有差异与不足，只能在个别地区作天南星使用。银南星、高原南星有类似半夏的功效，在云南将银南星作半夏入药，在西藏则将高原南星作半夏入药。红根、青脚莲由于毒性较强，功能与天南星有所区别，只能作外用药使用。目前，药典标准尚无鉴别真伪的专属性理化鉴别方法和控制质量的含量测定方法，也尚未有文献报道相应的鉴别方法。

（一）特征特性

　　1. 生长习性　天南星株高 50～80 厘米，块茎扁球形，外皮黄褐色。叶 1 片，从块茎顶端生出；叶柄圆柱形，肉质，直立如茎状；叶片辐射状全裂如伞状。雌雄异株，肉穗花序。浆果红色卵圆形。花期 5～6 月，果期 7～8 月。喜湿润、疏松、肥沃的土壤和环境。种子萌发的实生苗较耐寒，块茎不耐冻。从返青至 6 月中旬为止快速生长，之后生长基本停止，到 7 月末开始逐渐枯萎。

　　2. 生育特点　天南星种子 8 月上中旬成熟，采收后秋播或翌年春播。由种子萌发的实生苗，第一年只生 1 片小叶，胚根渐渐膨大形成小块茎，耐寒性稍差；2～3 年后地上叶柄逐渐增粗增高，小叶片数逐年增加，抽出花葶并开花结果，地下块茎逐渐长大，耐寒性也逐年增强。

（二）林药间作条件下的栽培技术

　　1. 选地与整地　选择林下较阴湿的荫蔽环境。土壤以疏松肥沃、排水良好的黄沙土为好。选好地后于秋季将土壤深翻20～25 厘米，结合整地每公顷施入腐熟的堆肥 60 吨，翻入土内作基肥。整细耙平，做成宽 1.2 米的高畦或平畦，四周开好排水沟。

2. 繁殖方法

（1）种子繁殖　天南星种子 8 月上旬成熟。浆果采后置清水中搓洗去除果肉，捞出种子，立即播种。按行距 15～20 厘米挖浅沟，将种子均匀地播入沟内，覆土与畦面齐平，播后浇 1 次透水，保持床土湿润，10 天左右即可出苗。每公顷用种量 70 千克左右。冬季用堆肥覆盖畦面，保温保湿，有利于幼苗越冬。翌年春季幼苗出土后，将厩肥压入苗床作肥料。当苗高 6～9 厘米时，按株距 15～20 厘米定苗。多余的幼苗可另行移栽。

种子繁殖慢，产量低，多用块茎繁殖。

（2）移栽营养繁殖　9～10 月收获天南星块茎后，选择生长健壮、完整无损、无病虫害的中小块茎，晾干表皮后置地窖内贮藏作种栽。挖窖深 1.5 米左右，大小视种栽多少而定。窖内温度保持在 5～10℃为宜，低于 5℃易受冻害，高于 10℃则容易提早发芽。一般于翌年春季取出栽种，亦可于封冻前进行秋栽。春栽时，于春季 4 月中下旬在整好地的畦面上，按行距 20～25 厘米、株距 15 厘米挖穴，深 4～6 厘米，把块茎的芽头向上放入穴内，每穴 1 块。栽后覆细土，若天旱浇 1 次透水，约半个月即可出苗。大块茎作种栽，可以纵切成两半或数块，只要每块有 1 个健壮的芽头，都能作种栽用。但切后要及时将伤口拌以草木灰，避免腐烂。小块茎及块茎切后种植的覆土要浅，大块茎宜深。每亩需大种栽 40～45 千克，小块茎 20～25 千克。

3. 肥水措施　第一次松土除草后用稀薄的人畜粪水追肥 1 次，每公顷 20 吨。第二次于 6 月中下旬松土后追肥 1 次，用量同前次。第三次于 7 月下旬正值天南星生长旺盛时期，结合除草松土，每公顷追施堆肥 30 吨，在行间开沟施入，施后覆土盖肥。第四次于 8 月下旬结合松土除草，每公顷追施尿素 250 千克。

天南星喜湿，栽后经常保持土壤湿润，要勤浇水；雨季要注意排水，防止田间积水，以免影响生长。

4. 田间管理　苗高 6～9 厘米时进行第一次松土除草，宜浅不宜深。第二次于 6 月中下旬，松土可适当加深。第三次于 7 月下旬，正值天南星生长旺盛时期，除草松土。第四次于 8 月下旬，除草松土可适当加深。除作种用的花穗外，其余花穗全部摘掉。

5. 病虫害防治　天南星的主要病害有两种，即天南星病毒病和块茎腐烂病。在防治方法上，应用组织培养法，培养无毒种苗；发病前期用药剂植病灵配合赤霉素喷雾；发现病株立即拔除，集中烧毁深埋，病穴用 5％ 石灰乳浇灌，以防蔓延。

常见的虫害有两种，即红天蛾和红蜘蛛，以化学防治为主。

（三）采收和初加工

9 月下旬至 10 月上旬收获，过迟天南星块茎难去表皮。选晴天挖起块茎，去掉泥土、残茎叶、须根，搓洗去皮，洗不掉的用竹刀刮去皮，用水冲洗，晒干即成商品。以个大、色白、粉性足、无杂质为佳。

（四）经济效益

天南星一般亩产干货 250～350 千克，每千克 20 元，每亩产值 5 000～7 000 元。

（郜玉钢　臧埔　赵岩）

三十三、异叶天南星栽培技术
基本同天南星。

（郜玉钢　臧埔　赵岩）

三十四、掌叶半夏栽培技术

掌叶半夏 *Pinellia pedatisecta* Schott. 属于天南星科半夏属多年生草本，别名虎掌、狗爪半夏。块茎称为虎掌南星，近球形，类似半夏，但较大，是全国多数省区习惯使用的中药天南星的主要来源。叶片鸟足状分裂。肉穗花序的佛焰苞绿色或带紫色。浆果卵圆形、圆形，内含种子 1 粒。分布于河北、山西、陕西、山东、江苏、浙江、湖南、四川、贵州、云南等地。

（一）特征特性

1. **生长习性**　掌叶半夏喜湿润、疏松、肥沃的土壤和环境，喜水肥。其块茎不耐冻。由种子萌发的实生苗，第一年幼苗只生3片小叶，2～3年后小叶片数逐次增多，且较能耐寒。人工栽培宜与高秆作物间作，或选择林下、林缘、山谷较阴湿的环境；土壤以疏松肥沃、排水良好的黄沙土为好。

2. **生育特点**　掌叶半夏为多年生草本，一般3月下旬至5月上旬种植，夏播一般在小麦收割后即可开沟播种。掌叶半夏播种后10～15天即可出苗，从母块茎顶部生出子芽，有时侧芽也萌发叶片。用上一年母块茎作种，往往先抽出花序，再长叶。这期间母块茎膨大很快，第一批珠芽也渐渐长大。约5月下旬落地，6月中下旬地上叶片发黄，部分叶柄倒下，7月中下旬仅50%的植株保留1片黄叶，这表明从6月下旬已基本停止生长，到8月地上部分全部干枯。第二次出苗约在9月，10～11月又倒苗。花期5～7月，果期8～10月。

（二）林药间作条件下的栽培技术

1. **选地与整地**　选择遮阴度在40%左右，湿润、疏松、肥沃的沙壤土或黑土。封冻前深耕25厘米，使土壤风化疏松。翌春解冻后，每亩施圈肥5 000千克，浅耕细耙整平，做成90～150厘米宽的平畦，备播。

2. **繁殖方法**　分有性繁殖和无性繁殖，生产上多采用块茎繁殖。种子生长期长，产量不高，多不采用。

（1）**块茎繁殖**　选无病虫害、健壮完整的中小块茎作种茎，贮存于地窖或室内沙藏，保持温度在5℃左右较为适宜。于春分至清明，在东西畦向预先整好的1米平畦内，按行距20～25厘米开约5厘米深的沟，将种茎按12～15厘米的株距摆于沟内，芽头向上，大个每穴1枚，小个2枚，覆土踏实。每亩用块茎50～60千克。

（2）种子繁殖　在整好的畦上，按行距 12～15 厘米进行条播，覆土约 1.5 厘米。温度在 20～25℃时，播后约 10 天即可出苗。冬季用厩肥覆盖畦面，保湿保温，有利于幼苗越冬。翌年苗高 5～10 厘米时，按株距 15 厘米定苗，并隔 1 行去 1 行，间出的苗可再移到另一块地栽种。当幼苗高达 6～9 厘米时，选择阴雨天或午后，将生长健壮的小苗稍带土壤移栽入大田，株行距为 15～20 厘米，栽后浇一次定水根，以保证成活。

3. 田间管理

（1）中耕除草　苗出齐后，应及时清除杂草，用特制的小锄进行中耕除草，宜浅不宜深，做到疏松表土即可，一般不超过 3 厘米。株间杂草宜用手拔除。第二次中耕除草在 6 月中下旬植物旺盛生长的时候进行，可以适当深耕。

（2）施肥　掌叶半夏喜肥，除施足基肥外，生长中期应结合中耕除草施一次稀薄人粪尿，每亩 1 000～2 000 千克。若基肥不足，可配施硫酸铵或尿素每亩 10～15 千克。生长后期可施粪肥并增施磷钾肥或饼肥 30～50 千克/亩，以促进后期养分向下运输。

（3）摘蕾　6～8 月掌叶半夏肉穗状花序从鞘状苞内抽出时，除留种地外，生长期抽出的花序应全部摘除（不能用手拔，以免损伤植株，影响产量），以减少养分的消耗，促进地下部膨大。

（4）排灌水　掌叶半夏喜湿润阴凉环境，忌干旱，生长季注意保持地面湿润，雨水过多要及时排水。

（5）间套作　掌叶半夏栽植后，前 2 年生长较缓慢，喜阴。间套作既可为掌叶半夏遮阴，又可以有效地利用土地。

4. 病虫害防治

（1）病毒病　5 月开始发生，为全株性病害。发病时，掌叶半夏叶片上产生黄色不规则的斑驳，使叶片呈现花叶症状，同时发生叶片变形、皱缩、卷曲，呈畸形症状，使植株生长不良，后期叶片枯死。防治方法：①选择抗病品种栽种，在田间选择无病单株留种；②增施磷、钾肥，增强植株抗病力；③及时喷药消灭传毒害虫。

（2）根腐病　5～10月发生。受害病株块茎腐烂，叶片枯死，蔓延甚快。防治方法：①雨季排除地中积水；②炎热夏季的雨后及时浇井水降低地温；③夏季用多菌灵1 000倍液喷洒预防；④发现病株及时挖出烧毁，病穴用生石灰消毒。

（3）红天蛾　以幼虫危害叶片，咬成缺刻和空洞，7～8月发生严重时能将叶子吃光。防治方法：①在幼虫低龄时，采用化学防治为主；②忌连作，也忌与同科植物如半夏、魔芋等间作。

（4）红蜘蛛　5～6月发生，于叶背吸食汁液，使叶变黄，影响生长。防治方法：以化学防治为主。

5. 留种技术　掌叶半夏的种子寿命较短，应采用当年采收的新种子。当浆果成熟时采集，浸水搓揉，洗去果肉，捞出底沉种子洗净。采后即播，8月上旬播种，或用湿润的细沙混合贮藏种子，至第二年的3～4月再播种育苗。

（三）采收和初加工

1. 采收　掌叶半夏于9月下旬至10月上旬收获，采收过迟则块茎难去表皮。采挖时，选晴天挖起块茎，去掉泥土、残茎及须根。

2. 初加工　将采收的掌叶半夏的块茎装于筐内，置于流水中，用大竹扫帚反复刷洗去外皮，洗净杂质。未去净表皮的块茎，可用竹刀刮净外表皮。然后用硫黄熏蒸，以熏透心为度，再取出晒干。经硫黄熏制后，块茎可保持色白，不易发霉和变质。加工时要戴手套，严防中毒。如出现皮肤红肿，可用甘草水擦洗解毒。

（四）市场行情

掌叶半夏的块茎为中药天南星的主要来源。天南星的年需求量在2 000～3 000吨，亩产300～400千克。2008年小个天南星23～26元/千克，2009年40～50元/千克，2010年高达100元/

千克。各地天南星种植面积不大，产量有限，供需矛盾加剧，天南星行情后势看好。

（魏胜利　徐立军）

三十五、半夏栽培技术

半夏 *Pinellia ternata* （Thunb.）Breit. 属天南星科半夏属多年生草本，别名半月莲、三步跳、地八豆。块茎扁球形，为中药半夏的唯一来源。半夏也适于盆栽赏叶。掌状复叶具 3 小叶，叶柄基部有一瘤状突起，即珠芽。初夏 5～7 月开花，肉穗花序，外有黄绿色佛焰苞。果熟期 6～9 月。中国半夏资源分布广泛，除内蒙古、吉林、黑龙江、新疆、青海、西藏外，其余省区均有分布，各地多栽培。由于半夏资源日益减少及部分地区药用习惯，目前仍有至少同科 3 个属 12 种植物充作半夏使用，常见的有水半夏、狗爪半夏、掌叶半夏等。

（一）特征特性

1. 生长习性　半夏多野生于潮湿而疏松肥沃的沙质壤土或腐殖土上。一般春季生长旺盛，夏季炎热时倒苗休眠，秋季再萌发，因此称为"半夏"。喜湿润，怕干旱，畏强光，在阳光直射或水分不足条件下易发生倒苗。耐阴，耐寒，块茎能自然越冬。要求土壤湿润、肥沃、深厚，以含水量 40%～50%、pH6～7 呈中性反应的沙质土壤为宜，过沙、过黏以及易积水之地均不宜种植。适合生长在稀疏灌木丛、落叶阔叶林下、麦地、玉米地中。

2. 生育特点　一年生半夏的单叶心形，第 2～3 年开花结果，有 2 或 3 裂叶生出。半夏一年内可多次出苗，在长江中下游地区，每年可平均出苗 3 次，第一次为 3 月下旬至 4 月上旬，第二次在 6 月上中旬，第三次在 9 月上中旬。相应的每年有 3 次倒苗，分别为 3 月下旬至 6 月上旬、8 月下旬、11 月下旬。出苗至倒苗的天数春季为 50～60 天，夏季为 50～60 天，秋季为 45～60 天。倒苗对于半夏一方面是对不良环境的一种适应，更重要的是增加了珠芽的数量，亦进行了一次以珠芽为繁殖材料的无性繁殖。第一代珠芽萌生初期在 4 月初，萌生高峰期为 4 月中旬，成熟期为 4 月下旬至 5 月上旬。

半夏块茎一般于 8～10℃萌动生长，15℃开始出苗。随着温度升高出苗加快，并出现珠芽。15～26℃最适宜生长，在 30℃以上生长缓慢，超过 35℃而又缺水时开始出现倒苗，秋后低于 13℃出现枯叶。

冬播或早春种植的块茎，当 1～5 厘米的表土地温达 10～13℃时，叶开始生长，此时如遇地表气温持续数天低于 2℃，叶柄即在土中开始横生，横生一段并可长出一代珠芽。地温与气温差持续时间越长，叶柄在土中横生越长，地下珠芽长得越大。当气温升至 10～13℃，叶直立长出土外。

半夏的块茎、珠芽、种子均无生理休眠特性，只要环境条件适宜均能发芽。种子发芽适温为 22～24℃，寿命为 1 年。

（二）林药间作条件下的栽培技术

1. **选地与整地**　宜选肥沃湿润、保水保肥力强、质地疏松、呈中性反应的沙质壤土或壤土地种植；亦可选择半阴半阳的缓坡山地，或玉米地、油菜地、麦地、果木林进行套种。

选好地后，于冬季翻耕土壤，深 20 厘米左右，使其风化熟化。结合整地，每亩施入厩肥或堆肥 2 000 千克、过磷酸钙 50 千克，翻入土中作基肥。于播前，再耕翻 1 次，然后整细耙平，做宽 1.3 米的高畦，畦沟宽 40 厘米。

2. **繁殖方法**　半夏可以种子繁殖，也可用块茎和珠芽进行无性繁殖。目前生产上采用块茎和珠芽繁殖。以块茎繁殖，当年即可收获，见效快。

（1）块茎繁殖　秋季挖半夏时，选直径 1～1.5 厘米、生长健壮、无病虫害的小块茎作种用。用细沙土混拌，置于通风阴凉处，于当年冬季或翌年春季取出栽种。以春栽为好，秋冬栽种产量低。种前将块茎按大小分级，分别栽种。一般在春季日平均地温 10℃左右时下种，按行距 12～15 厘米、株距 5～10 厘米，开沟宽 10 厘米、深 5 厘米左右，在每条沟内交错排列内行，芽向上摆入沟内，覆土耧平，稍加镇压。一般每公顷用种茎 1 500 千克左右。为了培土和除草方便，也可采用宽窄行条播，即宽行 30 厘米，窄行 10 厘米。秋季栽种方法同春播。

（2）珠芽繁殖　半夏每个茎叶生长 1 珠芽，数量充足，且发芽率高，成熟期早，是当前发展半夏生产的主要繁殖途径。夏秋间，当老叶将要枯萎时，珠芽已成熟，即可采下繁殖。按行株距 10 厘米×8 厘米挖穴，每穴种 2～3 个珠芽，再覆土 1～1.5 厘米，稍压实即可。对落于地表的珠芽，可采用盖土法进行培育。其方法是：每倒苗一批，盖土一次，盖土要薄，以不露珠芽为度。同时施入适量的磷、钾肥，既可保证珠芽生长，又能促进地下母块茎的增大，一举两得，有利增产。

（3）种子繁殖　二年生以上的半夏，从初夏至秋冬能陆续开花结果。当佛焰苞萎黄下垂时，采收种子，进行湿沙贮藏。3 月下旬至 4 月上旬，选半阳半阴地块，整地做畦，按行距 5～7 厘米开浅沟条播，播后覆盖 1 厘米厚的细土，并盖草保温保湿，15 天左右即可出苗，出苗后及时揭去盖草。苗高 6～9 厘米时，即可定植。

是否进行间作，各地应根据其栽种习惯和水肥条件来选择。如要间作，畦埂应更宽，间作物应尽量早种，使其在半夏需要遮阴时正好长高，不需要遮阴时恰好成熟。黄淮地区，只要选地适宜、水肥充足、管理得当，不间作也能使半夏倒苗率大大降低，达到丰产目的。

3. 田间管理

（1）中耕除草　半夏行间的杂草用特制小锄勤锄，深度不超过 3 厘米，以免伤根；株间杂草用手拔除。

（2）施肥　除施足基肥外，生长期要追肥 4 次。第一次于 4 月上旬齐苗后，每亩施入 1∶3 的人畜粪水 1 000 千克。第二次在 5 月下旬珠芽形成期，每亩施入 1∶3 的人畜粪水 2 000 千克。

第三次于 8 月倒苗后，当子半夏露出新芽，母半夏脱壳重新长出新根时，每 15 天用 1∶10 的人畜粪水浇 1 次，直至出苗。第四次于 9 月上旬，每亩施入过磷酸钙 20 千克、尿素 10 千克，以利于半夏生长。

（3）培土　6 月 1 日以后，由于半夏叶柄上的珠芽逐渐成熟落地，种子陆续成熟，植株并随佛焰苞的枯萎而倒伏，所以 6 月初和 7 月要各培土 1 次。取畦边细土，撒于畦面，厚 1.5～2 厘米，以盖住珠芽和种子为宜，稍加镇压。

（4）水分管理　半夏喜湿润，怕干旱，如遇干旱，应及时浇水。夏至前后，气温升高，天气干旱时 7～10 天浇 1 次水；处暑后，气温渐低，应减少浇水量，保持土壤湿润和阴凉，可延长半夏生长期，推迟倒苗时间，增加产量。若雨水过多，造成土壤中缺氧，应及时排水。

（5）摘花蕾　除收留种子外，为使半夏养分集中供给地下块茎生长，一般应于 5 月抽花葶时分批摘除花蕾。

（6）地膜覆盖　为了使半夏早出苗，延长其生长周期，提高地温，增加产量，早春可采取地膜覆盖等措施进行处理。种子播种时也可采用覆盖麦草及作物秸秆等方法来保持畦间水分，以利于出苗。地膜覆盖的，在苗高 2～3 厘米、种子 70％以上出苗时揭去地膜或除去覆盖物，以防止因膜内温度过高而烤伤小苗。采用地膜覆盖的方法可使半夏提早 15 天左右出苗，也可促进其根系生长，防止土壤板结，提高产量。

（7）套种遮阴　半夏在生长期间可与玉米、小麦、油菜、果树、林木等进行套种。这样一是可提高土地的使用效率，增加收入；二是其他作物也可为半夏遮阴，避免阳光直射，延迟半夏倒苗，增加半夏产量。

4. 病虫害防治

（1）腐烂病　多在高温多雨、土壤湿度过大时发生。发病后块茎腐烂，地上部枯萎。防治方法：①选择高燥易排灌的地块种

4

植；②种栽用50%多菌灵1 000倍液浸种；③发现病株及时挖出，在病穴撒石灰粉消毒，防止病害蔓延。

（2）病毒病　多在夏季发生，为全株性病害。发病时叶片上产生黄色不规则的斑，使叶呈花叶状，叶片皱缩、卷曲，直至死亡；地下块茎畸形瘦小，质地变劣。防治方法：①选用无病种栽；②实行轮作，不重茬；③苗期及时消灭传播病毒的蚜虫；④发病后及时挖出病株烧毁，并用石灰粉消毒。

（3）猝倒病　此病发病急，传染快，危害极大。多在高温多湿的雨季发生，种植密度过大的地块发生严重。发病初期叶及叶柄出现暗绿色不规则病斑，随之色泽加深，患部变软，叶片似开水烫过，呈半透明下垂，相互粘连在一起，病田中有腥臭味。防治方法：①选择易排灌的地块种植；②注意轮作；③进入雨季喷1∶1∶120波尔多液或75%百菌清600～800倍液预防，7天喷1次，连续3次；④发病初期及时喷洒66.5%普力克700～800倍液，7天喷1次，有较好的防治效果。

（4）红天蛾　夏季发生，以幼虫咬食叶片，食量很大，发生严重时可将叶片食光。以化学防治为主。

5.留种技术　收获时选叶片肥厚、叶柄粗大、须根粗壮、伏天倒苗时间短的植株的块茎，直径0.5～1.5厘米大小的作种茎。秋播时可随刨随挑随种，春播的把已选好的种茎放于通风处晾2～3天，在室外向阳处挖50～80厘米深、60厘米宽的窖，长度依种茎多少而定，窖底部先铺一层干沙，放3～5厘米厚的种茎，再盖一层细沙，再放一层种茎，一层一层地放到稍低于地表，上盖细沙或土，严冬时加盖20厘米厚的土。室内存放也要一层沙一层种存放。要勤检查，防止烂种。

（三）采收和初加工

1.采收　半夏于当年或第二年采收。一般于夏秋季（9月下旬）茎叶枯萎倒苗后采收。过早采收影响产量，过晚采收难以去皮晒干。从畦的一端用铁锹或三齿耙将半夏挖出。

2. *初加工*　收获后需加工入药的鲜半夏要及时去皮，堆放过久不易去皮。方法是将鲜半夏装入框内或麻袋内，扎紧口袋放在水泥池内，灌入冷水，水面淹没盛药袋的一半，穿胶鞋用脚踩去外皮，边沾水边搓进行脱皮，然后倒入筛子浸入水中，漂去皮渣，捞出半夏，放在阳光下暴晒，不断翻动晒干，晒干后即可出售。也可用半夏脱皮机去皮，洗净晒干或烘干，即为生半夏。折干率为 3～4：1。以个大、皮净、白色、质坚、粉足者为佳。

（四）市场行情

半夏是降逆止呕、燥湿化痰的常用中药材，在多种中成药中应用，在国内外有较广阔的市场。原药主要来源于野生资源，现已基本没有，主要依靠人工栽培。受繁殖速度和栽培技术难度的影响，家种生产的发展较为缓慢，人工种植的前景较好。2008年统货价格为 40 元/千克左右，2009 年 60～70 元/千克，2010年高达 170 元/千克，目前保持 160 元/千克左右。

（魏胜利　徐立军）

三十六、蔓生百部栽培技术

蔓生百部 *Stemona japonica* （Bl.） Miq. 为百部科百部属植物，正名百部。干燥块根入药。与直立百部 *Stemona sessilifolia* （Miq.） Miq.、对叶百部（大百部）*Stemona tuberosa* Lour. 共同载入国家药典。

（一）特征特性

1. *形态特征*　见第一章。

2. *生活习性*　野生于山地、丘陵的灌木丛、林边及竹林下。适宜温暖的气候。对土壤要求不严，一般土壤都可种植。耐寒，怕干旱，忌积水。分布于山东、陕西、安徽、湖北等地。

（二）林药间作条件下的栽培技术

1. *选地与整地*　选择较阴凉湿润、疏松肥沃、排水良好的沙质壤土。在选好的地块上深翻耙平，做宽约 130 厘米的高畦。

2. 繁殖方法

（1）种子繁殖　北方于 3 月下旬至 4 月上旬、南方在 8～9 月播种育苗。苗床按沟心距 25～30 厘米开横沟，播幅 5～10 厘米，将种子均匀播于沟中。每亩用种子 2～2.5 千克。然后施人畜粪水，盖草木灰，并盖细土 4～5 厘米厚，再盖谷壳。播种后第二年春季出苗，冬季移栽。定植行距 50 厘米，株距 35 厘米，穴深 15～20 厘米，底平，每穴 1 株，使块根向四面平铺，覆土后浇稀人畜粪水。

（2）分根繁殖　冬季倒苗后到次年未萌发时，结合收获挖出块根，将大个的剪下供药用。然后按芽及小块根的多少分割成小株，每株需有壮芽 2～3 个、未有损伤的块根 2～3 个，选地栽种（栽培方法与移栽相同）。

3. 田间管理　每年春季幼苗出土后，4 月和 6 月各进行 1 次中耕除草及追肥。苗高 20 厘米左右时，在株旁插 1 根竹竿或树枝，供蔓茎缠绕，并将相邻支柱顶端每 3～4 个扎在一起，更为坚固，便于管理。冬季清除干枯茎蔓后培土，并施土杂肥 1 次。

4. 病虫害防治

（1）棉红蜘蛛　群集于叶背吸食汁液，在叶背面拉丝结网，严重者使叶变黄脱落。防治方法：进行清园，收挖前将地上部收割，处理病残体，以减少越冬基数；与棉田相隔较远距离种植；发生期可配合化学防治。

（2）蛞蝓　又名鼻涕虫，为一种软体动物。咬食花梗、果柄、叶片。防治方法：发生期人工捕杀或清晨撒石灰粉。

（三）采收和初加工

1. 采收　定植后 2～3 年采挖，采挖时间在冬季地上部分枯萎后或早春萌芽前。

2. 初加工　将块根挖出，除去细根、泥土，在沸水中浸烫，以刚煮透为准，取出晒干或烘干即成。

（四）经济效益

以每亩产百部干品 300～350 千克计，当前市场价格（统）8～10 元/千克，每亩 2～3 年产值为 2 400～3 500 元。

（郜玉钢　杨鹤　张浩）

三十七、铃兰栽培技术

百合科铃兰属仅有铃兰 *Convallaria majalis* L. 1 种，广布于北温带，中国产于西北部和北部，供观赏和药用。

（一）特征特性

1. **生长习性**　喜半阴、凉爽、湿润环境。极耐寒，忌炎热，气温 30℃以上时植株叶片会过早枯黄。在南方需栽植在较高海拔、无酷暑的地方。喜肥，对土壤要求不严，宜选择林下土层深厚、富含腐殖质、疏松肥沃的壤土种植，喜微酸性土壤。生于海拔 850～2 500 米的潮湿处或沟边。

2. **生育特点**　铃兰为多年生宿根性草本植物，高达 30 厘米。

春、秋季均可播种。温度在 17～20℃时，15 天左右出苗。第二年春季发芽，需经 3～4 年才能开花。宜植于树荫下。5～6 月花葶由鳞片腋内长出，有花 6～10 朵。6～7 月为果实成熟期，7～9 月待果实变为红色时，地上部分枯萎。

铃兰种子为胚后熟休眠类型。种子成熟收获后先置于 1～6℃条件下 80 天左右，再放于室温下，才能完成种胚后熟，打破低温休眠，有利于种子萌发。种子发芽的适宜温度为 20～25℃。种子在室温下贮藏 1 年已无发芽力，故隔年种子不能用。

（二）林药间作条件下的栽培技术

1. **选地与整地**　铃兰喜半阴湿环境，耐严寒。选择湿润、肥沃、排水良好、富含腐殖质的沙质壤土地栽植较为适宜，可成片生长。而干旱、瘠薄的土地不宜栽培。当年春天把地耕翻深 30 厘米，结合整地亩施农家堆肥 10 000 千克，打碎土块，耙细，然后做畦，畦宽 1.2 米，长根据地势和种栽多少而定。

2. 繁殖方法 铃兰可以用根茎和种子繁殖。

(1) 根茎繁殖 秋季于10月上中旬、春季于萌芽前将根茎挖出，把带有芽眼的根茎分开，按行株距25厘米×25厘米挖穴，穴深5厘米左右，每穴栽2～3株，覆土后压实，浇水。2年后即可连成片。

(2) 种子繁殖 果实变红时采收，将其置于水中搓去果肉，把种子洗净晾干，贮藏备用。春、秋季均可播种，秋播于10月下旬至11月初，春播于3月下旬至4月上旬。在畦上按行距10～15厘米，开深2～3厘米的沟条播，将种子均匀撒在沟内，覆土后稍加镇压，浇水，温度在17～20℃时15天左右可出苗。

3. 田间管理 栽植实生苗重点要铲除杂草，特别是苗根草要勤铲、浅铲，防止松动苗木。成龄苗主要是松土、保墒，干旱时浇水，防止杂草丛生。每年施2～3次追肥，施以饼肥、过磷酸钙和适量草木灰。需经常浇水，保持土壤湿润。多年生地块由于根茎伸长、潜芽较多、密度增加，此时应对多密苗进行适当疏苗，可采用深铲、深趟办法杀苗及人工间苗。

4. 病虫害防治 铃兰的栽培尚处于初级阶段，对于病虫害的种类和发病机制还不清楚。

(三) 采收和初加工

1. 采收 7～8月铃兰果实成熟后，挖取全草，洗掉泥土，除去杂质，晒干。

2. 初加工 将晒干后的铃兰用草纸打捆，贮放于干燥通风处备用。

(四) 市场行情

本药材属于冷背药材，价格不确定。

(魏胜利　王丹)

三十八、平贝母栽培技术

现行《中华人民共和国药典》2010年版收载贝母类药材分

为 5 种，分别为川贝母、浙贝母、平贝母、伊贝母、湖北贝母。《中药志》所载太白贝母的干燥鳞茎和《中药大辞典》中一轮贝母均可作川贝母用。

（一）特征特性

1. **生长习性**　平贝母喜冷凉湿润气候，怕炎热干燥。野生平贝母多生长于中国东北地区海拔 1 000 米以下的山脚坡地、阔叶林地、林缘、灌丛、草甸及河谷两岸。土壤多为土层较厚、质地疏松、土质肥沃、结构良好、富含腐殖质的微酸性或中性的棕色森林土及山地黑钙土。黏土地、沙地及低洼地不宜种植。

2. **生育特点**　平贝母属早春植物，在东北 3 月下旬至 4 月上旬，温度在 2～4℃时出苗；4 月上旬至中旬，温度在 3～5℃时展叶；5 月上旬，温度在 10～14℃时开花，花期 7～15 天；温度在 13～16℃时进入生长盛期；开花后 1 个月左右，即 6 月上旬，温度在 17～19℃时，果实陆续成熟。当气温在 28℃以上时，平贝母鳞茎所在土层温度升到 20℃以上时，地上植株枯萎，进入夏眠，即完成一个年生长发育过程。平贝母生长期较短，仅 60 天左右。7 月上旬至 8 月下旬，越冬芽开始生长发育，并形成新须根和子贝。冬季进入休眠期。

（二）林药间作条件下的栽培技术

1. **选地与整地**　由于平贝母栽培周期较长，故选地是栽培关键之一。应选择疏松肥沃、有机质含量丰富、排水良好且接近水源的壤土或沙壤土，最好是生荒地。地块选好后及时耕翻，翻地深度 15 厘米左右，耙平整细。结合耕翻施足基肥，施肥以腐熟的鹿粪、羊粪、马粪、猪粪为好。

2. **繁殖方法**　平贝母生命力强，繁殖率高，既可进行有性繁殖，又可进行无性繁殖。用种子繁殖生长周期长，收效较慢，一般需 6 年左右方能收获。而用鳞茎繁殖，则 1～2 年便可收益，故生产上多采用鳞茎繁殖法。

(1) 种子繁殖 平贝母种子于 6 月上中旬陆续成熟。种子采收后稍晾干，便应立即播种，否则会降低或丧失发芽力。为方便管理，最好进行横畦条播，行距 10 厘米，覆土 1～1.5 厘米。播后床面盖草帘或树条，保持土壤湿度。如播后遇干旱，可适当浇水或畦沟灌水，以利种子后熟和发芽。平贝母幼苗顶土能力弱，为提高顶土能力，亦可用整果或按子房室分瓣，按 10 厘米×5 厘米的行株距穴播，上覆细土 2 厘米厚，再覆腐熟落叶 1～2 厘米，以利保墒。

(2) 鳞茎繁殖 于 6 月下旬将起挖出的鳞茎按大、中、小分成 3 级。大者（直径 1.5 厘米以上）加工入药，中（直径 0.8～1.5 厘米）、小（直径 0.8 厘米以下）鳞茎分别播种。播种后覆土 3～5 厘米，当年便可形成新根和更新芽，翌春土壤解冻后出苗、开花、结实。根据平贝母鳞茎大小不同，亩栽种量也不同，一般高粱粒大小的需 150～200 千克，玉米粒大小的需 250～300 千克，比玉米粒大的要用 300～400 千克。作种用鳞茎需尽量做到随采收随播栽，以防堆放贮藏发热霉变。如不能及时播栽，则应暂放入湿沙中分层贮藏，但最迟必须在 8 月中旬以前播完，否则平贝母鳞茎生出新根和更新芽，容易碰断，并且由于堆放时间长，呼吸作用强，养分消耗过多，影响来年平母贝的长势和产量。

3. 肥水措施 林药间作多为坡地，不便于浇水，因此要在平贝母行间或畦面用稻草、无子山草或树叶覆盖，减少土壤水分蒸发；或增加松土次数，破坏土壤表层毛细水管，减少水分蒸发；或在畦间作业道中挖一些鱼鳞坑，拦截雨水向畦床渗透。雨季要做好排水工作。无论是畦作还是垄作，都要在畦旁或垄两边挖浅沟，以便排除雨水。为了防止雨水冲刷畦面，要在平贝母地上坡横向挖好排水沟，将山地上坡雨水引向田外。由于其生育期较短（60 天），所以需追施速效肥，第一次在茎叶伸展时，第二次在开花前，追肥种类和数量为硝酸铵 10 千克/亩、磷酸二铵

7.5千克/亩。

4. 田间管理

（1）除草　平贝母地上植株生长期间，发现田间有杂草要用手拔除；出苗前和枯萎后的田间杂草可用锄头浅锄，注意不能锄伤平贝母的鳞茎和更新芽，将铲锄的杂草用耙子轻搂出去，整平畦面；或喷施不伤害树苗的除草剂灭除杂草，在平贝母出苗前每亩用50%西玛津或阿特拉津100克加水200千克进行喷雾处理，或在平贝母地上植株枯萎后每亩使用50%西玛津或阿特拉津150克加水200千克进行喷雾处理。无论采用哪种方式除草，在为平贝母除草的同时也要除掉树苗周围的杂草，以保证林药均健壮生长。

（2）清理田园　平贝母地上植株枯萎后要及时清理，集中运往田外深埋或烧毁，防止病原菌落地寄生。用50%多菌灵可湿性粉剂500倍液进行畦面喷雾消毒。

（3）幼树管理　结合除草松土为幼树根部培土；春季枝叶萌芽前或秋季落叶后，对幼树基部进行剪枝；发现有其他植物缠绕要及时清除。

5. 病虫害防治

（1）病害

①锈病　平贝母锈病又称黄疸，是危害平贝母地上植株的主要病害，一般发病率在50%左右，严重的发病率可达90%以上。主要侵染茎叶，造成早期枯萎，严重影响产量。在防治方法上，要合理选地，适当密植，防止草荒，清理田园，合理施肥；于平贝母展叶期或发病初期喷施10%世高1000倍液或40%杜邦福星乳油3000倍液、25%粉锈宁可湿性粉剂500倍液、95%敌锈钠300倍液、20%萎锈灵可湿性粉剂500倍液，每隔7天喷施1次，连喷3～4次。

②菌核病　平贝母菌核病又称黑腐病，为土传病害，危害贝母鳞茎。在防治方法上，要建立无病种子田，实行种子种苗严格

检疫，合理选地，合理密植，合理施肥，消灭薤白寄主，适时轮作；种栽消毒，种鳞茎在移栽前用50％速克灵可湿性粉剂1 000倍液浸泡30分钟，捞出控至鳞茎表皮无水时移栽，或移栽后覆土前用上述药剂对鳞茎和畦土先进行喷雾，然后覆土；经常检查平贝母生长情况，发现病区及时将病株及病土全部清除，将病穴撒施一层生石灰粉，再用50％速克灵可湿性粉剂300～500倍液浇灌病区，更换新土后补栽贝母。

（2）虫害

①地下害虫 危害平贝母地下鳞茎的害虫有蛴螬、蝼蛄、金针虫。咬食平贝母鳞茎，使鳞茎伤口染病而导致腐烂。可用相应农药进行化学防治。

②地上害虫 危害平贝母地上茎的害虫主要是地老虎。其幼虫从地表处将茎咬断而使植株死亡，造成缺苗断条。可在成虫羽化盛期用糖浆毒饵诱杀成虫。具体方法是用红糖0.5千克、醋1千克、水1千克、80％敌百虫可湿性粉剂50～100克，混合调匀后装入敞口容器中放在田间诱杀。

（3）鼠害 平贝母林药间作易受鼢鼠和鼹鼠的危害。这两种鼠于平贝母畦床表层土壤中横向打洞觅食，遇到贝母鳞茎后往往顺畦咬食，使贝母鳞茎遭到严重破坏。在田间发现凸起的新土包时，于附近挖开洞道口，安放地箭、鼠夹等捕杀；挖开洞口，将大葱白破开放入一定量的磷化锌或其他鼠药，合上葱白并用葱叶缠好放入两侧洞口中，待鼢鼠和鼹鼠前来堵洞口时发现大葱并咬食而毒杀。

（三）采收和初加工

1. 采收 6月中旬平贝母地上部全部枯萎以后进行挖掘。首先将畦床一头扒开一部分，露出鳞茎，然后用木锹或平板锹沿平贝母鳞茎层将覆土翻到作业道上，使整个畦内平贝母的鳞茎暴露。挑出大的鳞茎除去杂物和泥土后进行加工，剩下的中、小鳞茎分等栽培。

2. 初加工

（1）火炕加工法　一般采用炕干。即在密闭的土炕上用筛子筛上一层草木灰，然后将欲加工的平贝母鳞茎按大小分级铺好，大者放在炕头一端，小的放炕梢一端，再筛上一层草木灰，然后开始加温。待炕温达到40℃左右，经 24 小时即可干燥。然后用筛子筛去草木灰，将平贝母鳞茎再炕或日晒一下，以驱除灰尘及遗留下的潮气，即成干货。在开始加热时，温度不宜过高，达40℃左右保持恒温，待达到7～8成干时，再逐渐降温以免炕焦。干燥时不宜翻动过频，以防产生揉粒，降低品质。

（2）日晒法　选晴天，将平贝母鳞茎放在席子上或纱窗上，薄薄地铺上一层，为加速干燥，可拌撒石灰吸水，直到晒干为止。最后将干燥鳞茎装于麻袋内，扯起四角，来回串动，搓下须根和鳞茎上附着的泥土、草木灰等，再扬出杂质，即得乳白色的成品。

（四）经济效益

平贝母一般亩产干货200～300 千克，每千克 20 元，每亩产值 4 000～6 000 元。

（邰玉钢　臧埔　赵岩）

三十九、北重楼栽培技术

北重楼 *Paris verticillata* M. Bieb. 为百合科重楼属植物，其干燥根茎入药。

华重楼（七叶一枝花）*Paris polyphylla* Smith var. *chinensis*（Franch.）Hara 和云南重楼（滇重楼）*Paris polyphylla* Smith var. *yunnanensis*（Franch.）Hand. - Mazz. 的干燥根茎也入药，均已分别载入 2000 年版和 2005 年版国家药典。

（一）特征特性

1. 形态特征　见第一章。

2. 生活习性　生于山坡林下、草丛中、阴湿地和沟边。东北、华北、西北和华东地区均有分布。

（二）林药间作条件下的栽培技术

1. **选地与整地** 北重楼喜冷凉阴湿环境。要求土壤肥沃、深厚、疏松、富含腐殖质。常野生在高山和半高山的林荫下。

2. **繁殖方法**

（1）**种子繁殖** 采用育苗移栽。在 9～10 月，当种皮变红时采种，一般随采随播。先翻整土地，开约 133 厘米宽的高厢，按沟心距 23～26 厘米开横沟，深 3.3～6.6 厘米，播幅 10～13 厘米，每沟播种子 100 粒左右，盖细土厚约 3.3 厘米。第二年早春出苗，当年只抽 1 片叶。苗期每年都要勤除杂草，适当追肥，培育 2～3 年，就可移栽。

移栽在冬季倒苗时进行，整地方法与苗床相同。栽时，行株距 20～23 厘米，深 10～13 厘米，每窝栽苗 1 株。栽后施人畜粪水，并盖土，最后盖土与厢面齐平。

（2）**根茎繁殖** 可结合收获进行。把挖收的老株从芽尖倒数第 3～5 节处切下，作为种根。栽法与育苗移栽相同。

春季出苗后，要随时除去杂草，并在春季撒施伴有人畜粪水的火灰或腐殖质土，厚 1～1.3 厘米，冬季还要适当培土。

（三）采收和初加工

移栽 3～5 年后，在 9～10 月倒苗时采挖。除去茎叶及须根，洗净，鲜用或晒干。

（郜玉钢　杨鹤　张浩）

四十、玉竹（尾参）栽培技术

玉竹 *Polygonatum odoratum*（Mill.）Druce 是载入国家药典的百合科黄精属药用植物，以地下根茎入药。性平，味甘。具养阴、润燥、清热、生津、止咳等功效。用作滋补药品，主治热病伤阴、虚热燥咳、心脏病、糖尿病、结核病等症，并可作高级滋补食品、佳肴和饮料。

人工栽培玉竹有不同的品种，经济效益十分可观，是农民致富的一条好门路。

（一）特征特性

1. 形态特征　见第一章。

2. 生活习性　玉竹喜凉爽潮湿荫蔽环境，耐寒，生命力较强，可在石缝中生长。野生玉竹多生长于山野阴湿处、林下及落叶丛中，积水过多或干旱不利于其生长。栽培品种宜在海拔1 000米以下低山丘陵或谷地的黄壤或沙质壤土上种植。玉竹吸肥多，易栽培，产量高。分布于东北、华北、华东及陕西、甘肃、青海、台湾、河南、湖北、湖南、广东等地。

（二）栽培技术

1. 选地与整地　玉竹喜阴湿、凉爽气候，适宜在湿润肥沃的林间种植。忌连作。播种前深翻土地30厘米左右，细耙做畦，畦宽1.0～1.3米，沟宽25～30厘米、深15厘米。

2. 选种与栽种

（1）选种　玉竹通常用根状茎繁殖，繁殖速度很快。于秋季收获时，选当年生长的肥大的根茎留作种用。以根茎黄白色、芽端整齐、略向内凹的粗壮分枝最佳。瘦弱细小和芽端尖锐向外突出的分枝及老的分枝不能发芽，不宜留种，否则营养不足，生活力不强，影响后代，品质差、产量低。也不宜用主茎留种，因主茎大而长，成本太高，同时去掉主茎就会严重影响质量，不易销售。要随挖、随选、随种。遇天气变化不能及时栽种时，必须将根茎摊放在室内背风、阴凉处。一般每亩用种茎200～300千克。将选好的种茎浸入盛有50％多菌灵500倍液的桶中，药液应浸没种茎，浸泡30分钟后，捞出晾干备用。

（2）栽种　9月下旬至10月下旬栽种，穴栽或条栽。

①穴栽：畦面栽种3～4行，行距30～40厘米，株距30～40厘米，穴深8～10厘米。每穴交叉放种栽3～4个，芽头向四周交叉，不可同一方向。

②条栽：按行距25～30厘米开沟，沟深15厘米，株距8厘米，横放，芽头朝一个方向，随即盖上腐熟的禽畜粪肥，再盖一

层细土至与畦面齐平。

3. 田间管理

(1) 科学施肥

①施足基肥：结合整地每亩施入腐熟的农家肥 2 000～3 000 千克。

②种肥：种栽覆土后，于穴边每亩施焦泥灰 200 千克或复合肥 30～35 千克。

③苗肥：苗高 7～10 厘米时，每亩浇施稀薄人粪尿 800～1 000 千克或尿素 10 千克。

④腊肥：冬季枯苗后，在行间每亩施农家肥 2 000～3 000 千克或撒施腐熟干肥（牛粪、土杂堆肥等）一层，培土 7～10 厘米，如果加盖青草或枯枝落叶则更佳。第三年春季出苗后，亩施人粪水 1 500～2 000 千克，施后培土。

(2) 中耕除草　栽后当年不出苗，翌春出苗后及时除草，可用手拔除或浅锄，注意不要伤及小嫩芽。以后在 5 月和 7 月分别除草 1 次。第三年，只宜用手拔除杂草。

(3) 培土　每年冬季结合施肥，在畦沟取土进行培土 3.0～4.5 厘米。玉竹种栽要用稻草、树叶或茅草覆盖。以后每年的初冬，玉竹茎叶干枯时要盖青草，上面再盖一层泥土。

(4) 病虫害防治　玉竹主要病害有褐斑病、锈病和灰斑病，虫害主要有蛴螬、小地老虎。

①病害：选用无病虫种茎，合理轮作，忌连作，防止积水，及时清除病株、病叶，注意清洁田园。发病初期（5 月上旬）用药剂防治，褐斑病可用 75％百菌清 800 倍液或 70％代森锰锌 800 倍液喷雾防治，锈病可用 20％粉锈宁 2 000 倍液或 0.1～0.2 波美度石硫合剂或 20％三唑酮 1 000 倍液喷雾防治，灰斑病可用 75％百菌清 800 倍液喷雾防治。

②虫害：小地老虎于每年 3～5 月发生，蛴螬于 4～5 月和 9 月发生。于低龄幼虫期用 50％辛硫磷 1 500 倍液浇灌或用新鲜青

草撒于田畦边诱杀。

（三）采收和初加工

以玉竹栽后 2～3 年采收最好，产量高、质量好。栽培 1 年后也可以收获，但产量低，大小达不到规格。四年生的产量更高，但质量及有效成分下降。一般在 8 月上旬采挖。选雨后晴天、土壤稍干时，用刀齐地将茎、叶割去，然后用齿耙顺行从前往后退着挖根。抖去泥沙，按大小分级，暴晒 3～4 天，至外表变软、有黏液渗出时，置竹篓中轻轻撞去根毛和泥沙；继续晾至由白变黄时，用手搓擦或两脚反复踩揉，至柔软光滑、无硬心、黄白色时，晒干即可。也可将鲜玉竹用蒸笼蒸透，随后边晒边揉，反复多次，直至软而透明，再晒干。

（四）市场行情

2010 年玉竹（尾参）干片每千克售价 13～18 元，2011 年初上升到每千克 33～36 元。玉竹主要销往东南亚国家以及中国的广东等沿海城市。近年来，对玉竹需求量稳中有升。

（韩宝平）

四十一、黄精栽培技术

本书所介绍的黄精 *Polygonatum sibiricum* Delar. ex Red-oute 是载入国家药典的百合科黄精属药用植物。别名鸡头黄精、鸡头根、黄鸡菜等。

滇黄精 *Polygonatum kingianum* Coll. et Hemsl. 和多花黄精 *Polygonatum cyrtonema* Hua. 也是国家药典植物。它们的干燥根茎入药。

黄精的商品品种按根茎的形状不同，主要分为鸡头黄精、姜形黄精、大黄精 3 类。

（一）特征特性

黄精为多年生草本，生于山地林下、灌丛或山坡的半阴处；多花黄精生于山林、灌丛、沟谷旁的阴湿肥沃土壤中，或人工栽培；滇黄精生于林下、灌丛或阴湿草坡。

1. 生态条件 黄精属植物分布区域虽广，南北均可栽种，但适应性较差，对生态环境选择性较强。

黄精属中生森林草甸种，是中国北方温带地区落叶林中较常见的伴生种。在河北、河南、陕西等省，常生长在栎栎林中，栎栎林常分布在土层较厚、湿度较大的半阴坡上，郁闭度一般为0.5～0.8。土壤为由花岗岩或花岗岩风化后发育的棕色森林土或褐色土。

滇黄精常见于中国西南地区的常绿阔叶林群落的草本层和附生草本层中，如元江栲群落、滇石栎群落、红野山茶群落等，郁闭度0.7～0.8。

多花黄精在中国亚热带地区的低山丘陵常绿阔叶灌丛中多见。较常见的群落为乌饭树、映山红灌丛。其土壤基质多为砂岩、花岗岩风化发育的红壤和黄壤，pH4.5～5.5。

2. 种子特性 黄精种子适宜发芽温度为25～27℃。种子在常温下干燥贮藏寿命为2年，发芽率为62%；拌湿沙在1～7℃低温下贮藏，发芽率为96%。黄精种子发芽时间较长，一些萌发试验表明，种子采收后立即播于树荫下，至第三年春季才出苗，如采后放入25℃温箱中催芽，经80余天发芽。

3. 生育特性 黄精为多年生草本植物，从播种到生成新的种子，生长周期为5～6年。其种子在适宜条件下萌发后分化形成极小的初生根茎，初生根茎当年没有子叶或真叶出土，在地下完成年周期生长。翌年春季初生根茎在前一年已分化的叶原基继续分化，并形成单叶幼苗，同时地下根茎分化，膨大形成次生根茎。秋季倒苗时，次生根茎的生长点已分化完成第三年的根茎节数。第三年开始抽地上茎，但不开花结果，直至生长5～6年的植株才开花结实。种子繁殖生长4～5年收获入药。

（二）栽培技术

1. 选地与整地 选择湿润肥沃的林间地或山地，林缘地最为适合。要求无积水、无盐碱影响的沙质土壤，土薄、干旱和沙土地不宜种植。土壤深翻 30 厘米以上，整平耙细后做畦。一般畦面宽 1.2 厘米，畦面高出地平面 10～15 厘米。在畦内施优质腐熟农家肥 15 000 千克/亩，充分混合后，再进行整平耙细后待播。

2. 种植　黄精既可以用种子繁殖，又可以用根茎繁殖。种子繁殖时间长，多用于育苗移栽。生产田多采用根茎繁殖。

以根茎繁殖为例。秋季或早春挖取根状茎，秋季挖需妥善保存，早春采挖直接栽培。截取 5～7 厘米长的小段，芽段 2～3 节。然后用草木灰处理伤口，待浆干后，立即进行栽种。春栽在 4 月上旬进行，在整好的畦面上按行距 25 厘米开横沟，沟深 8～10 厘米，将种根芽眼向上，顺垄沟摆放，每隔 15～20 厘米平放一段，覆盖细肥土 5～6 厘米厚，踩压紧实。土壤墒情差的田块，栽后浇一次透水。

3. 田间管理

（1）中耕除草　在黄精植株生长期间要经常进行中耕锄草。每次宜浅锄，以免伤根。

（2）合理追肥　每年结合中耕进行追肥，每次施入人畜粪尿 1 000～1 500 千克/亩。每年冬前每亩再施入优质农家肥 1 200～1 500 千克，并混入过磷酸钙 50 千克、饼肥 50 千克，混合均匀后沟施，然后浇水。

（3）适时排灌　田间要经常保持湿润，遇干旱气候应及时浇水；雨季要及时排涝，以免导致烂根。

（4）摘除花朵　黄精的花果期持续时间较长，要在花蕾形成前及时将花芽摘去，以促进养分集中转移到根茎部，提高产量。

（5）防治病害　一般叶部产生褐色圆斑，边缘紫红，为叶斑病，多发生在夏秋季。病原为真菌中的半知菌。防治方法以预防为主。入夏时间可用 1∶1∶100 波尔多液或 65％代森锌可湿性粉剂 500～600 倍喷洒，每隔 5～7 天喷 1 次，连续 2～3 次。

（三）采收和初加工

挖取根茎后，削掉须根，用清水洗净，蒸 10～20 分钟，至透心后，取出边晒边揉至全干，即成商品。一般每亩产 400～500 千克，高产可达 600 千克。

（四）市场行情

黄精不仅是传统中药材，而且对治疗心血管疾病、抗菌、解毒、抗衰老等方面均有较好作用，也是出口创汇药品种之一。野生资源已不能满足市场需求，所以开发黄精人工栽培前景看好。黄精为野生资源，经多年采挖资源储量非常匮乏，市场行情在需求拉动下稳步上涨。2010 年亳州和安国药市的黄精售价在每千克 22～23 元，2011 年售价上升到每千克 26～27 元。

（段碧华　韩宝平）

四十二、知母栽培技术

百合科知母属在全世界只有知母 *Anemarrhena asphodeloides* Bge. 1 种，中国亦有分布。别名地参、连母、野蓼、水参、货母、芪母、穿地龙等。为国内常用中药材，应用历史在 2 000 年以上，亦为出口药材商品之一。药用部分为其干燥根茎。主要分布于内蒙古、河北、山西、黑龙江、吉林、辽宁、陕西、甘肃、宁夏、河南、山东也有分布。

（一）特征特性

1. 形态特征　见第一章。

2. 生活习性　知母为多年生草本植物。家种知母用种子繁殖需 4～5 年，用根茎繁殖一般为 3～4 年。多野生于海拔 200～1 000 米的向阳山坡、地边、草原和杂草丛中，土壤多为褐土及腐殖质壤土。适应性很强。生育期喜温暖，耐干旱，具有一定的耐寒性。对土壤要求不严，以肥沃疏松、土层深厚的沙质壤土最为适宜。

（二）栽培技术

1. 选地与整地　选向阳、排水良好、土质疏松的林间地或山地，林缘地种植最宜。每亩施腐熟的厩肥 2 000～3 000 千克、饼肥 40～50 千克、磷肥 30 千克，均匀撒入地内，耕地 20 厘米深，整平做畦，畦宽 130 厘米。

2. 繁殖方法

（1）种子繁殖　知母种子于大暑前后陆续成熟。采收后脱粒去净杂质，存放于通风干燥处备用。播种时间分为春播与秋播，春播于 4 月进行，秋播在 10～11 月。在整好的畦内，按 30～35 厘米行距开 2 厘米深的沟，将种子均匀撒入沟内，覆土、耧平、稍镇压，浇水。保持地面湿润，20 天左右出苗。每亩需种子 1～1.5 千克。秋播发芽率高，出苗整齐。

（2）分根繁殖　春栽于解冻后发芽前，秋栽于地上茎叶枯黄后至上冻前进行。在整好的畦内，按行距 30～35 厘米、株距 15～20 厘米开穴，穴深 7 厘米。将刨出的知母地下根茎剪去残茎叶及须根，把有芽头的根茎截成 4～7 厘米长的小段，每穴放 1 段，芽头朝上，覆土，浇水。也可在栽种前灌一次大水，再整地做畦栽种，但畦面不要过湿，以防烂根。每亩需种根茎 90 千克。

3. 田间管理　播种后，保持土壤湿润，20 天左右出苗。苗高 3～4 厘米时，松土锄草；苗高 7～10 厘米时，按 15～20 厘米的株距定苗。苗期如气候干燥，应适当浇水。用根茎分株栽培的知母当年生长较慢，应浇小水；第二年生长旺盛，需适当增加浇水次数。分根栽种的当年和种子直播的第二年，在苗高 15～20 厘米时，每亩追施过磷酸钙 20 千克加硫酸铵 10 千克。在行间开沟，结合松土将肥料埋入土内。如不需留种，应及时剪去花葶。高温多雨季节要注意排除积水。

4. 病虫害防治　知母的抗病害能力较强，一般不需用农药进行特殊防治。

主要虫害有蛴螬，幼虫咬断苗或取食根茎。可浇施 50％马拉松乳剂 800～1 000 倍液。

（三）采收和初加工

1. 采收　栽培知母和野生知母均在春、秋两季采刨，春季于解冻后发芽前，秋季于地上茎叶枯黄后至上冻前。用镐将地下根茎刨出，去掉茎叶、须根及泥土，即为鲜知母。春、秋两季适时采刨的鲜知母折干率高，质量好。野生知母一般以秋季收获为宜，因为春季发芽前不易发现，而发芽后采刨对商品质量有一定影响。栽培知母的收获期，用种子繁殖需 4～5 年，用根茎繁殖一般为 3～4 年。

2. 初加工

(1) 毛知母

①晾晒法：将收获的鲜知母放在阳光充足的空场或晾台上，边堆边摔打，每 7 天翻倒 1 次，如此反复多次，直至晒干即为毛知母。一般需 60～70 天。

②烘干法：将鲜知母置于烘房火炕上，边烘烤边翻动，使其受热均匀，至半干时，取出放到晾台晾晒，拣湿度大的继续烘烤，至八、九成干时再晾晒，再次进行挑选。这样经过两进两出，即可干燥。烘烤不宜操之过急，防止烤焦。

(2) 知母肉　趁鲜刮净外皮晒干，即为知母肉。如阳光充足，一般 2～3 天可晒干。

(四) 市场行情

2010 年底，知母鲜货品市价 4.5～5.0 元/千克，干统货市价 14～15 元/千克。

(段碧华)

四十三、石刁柏栽培技术

石刁柏 *Asparagus officinalis* L. 为百合科天门冬属多年生草本植物，是国家药典所载的药用植物，块根入药。

石刁柏又名芦笋、小百部、山文竹。一次种植可采收 10～15 年。幼茎就是食用的芦笋，其含有 18 种氨基酸和多种维生素，是医疗保健价值很高的营养保健食品，可提高人体免疫力，被誉为世界十大名菜之一。

通过引种和选育，已有不同品种广为栽培。

（一）特征特性

石刁柏植株高 1.5～2 米，有许多分枝。茎圆形，绿色。地下茎是短而节密的变态茎，先端有许多鳞芽群，鳞芽可以在土深 20～30 厘米处发育成长。刚出土的芦笋，整体均为白色，顶端略有淡紫红色，商品芦笋的长度是 20～30 厘米，横径 1～1.8 厘米。凡是不培土，鳞芽成长时受阳光照射，即成绿色，称为绿芦笋，绿芦笋的营养价值高于白芦笋。如果让其自然生长，即成植株。地下茎能在 20 厘米处水平生长，自然分枝力强，能着生许多又长又粗的肉质根，根的表面密生根毛，它是吸收肥水的主要器官，肉质根没有再生功能。

石刁柏为雌雄异株宿根植物，种子发芽始温为 5℃，最适宜温度为 20～30℃，低于 15℃ 生长缓慢，嫩茎发生很少，在温带地区的冬季有休眠的习性。地上枝条生长的最低温度是 5～6℃；在 35℃ 以上则停止生长，甚至枯萎；高于 30℃，嫩茎基部与外皮容易纤维化，品质低劣。每年萌生新茎 2～3 次或更多。采收期间适宜的温度是 15～17℃。地下根茎能在 −20℃ 的低温条件下安全越冬。

石刁柏在中国的北方和南方均可种植。最适宜在富含有机质、表土深厚并常保持湿润的黏质壤土上栽培，亦可在壤土及沙质壤土上栽培，在轻度的盐碱地上也能生长，黏土及重黏土则不宜种植。而且在生长期采用粗放的管理也能获得较高的收入。它对水分的要求是随着生育期的变化而变化，一年生芦笋既不耐涝又不耐旱，根盘渐渐扩大后则耐旱不耐涝。芦笋采收期间极需要水分，如果不及时浇水，就会严重减产。

（二）栽培技术

石刁柏是多年生宿根植物，一般以土质肥沃、通气性好、土层深厚、排水良好、具有保水保肥性的林地较为适宜，避免透气性差的重黏土、耕作层浅、底土坚硬、强酸性或碱性土壤及石砾多的林地。石刁柏对土壤酸碱度要求不严，pH5.5～

7.8均能生长，能耐轻度盐碱。食用部分是嫩茎，一般在春季采收萌发的嫩茎，它的生长主要依靠前一年的贮藏养分供应。随着植株年龄的增长，发生的嫩茎数和产量逐年增高。随着根状茎不断发株，株丛发育趋向衰败，地上茎就会日益缩小，嫩茎产量和质量也逐渐下降。在一般情况下，定植后的4～10年为盛产期。

1. **繁殖方法**　石刁柏有种子繁殖和分株繁殖两种。分株繁殖能保持优良的种性，但费工、费时、费力，繁殖系数低。分株后往往生长弱，产量不高，故一般多用种子繁殖。

播种用种子宜于9月果实成熟转红色时，采收入桶，放置数日，使果肉腐烂，洗去果肉，取出种子，用湿沙层积贮藏。播种期暖地3月下旬至4月上旬，寒地4月上旬至下旬。条播，按行距15厘米开浅沟，粒距1.5厘米，浅覆土，上盖蒿秆，保湿灌溉，以防干燥。沙藏种子播后2周即发芽。发芽后，即除去畦面覆盖物。苗高12～15厘米时疏苗，株距保持6～9厘米；秋末苗高60～90厘米即可定植，行株距为105厘米×54厘米。

（1）选地与整地　石刁柏苗期生长较慢，苗床要选择地势高、排水良好的地块。精细整地，做成平畦。当地温在15℃以上时播种。

（2）播种　石刁柏的种子坚硬，透水性差，播种前应进行种子处理。如浸种，把种子放在50℃的温水中不停地搅拌，待水温降到30℃后停拌。浸泡2～3天，每天换1次清水，把种子搓洗干净即可播种。如需进一步催芽，可把浸泡过的种子放在25～30℃的条件下，当幼苗萌出后即可播种育苗。一般行距30～40厘米，株距3～4厘米，每亩育苗用种子1.5千克左右。

当小苗出齐后，要及时中耕锄草，使土壤疏松。苗高10～15厘米时间苗，株距掌握在9～10厘米。间苗后随浇水追1次肥，每亩追施尿素10千克。立秋至寒露期间可追肥2次，分别在苗高20厘米和30厘米时各追1次速效性氮肥，每亩10～15

千克。入冬后，上冻前应及时浇冻水。第二年春天土壤化冻时，割去枯死的秧子，挖出植株，进行定植。

2. 田间管理

(1) 苗期管理 定植后植株矮小，田间易滋生杂草，要勤锄草松土。同时及时防治病虫害（主要是茎枯病、地下害虫等）。缓苗后喷洒 50％ 多菌灵可湿性粉剂 500 倍液（或 500 倍的 SPI8701），隔 7 天左右再喷 1 次。

(2) 浇水追肥 定植前浇一次沉实水，定植后浇一次缓苗水。定植后 20 天追肥浇水，距植株 20 厘米两侧顺垄开沟，沟深 10 厘米，追肥后覆土耙平，随后浇水。每亩追尿素 20 千克或碳酸铵 50 千克、氯化钾 20～40 千克。定植后 50～60 天追第二次秋发肥，以复合肥为主，氮肥为辅，每亩施三元复合肥 30 千克、尿素 10 千克，开沟施并覆土，然后浇水。

(3) 培土及病虫害防治 定植后的每年春季嫩茎萌发前要培土 40～45 厘米厚，7 月培土 10 厘米，形成拱形垄。培土前喷洒 40％ 多菌灵胶悬剂 300 倍液或 70％ 甲基托布津 800～1 000 倍液或 80％ 敌菌丹 600～800 倍液，7 月下旬起间隔 7～10 天再连喷 2～3 次。同时注意清园盖草，发现病株、病枝及时清园，带出田外深埋或焚烧。并在行间覆盖秸秆或稻草，防止雨溅传病。

(4) 其他管理 定植后第一年宜勤除草，施追肥，天旱时畦间灌水，促进植株发育良好。至秋末茎叶凋萎，宜割去。自第二年后仍照第一年管理。在有风害的地方，宜在 7 月上旬在畦上每距 4 米打一木桩，高约 3.1 米，在植株两侧用草绳缚于桩上，以防止茎叶倒伏。

（三）采收加工

采收芦笋是指采地下茎节长出的嫩芽。每天清晨巡视芦笋地的畦面，发现土壤潮湿并有露水珠，或土面有裂缝，即预示嫩笋即将出土，这是采笋的关键时刻。采笋时先将表土扒开，露出嫩笋头部，用特制的芦笋刀靠近基部平切刈割，取下嫩笋后，随即用松土覆盖笋穴。在一般情况下，每穴可采嫩笋 8～10 株。每天傍晚再巡视一次，若发现嫩笋露头，应用湿土覆盖，避免笋尖变绿发紫，影响商品质量。采收的鲜笋如果无法及时上市，则应用黄沙或湿麻袋覆盖。

（四）市场行情

石刁柏一般种植后第三年开始刨收，每亩产 500 千克左右，产值 700～800 元。高产期亩产可达 1 000 千克以上，产值达 1 500 元左右。高产期一般可达 15 年左右。2010 年底，新鲜石刁柏市场价 13～16 元/千克，干货 43～50 元/千克。

（韩宝平）

四十四、石蒜栽培技术

石蒜科石蒜属植物在全世界有 20 余种，中国分布有 15 种。其中，石蒜 *Lycoris radiata* （L. Herit.） Herb. 的鳞茎可入药。据研究报道，石蒜属中的长筒石蒜 *Lycoris longituba* Y. Hsu et Q. J. Fan. 也可入药。

石蒜又名乌蒜、老鸦蒜、蒜头草、龙爪花、蟑螂花、野蒜、一枝箭、红花石蒜、避蛇生等。原产中国和日本，在中国长江流域及西南各省有野生，生长在山林阴湿处及林缘、溪边、路旁等处。庭园亦有栽培。

在栽培石蒜中，已有不同的品种。

（一）特征特性

如果作为观赏花卉，按花叶特征可初步分为红花品系、黄花品系、白花品系、复色品系。红花石蒜鳞茎广椭圆形。叶带状较窄，色深绿，自基部抽生，发于秋末，落于翌年夏初。花期夏末秋初，一般在 7～9 月。花茎长 30～60 厘米，顶生伞形花序，花瓣倒披针形，向外翻卷，雄蕊和花柱突出，色鲜红，花型较小，周长在 6 厘米以上。石蒜系自花授粉植物，蒴果背裂，种子多数，一般以鳞茎 3～4 年繁殖 1 次。

石蒜喜阴湿环境，也耐暴晒，耐寒，耐干旱，北方稍加覆盖可以在田间越冬，有夏季休眠习性。石蒜适应性强，各类土壤均能生长，适合于林药间作。林地以排水良好、土壤肥沃的沙质壤土及石灰质壤土生长良好。红花石蒜喜光照充足、潮湿的环境，但也能耐半阴和干旱环境，稍耐寒，生命力颇强。对土壤也无严格要求，如土壤肥沃且排水良好，则花朵格外繁盛。

（二）栽培技术

1. **繁殖方法** 用分球、播种、鳞块基底切割和组织培养等方法繁殖。以分球法繁殖为主。

（1）**分球法** 将大球周围着生的小鳞茎剥下另行栽种。繁殖鳞茎不宜每年采收，一般隔 3～4 年在秋季挑选无病虫害、生长良好的小鳞茎进行盆栽或露地栽培。

（2）**鳞块基底切割法** 将清理好的鳞茎基底以米字形八分切割，切割深度为鳞茎长的 1/2～2/3。消毒、阴干后插入湿润沙、珍珠岩等基质中。3 个月后鳞片与基盘交接处可见不定芽形成，逐渐生出小鳞茎球，经分离栽培后可以成苗。

（3）**组织培养繁殖法** 用 MS 培养基，采花梗、子房作外植体材料，经培养，在切口处可产生愈伤组织，1 个月后可形成不定根，3～4 个月后可形成不定芽。用带茎的鳞片作外植体材料，也可产生不定芽、子球茎。

（4）**播种法** 一般只用于杂交育种。由于种子无休眠性，采种后应立即播种，20℃条件下 15 天后可见胚根露出。自然环境下播种，第一个生长周期只有少数实生苗抽出 1 片叶子，苗期可移植 1 次。实生苗从播种到开花需 4～5 年。

2. **田间管理**

（1）**中耕除草** 早春石蒜未出苗时要清理田园。出苗后要及时除草松土，做到畦内无草。夏季休眠期要避免杂草丛生与石蒜争水争肥。

（2）**肥水管理** 每年冬季开始时，要在畦面上盖厩肥，起到施肥和保温防寒的双重作用，可促进提早出苗。春季干旱要及时浇水，以免影响出苗，出苗后看天气情况浇水。浇水后土壤容易板结，应及时松土。雨季到来时要挖通水沟，排除积水，以免石蒜腐烂。

（3）架设风障　早春风沙较大的地区，石蒜小苗容易遭受风沙危害。在风向的一面用高粱秆、玉米秆等架设风障，可保护幼苗不受风沙损害，同时也能提高地温，促进提早出苗。

（4）摘花壮茎　不收种子的石蒜，应及时摘除花蕾，减少养分消耗，有利于地下鳞茎的生长。并向叶面喷施地果壮蒂灵，使地下果营养运输导管变粗，提高地果膨大活力，果面光滑，果型健壮，优质高产。同时要加强对病虫害的综合防治，并喷施新高脂膜增强防治效果。在秋末要做好越冬防寒保温工作，确保安全越冬。

3. 病虫害防治

（1）常见病害　石蒜的常见病害有炭疽病和细菌性软腐病。鳞茎栽植前用 0.3％硫酸铜溶液浸泡 30 分钟，用水洗净，晾干后种植。每隔半个月喷 50％多菌灵可湿性粉剂 500 倍液防治。发病初期用 50％苯莱特 2 500 倍液喷洒。

（2）常见害虫

①斜纹夜盗蛾：主要以幼虫危害叶片、花蕾、果实，啃食叶肉，咬蛀花葶和种子。一般在春末到 11 月危害，可用万灵 1 000 倍液防治。

②石蒜夜蛾：幼虫入侵植株，通常掏空叶片，且可以直接蛀食鳞茎内部，受害处通常会留下大量的绿色或褐色粪粒。要经常注意叶背有无排列整齐的虫卵，发现后即刻清除。防治上可结合冬季或早春翻地，挖除越冬虫蛹，减少虫口基数；发生时，喷施药剂乐斯本 1 500 倍液或辛硫磷乳油 800 倍液，选择在早晨或傍晚幼虫出来活动取食时喷雾，防治效果比较好。

③蓟马：通体红色，主要在球茎发叶处吸食营养，导致叶片失绿，尤其是果实成熟后发现较多。可用 25％吡虫啉 3 000 倍

液、70％艾美乐 6 000～10 000 倍液轮换喷雾防治。

④地下害虫：主要有蛴螬，发现后应及时采用辛硫磷等药物进行防治。

（三）采收和加工

1. 采收 石蒜可常年采挖。挖取时注意不能碰伤鳞茎，否则易腐烂。挖出后最好能立即加工，可保存较长时间。若未能及时加工则应除去叶，保留 6 厘米长的茎和须根，并要分开排放，几天内不致变质。

2. 加工 加工过程首先除掉茎、须根及杂质，剥去外层黑皮，用手洗净。然后切成厚 4～5 毫米的直形长薄片，切时勿用水洗，以免把浆洗掉，影响质量；要及时晒干或烘干，干到用手捏能成碎片为止。成品要求干燥，色淡黄或淡白，无霉变、无杂质。如将石蒜片通过磨碎机或分离机、轧面机磨成粉，再过筛，即成石蒜粉。石蒜片或粉可用袋或竹篓包装，存放在干燥处，但不应与食品混在一起存放，以免毒化食品。

（四）市场行情

2006 年底，石蒜鲜品市价为 3～5 元/千克，干品市价为 10～13 元/千克。

（段碧华　韩宝平）

四十五、射干栽培技术

中国射干有栽培种和野生种两大类型，但在植物分类学上同为一个种。野生种和栽培种均能入药。射干的原植物从历代本草上看，主要有花色红黄的射干和花色紫碧的鸢尾两种。但近代以来，尤其是现代，除四川等少数地区用鸢尾的根茎作射干药用外，全国大部分地区则用前者，故药典收载的射干即射干属植物射干的干燥根茎。射干在中国的分布范围较广，除新疆、西藏外，全国其他省区均有分布，其中以湖北、河南等地为主要分布区。主产于湖北的黄冈、孝感，河南的信阳、南阳，江苏的江宁、江浦，安徽的六安、鞠湖。其中以湖北产的射干品质好，而河南的产量较大。

（一）特征特性

1. 生长习性　喜温暖和光照，耐干旱和寒冷，对土壤要求不严，山坡旱地均能栽培，以肥沃疏松、地势较高、排水良好的沙质壤土为好，中性或微碱性壤土亦适宜，忌低洼地和盐碱地。

2. 生育特点　当温度在 10～14℃时开始发芽，20～25℃为最适温度，30℃则发芽率降低。

（二）林药间作条件下的栽培技术

1. 选地与整地　选择地势高燥或平地沙质壤土，排水良好为宜。前茬不严，但忌患过线虫病的土地。多施圈肥或堆肥，每公顷 37 500～60 000 千克，加过磷酸钙 225～375 千克，耕深 16 厘米，耕平做畦。

2. 繁殖方法　多采用根茎繁殖，也可用种子繁殖。

（1）根茎繁殖　在早春挖出根，将生活力强的根茎切成段，每段有 2～3 个根芽，禁止单芽繁殖，因长势不好。剪去过长的须根，留 10 厘米即可，按行距 30～50 厘米、株距 16～20 厘米栽，穴深 6 厘米，芽向上，将呈绿色的根芽露出土面，其余全部埋入土中，浇水。根茎繁殖在生产中常用，生长快，2 年即可收获，能保持纯品。每公顷用根茎 1 500 千克。

（2）种子繁殖　分育苗移栽和直接播种。

①浸种：种子发芽率最高达 90%。种子繁殖出苗慢，不整齐，持续时间 50 天左右。种子采收后如果湿沙贮藏，种子发芽率高并且发芽快，若采收后把种子晒干，则发芽慢，持续时间长。晒干的种子播前要进行种子处理。种子在清水中浸泡 1 周，每天换 1 次水，除去空瘪粒，用细沙搓揉，后用清水清洗除去沙，1 周后捞出种子，滤去水分，把种子放入箩筐，用麻袋盖严，经常淋水保持湿润，温度在 20℃左右，15 天开始露白芽，再经过 1 周 60% 都出芽时即可播种。

②覆盖地膜：覆盖地膜是射干生产上的重要技术措施，而提

高覆膜质量是搞好地膜覆盖栽培中的关键一环。地膜很薄，易老化，且覆膜后受农事频繁操作的影响易于破损，故覆盖作物有效时间最多 1 年，因此，在射干生产周期内每年要更换地膜。不论是育苗定植，还是根茎栽种，盖膜的方法基本上是相同的，只是育苗定植因畦面上有苗株，要在膜上破孔出苗和盖土封严苗孔，多两套工序而已。为了达到盖膜"平、紧、严"的标准，要先将地膜展开置于每畦苗株上，对着苗株开孔，然后套住苗株铺在畦面上。要注意使苗孔与根的部位对齐，以便在覆盖地膜拉平拉紧时，不致使苗与膜孔错位而损伤苗株，然后在畦面两侧和畦的两头培土，并封好苗孔。对覆膜大田要经常检查，及时封堵破损漏洞。射干在栽种后的第二年和第三年，覆膜时间应在 1 月中旬，以利提高地温，促使射干早出苗，早生长，延长生育期。覆膜前，应清除畦面上的废膜和一切杂物，随后松土深 5～10 厘米，行间应深些，株间应浅些；同时每亩施入复合肥 30 千克左右，在植株旁施下，并培土盖严；如土壤干燥，需浇透水，然后盖膜。

3. 田间管理

（1）中耕除草　移栽和播种要经常保持土壤湿润，出苗后要经常松土除草。春季勤除草和松土，6 月封垄后不要松土和除草，在根部培土防止倒伏。不作留种用的植株要及时摘掉花蕾，有利于根茎的生长。生长后期防止乱根，少浇水或不浇水，雨季注意排水。在北方越冬前应灌冻水。

（2）施肥　射干是以根茎入药的药用植物，故要多施磷钾肥，可促使根茎膨大，提高药用部位的产量。根据其生长发育特点，每年应追肥 3 次，分别在 3 月、6 月及冬季中耕后进行。春夏以人畜粪水为主，冬季可施土杂肥，并增施磷钾肥。射干是耐肥植物，又是多年生草本植物，叶片肥大，每年均需大量的营养物质才能使其正常生长，因此要重视追肥，确保生长之需要。为使射干在采收当年多发根茎，并促其生长粗壮，提高产量和质量，必须在生长前期、中期增施肥料，在后期控制肥水，即在7月中旬以前，在上述每次每亩同等施肥量的基础上再加施4～6千克，7月中旬以后不再施肥。一般不灌水，只有当土壤含水量下降到20%，植株叶片呈萎蔫状态时才灌溉，这样能促使当年萌发根茎膨大加粗，提高产量和质量。

冬季施肥应增施磷钾肥，可有效增强植株的抗寒力。磷是植物细胞核的组成成分之一，特别在细胞分裂和分生组织发展过程中更为重要；同时能促进根系生长，使根系扩大吸收面积，促进植株健壮生长，提高对低温的抗性。钾能促进植株纤维素的合成，利于木质化，在生长季节后期，能促进淀粉转化为糖，提高植株的抗寒性。因此，为增强射干的防冻抗寒能力，在生长季节后期，即在霜降前1个半月内适当增施磷钾肥，促其充分木质化，以便安全越冬。栽植第二年春天追肥，每公顷施人粪尿22 500千克，加过磷酸钙225～375千克作追肥，促使根部生长。

（3）摘薹打顶　在射干的生长期内，除育苗定植当年的植株外，均于每年7月上旬开花。抽薹开花要消耗大量养分，因此除留种田外，其余植株抽薹时需及时摘薹，使其养分集中供于根茎生长，以利增产。据试验，摘薹打顶的可增产10%左右，除花蕾的仅增产5.6%。此外，在植株封行后，因通风透光不良，其下部叶片很快枯萎，这时就应及时将其除去，以便集中更多养分供根茎生长，提高产量和质量，同时可减轻病菌的侵染。

（4）水分管理　射干不耐涝，在每年的梅雨季节要加强防涝工作，以免渍水烂根，造成减产。越冬期要浇防冻水，根据灌水防冻试验，灌水地较非灌水地的温度可提高2℃以上。灌水防冻的效果与灌水时期有关。最好在立冬前一次灌透，可有效地防止冻害。

（5）秸秆覆盖　冬灌后，用稻草、麦秆或其他草类覆盖射干，可以有效预防冻害的发生。

4. 病治虫防治　射干生长期的病害有根腐病、锈病、叶斑病、花叶病等，虫害有黄斑草毒蛾、大灰象甲、大青叶蝉、柑橘并盾蚧、地老虎、蛴螬、蝼蛄、钻心虫等。

（1）根腐病　拔除病株，病穴和病区用石灰粉进行土壤消毒，同时用波尔多液喷洒植株。

（2）锈病　在幼苗和成株时均有发生，但成株发生早，秋季危害叶片，呈褐色隆起的锈斑。发病初期喷 95％敌锈钠 400 倍液，每 7～10 天喷 1 次，连续 2～3 次即可，或用粉锈宁、代森锌等药液防治。

（3）柑橘并盾蚧　销毁虫株；用 3％啶虫脒 2 000～2 500 倍液或 48％乐斯本乳油 1 000 倍液每隔 7～10 天喷 1 次，连喷 3 次进行防治。

（4）地老虎　中耕除草；人工捕捉；还可用毒饵、灯光、粪土等诱杀。

（5）蛴螬　可用毒饵、灯光、粪土等诱杀。

（6）蝼蛄　合理灌溉，用毒谷防治。

（7）钻心虫　6 月幼虫危害叶鞘前用 4.5％氯氰菊酯 3 000 倍液喷洒。

（三）采收和初加工

1. 采收　栽种后 2～3 年收获，在秋季地上部枯萎后去掉叶柄，把根刨出。

2. 初加工　地下根茎挖出后，洗净泥土，剪去须根，晒干或烘干即可。

（四）市场行情

射干多为家种，20 世纪 90 年代前期价低，长期保持在 4～7元/千克，药农少种。90 年代后期，库存消化殆尽，产新无量，价格一路走高，1998 年价格达到 40 元/千克；之后价格逐年降低，2000 年市价在 7 元/千克震荡。2005 年后，市场货源因连年减种，价格开始显著上涨，年底便升至 19 元/千克，2006 年 11月升至 22 元/千克，2007 年 7 月升至 39 元/千克。2005 年后，生产面积开始逐年恢复，2008 年产新后，市场价格有所下滑，一直保持在 22 元/千克左右。2009 年 12 月，市场回升至 24 元/千克左右。该产品销量 600～800 吨，虽近年种植减少，但是需求也有限，预计后市价格将平稳上升。

（王俊英　李琳　谷艳蓉）

主要参考文献

毕红艳，张丽萍，陈震，等.2008. 药用党参种质资源研究与开发利用概况[J]. 中国中药杂志，33（5）：590-594.

蔡少青，陈世忠，朱姝，等.2001. 常用中药材品种整理和质量研究[M]. 北京：北京医科大学出版社.

曹广才，沈漫.2009. 野生草本花卉及引种栽培 [M]. 北京：中国农业科学技术出版社.

曹广才，王俊英，王连生.2008. 中国北方药用农田杂草 [M]. 北京：中国农业科学技术出版社.

曹广才，张金文，许永新，等.2008. 北方草本药用植物及栽培技术[M]. 北京：中国农业科学技术出版社.

曹振岭.2005. 果树地间种石刁柏的田间管理技术 [J]. 科技致富向导，（8）：17-18.

曹振岭.2006. 果树地间种平贝母栽培技术 [J]. 北方园艺（5）：111-112.

常纪良.2008. 玉竹主要病虫害及综合防治措施 [J]. 特种经济动植物（5）：52.

常维春，李景惠，李国英.1982. 平贝母生长发育特性及繁殖方法的观察研究 [J]. 特产科学实验（4）：6-9.

巢强.2010. 北方冬季大棚大叶蒲公英栽培技术 [J]. 北方园艺（3）：43-44.

陈川，郭小侠，石勇强，等.2008. 丹参地下害虫种类与垂直分布的初步研究 [J]. 安徽农业科学，36（1）：116，142.

陈德华，朱新开.2008. 特色作物高效栽培学 [M]. 北京：中国农业出版社.

陈方江，张琳.2005.蒲公英人工栽培技术［J］.现代种业，(4)：23，13.

陈红军.2007.黑龙江宝清西洋参最佳采收期研究［J］.中国药业，16(16)：53-54.

陈晶，张卫东.2004.桔梗人工栽培技术要点［J］.人参研究，16(4)：33.

陈敏，邵爱娟，林淑芳，等.2006.人工种植茅苍术最佳采收期的初步研究［J］.中国中药杂志，31(12)：1023-1024.

陈士林，李先恩.2009.中药材种植园［M］.北京：中国中医药出版社.

陈学惠，李小芳.2007.龙胆药性及功能的本草考证［J］.成都中医药大学学报，30(3)：63-64.

陈永生，王瑞凤，吴湘菊.2010.长白山区林下参种植技术［J］.吉林林业科技，39(4)：61-62.

陈垣，邱黛玉，郭风霞，等.2007.麻花秦艽开发利用探讨［J］.中药材，30(10)：1214-1216.

程莉华，徐康康.2009.半夏人工栽培技术［J］.云南中医中药杂志，30(8)：24-25.

程云清，耿立威，刘剑锋.2008.东北龙胆草种子萌发和幼苗生长特征的研究［J］.安徽农业科学，36(11)：4401-4402，4414.

钏鉷元.2002.枸杞高产栽培技术［M］.北京：金盾出版社.

崔东滨，严铭铭.1995.平贝母茎叶化学成分的研究［J］.中国中药杂志，20(5)：298.

刁诗冬，徐杰，徐同印.2004.天南星的栽培技术［J］.时珍国医国药，15(3)：189-190.

丁自勉，孙宝启，曹广才.2008.观赏药用植物［M］.北京：中国农业出版社.

丁自勉.2008.无公害中药材安全生产手册［M］.北京：中国农业出版社.

董万超，孙先，等.2001.中国长白山人参种质资源皂苷的比较研究［J］.基层中药杂志，15(2)：3-6.

董毅.2010.正品黄芩与甘肃黄芩有效化学成分及抑菌作用的比较研究［J］.中国中医药科技(3)：226-228.

范令刚 . 1997. 林下栽培党参的方法与管理［J］. 中国林副特产（4）：35.

冯锋，柳文媛 . 2003. 吉林乌头的化学成分研究［J］. 中国药科大学学报，
34（1）：17－20.

冯广彬 . 2004. 平贝母有性繁殖［J］. 特种经济动植物，7（6）：30.

冯家 . 2007. 人参栽培技术［M］. 长春：吉林出版集团出版社 .

冯悦 . 2008. 辽宁地区栽培射干病虫害及其防治［J］. 特种经济动植物，
（10）：50.

冯志丹 . 2004. 龙胆花的药用［J］. 云南林业，25（4）：23.

付秀英，石月岭，罗润芝，等 . 2008. 茳茫决明中蒽醌类化学成分研究
［J］. 光明中医，23（8）：1087.

甘肃植物志编辑委员会 . 2005. 甘肃植物志［M］. 兰州：甘肃科学技术出
版社 .

高咏莉 . 2004. 生药防风的化学成分与药理作用研究进展［J］. 山西医科
大学学报，35（2）：216－218.

葛淑俊，李广敏，马崎英，等 . 2009. 甘草野生种群遗传多样性的 AFLP 分
析［J］. 中国农业科学，42（1）：47－54.

龚玉秀，王安民，王西平 . 2006. 石蒜的栽培管理及应用［J］. 陕西农业科
学，（1）：142.

管继忠 . 2009. 林下玉竹实用栽培技术［J］. 农村实用科技信息（1）：
17－18.

桂镜生，韦群辉，杨树德 . 1991. 云南防风品种论述［J］. 云南中医学院学
报（2）：23－25.

郭靖，王英平 . 2006. 桔梗种质资源研究进展［J］. 特产研究，28（2）：
78－80.

郭欣，张常胜，桑圣中 . 1998. 龙胆草栽培技术简介［J］. 黑龙江医药，11
（1）：34－35.

国家药典委员会 . 2005. 中华人民共和国药典（一部）［M］. 北京：化学工
业出版社 .

国家药典委员会 . 2010. 中华人民共和国药典（一部）［M］. 北京：中国医
药科技出版社 .

国家中医药管理局《中华本草》编委会 . 1999. 中华本草［M］. 上海：上
海科学技术出版社 .

韩广辉，张欣．2008.落叶松下细辛栽培技术［J］.内蒙古林业调查设计
　　(6)：71-72.

韩学俭．2007.半夏的繁育方法［J］.四川农业科技，(3)：34-35.

韩学俭．2007.甘草主要病害及防治［J］.植物医生，20 (1)：24-25.

韩学俭．2009.百部繁育技术［J］.科学种养 (4)：16-17.

郝萍，张英，孔繁勇．2005.细辛及其栽培技术［J］.辽宁农业职业技术学
　　院学报，7 (3)：15-16.

河北省保定地区革命委员会卫生局，河北省安国县药材种植试验场．1978.
　　北方中草药栽培［M］.石家庄：河北人民出版社．

河北植物志编辑委员会．1986.河北植物志［M］.石家庄：河北科学技术
　　出版社．

贺士元，等．1993.北京植物志［M］.北京：北京出版社．

侯杰，程广有．2006.3种药用枸杞过氧化物同工酶遗传多样性研究［J］.
　　北华大学学报自然科学版，7 (6)：556-559.

侯晶，徐高云，刘明东．2005.龙胆草栽培技术［J］.现代化农业，
　　(2)：17.

胡兴宜，唐万鹏，刘立德，等．2005.益母草抑制钉螺生长的初步研究
　　［J］.云南农业大学学报，20 (6)：875-878.

贾艳艳，陈华，郭永谊．2009.正交设计优选超声萃取甘草酸的提取工艺
　　［J］.中国实用医药，4 (23)：157-159.

蒋红云，张燕宁，冯平章，等．2009.石蒜对萝卜、黄瓜、番茄和油菜幼苗
　　的化感效应［J］.应用生态学报，17 (9)：1655-1659.

孔祥鹤，魏朔南．2008.滇黄芩的研究进展及作为黄芩药用的探讨［J］.
　　中国野生植物资源，27 (6)：8-11.

库尔班江，欧阳艳，努尔买买提．2010.紫菀属植物化学成分及药理作用研
　　究进展［J］.中国野生植物资源，29 (2)：1-4，33.

冷桂华．2007.黄芩及其提取药渣黄芩苷含量的比较［J］.安徽农业科学，
　　35 (10)：2928，2935.

李桂平．2007.大青叶、板蓝根药渣的饲用价值与利用［J］.农产品加工
　　(12)：14-15.

李国强，王峥涛，等．2001.菘蓝属植物的同工酶分析及其系统学意义
　　［J］.植物资源与环境学报，10 (4)：22-28.

李洪兴．2005．石刁柏栽培技术［J］．吉林农业（3）：18‐19．

李积．2008．黄芩茶及黄芩种植技术［J］．内蒙古林业（9）：33．

李可峰，韩太利，董贵俊，等．2006．用形态与分子标记研究石刁柏种质资源遗传多样性［J］．植物遗传资源学报，7（1）：59‐65．

李隆云，秦松云．1994．华细辛栽培技术研究［J］．中国中药杂志，19（5）：272‐274．

李敏，卫莹芳．2006．中药材 GAP 与栽培学［M］．北京：中国中医药出版社．

李书心，等．1988．辽宁植物志［M］．沈阳：辽宁科学技术出版社．

李树强．2006．中药材天南星无公害栽培技术［J］．北京农业（9）：17．

李水明．2002．金银花高效栽培技术［M］．郑州：河南科学技术出版社．

李廷华，曹广才，姚高宽．2004．食药用花卉［M］．北京：中国农业出版社．

李万莲，宛志沪．2000．参棚透光率对西洋参生长发育，产量品质的影响［J］．人参研究，12（3）：11‐14．

李西腾，吴沿友．2006．茅苍术的组织培养和快速繁殖［J］．广西热带农业（2）：33‐34．

李彦文，周凤琴，张守平，等．2008．掌叶半夏的形态组织学研究［J］．中药材（2）：8‐11．

李应东，刘佛珍，陈垣，等．2005．当归规范化种植技术及其主要病虫害防治［J］．现代中药研究与实践，19（1）：23‐26．

李英娜，张国刚，毛德双，等．2007．射干化学成分的研究［J］．中南药学，5（3）：222‐224．

李英奇，孙伟．2009．北苍术种子繁殖技术［J］．特种经济动植物，12（5）：35．

李子，郝近大．2008．黄芩本草考证［J］．中药材，31（10）：1584‐1585．

廖朝林，张国华，由金文，等．2008．七叶一枝花栽培技术［J］．现代农业科技（19）：72．

廖云海，陆嘉惠，张际昭．2010．光果甘草生殖生物学特性的初步研究［J］．西北植物学报（5）：939‐943．

伶立君，李春伟，徐延春．1999．人参林下栽培技术［J］．中国林副特产，48（1）：30．

刘建晔．2005．几种适宜果药间作的中药材种植技术要点［J］．河北农业
　科学（1）：5．

刘群．2009．药用植物益母草规范高产栽培技术［J］．现代农业（12）：6．

刘文君．2007．平贝母的栽培技术［J］．北京农业（6）：17-18．

刘志虎，冯建森，李吉元，等．2010．宁夏枸杞冬采硬枝扦插育苗试验
　［J］．落叶果树，42（3）：8-9．

刘志华，文明英，旷碧峰，等．2006．药用蔬菜藿香［J］．上海蔬菜，
　（6）：25．

刘作喜．1997．林下地形环境因子对五龙参栽培影响的研究［J］．植物研
　究，17（2）：207-212．

柳智勇，郭汇清．2009．民和县西沟林场板蓝根林下种植试验［J］．青海
　农林科技（1）：85，98．

娄凤菊，连立峰，周玉秋，等．2004．铃兰的栽培与应用［J］．特种经济动
　植物，（9）：22．

卢隆杰，卢苏，卢毓星．2007．林下何首乌栽培技术［J］．四川农业科技，
　（6）：39-40．

陆善旦．2006．七叶一枝花种植前景看好［J］．农村新技术（11）：59．

陆燕．2007．薄荷的药用价值及作用［J］．首都医药，14（8）：44．

吕书敏．2008．药用植物知母栽培技术［J］．河北农业科技（16）：10．

马素碧，温秀英，马天惠．2009．大棚半夏高产栽培技术［J］．现代农业科
　技（18）：128，130．

马毓泉，等．1991．内蒙古植物志［M］．呼和浩特：内蒙古人民出版社．

孟祥才，孙晖，孙小兰，等．2008．防风三种茎与根中色原酮类成分含量比
　较分析［J］．中国中药杂志，33（11）：1344-1346．

南诏科．2009．果药间作栽培技术要点［J］．致富天地（10）：31．

李广臣．2002．黄芪、淫羊藿、甘草规范化栽培与加工技术［M］．北京：
　中国劳动社会保障出版社．

彭华胜，王德群．2006.4种苍术属药用植物叶表皮显微研究［J］．现代中
　药研究与实践，20（1）：28-30．

彭玮欣，等．2010．远志的人工种植［J］．农村实用技术（6）：34．

戚秀萍，张西国．2005．益母草的药用概况［J］．中华医学与健康，2
　（6）：96．

秦海音，谭立平，栾京铭，等.2007. 林下参 GAP 种植技术规程［J］.中国林副特产 (6)：35-38.

秦树有，魏顺新.2005. 长白山平贝母林下抚育栽培技术［J］.农业科学实验 (1)：30.

全国中草药汇编编写组.2000. 全国中草药汇编彩色图谱［M］.北京：人民卫生出版社.

任宝祥，王建军.2005. 秦艽的特征特性及高产栽培技术［J］.甘肃农业科技 (10)：53-54.

任海涛.2009. 颍东区杨树与中药材复合经营模式浅议［J］.江苏林业科技，36 (3)：40-43.

施树云，周长新，徐艳，等.2008. 蒙古蒲公英的化学成分研究［J］.中国中药杂志，33 (10)：1147-1157.

时维静，张子学.2005. 凤阳县野生白头翁生物学特性的研究［J］.安徽技术师范学院学报，19 (1)：19-20.

四川省中药研究所，南川药物试验种植场.1972. 四川中草药栽培：第一册［M］.成都：四川人民出版社.

宋贤丽，郭宝林，刘克武，等.2003.6 种决明属药用植物种子毛细管电泳法鉴别［J］.中国中药杂志，28 (6)：491-496.

苏淑欣，李世，刘海光，等.2005. 黄芩病虫害调查报告［J］.承德职业学院学报 (4)：82-85.

孙明江，张韬.1999. 龙胆草优质高产栽培技术［J］.黑龙江科技信息 (6)：24-25.

孙群，佟汉文，吴波，等.2007. 不同种源乌拉尔甘草形态和 ISSR 遗传多样性研究［J］.植物遗传资源学报，8 (1)：56-63.

孙田，刘文.2007. 半夏野生自育结实株的发现及利用前景［J］.特种经济动植物，10 (6)：37.

孙雅颖，周凤琴.2009. 虎掌南星药材产地加工方法的初步研究［J］.中国现代中药，11 (3)：28-30，39.

谭林彩.2006. 秦艽栽培技术［J］.农业科技通讯 (1)：28.

田洪，于翠兰，张宝国.1997. 铃兰的栽培技术［J］.吉林蔬菜 (5)：28.

王德群，梁益敏.1999. 中国药用菊花的品种演变［J］.中国中药杂志，24 (10)：584-587.

王娥梅，留琨，代建法，等.2004.薄荷茎枯病发生规律及防治初探［J］.中国植保导刊，24（11）：30-31.

王恭祎，赵波.2009.林地间作［M］.北京：中国农业科学技术出版社.

王桂芹，等.2007.野生与栽培白头翁药用部位解剖结构和皂苷组织化学定位［J］.云南植物研究，29（5）：492-496.

王海燕，陈汝贤.1998.当归化学成分研究［J］.中国中药杂志，23（7）：167-168.

王洪成.2006.寒地红姑娘的栽培技术［J］.中国林副特产（4）：72.

王继永，王文全，等.2003.林药间作系统中药用植物光合生理适应性规律研究［J］.林业科学研究，16（2）：129-134.

王继永，王文生，刘勇.2003.林药间作系统对药用植物产量的影响［J］.北京林业大学学报，25（6）：55-59.

王嘉祥，郭广兰.2003.苹果园间作薄荷试验［J］.中国果树（6）：9-10.

王嘉祥.2004.薄荷间作高产高效栽培技术研究［J］.中国农学通报，20（3）：204-205.

王明东，杨松松.2005.锦灯笼化学成分及药理作用综述［J］.辽宁中医学院学报，7（4）：341-342.

王琼，王建，张媛，等.2008.川射干与射干比较研究［J］.辽宁中医药大学学报，10（12）：148-149.

王锐，李国玉，于青.2010.本溪地区人参野外播种技术的研究［J］.内蒙古林业调查设计，33（1）：120-121.

王瑞，马立斌.1997.掌叶半夏化学成分的研究［J］.中国中药杂志，22（7）：421-423.

王瑞.2008.平贝母栽培技术［J］.农村实用技术与信息（11）：15.

王世清，洪迪清，高晨曦.2009.黔产黄精的资源调查与品种鉴定［J］.中国当代医药（8）：50-51.

王淑敏，张江丽，高永闯.2008.三花龙胆的生物学特性及栽培管理［J］.北方园艺（6）：219-220.

王树国，孔杰，邓淑芬.2010.西洋参栽培技术［J］.现代化农业（2）：22-23.

王炜佳.2010.北细辛综述［J］.黑龙江医药，23（4）：608-609.

王文全，武惠肖.2003.林药间作系统光照效应及其对药用植物高生长的影

响 [J] . 浙江林学院学报, 20 (1): 17 - 22.

王秀文, 赵慧辉, 刘养清, 等 . 2010 . 不同生长年限山西党参的 RP - HPLG 指纹图谱研究 [J] . 中国中医药信息杂志, 17 (3): 45 - 46.

王迎, 李大辉, 张英涛, 等 . 2007 . 鼠尾草属药用植物及其近缘种的 ITS 序列分析 [J] . 药学学报, 42 (12): 1309 - 1313.

王颖异, 郭宝林, 张立军 . 2010 . 知母化学成分的药理研究进展 [J] . 科技导报 (12): 110 - 115.

王芸芸, 刘利军, 王丹 . 2009 . 甘草废渣的综合利用 [J] . 饲料工业, 30 (3): 44 - 46.

王占军, 蒋齐, 刘华, 等 . 2007 . 宁夏干旱风沙区林药间作生态恢复措施与土壤环境效应响应的研究 [J] . 水土保持学报 (4): 90 - 93.

王逐浪, 张君润, 张忠良 . 2007 . 连翘的开发利用及繁育 [J] . 陕西农业科技 (1): 93 - 94.

魏云洁, 吴炳礼, 吴强 . 2010 . 平贝母林药间作种植方法 [J] . 特种经济动植物 (9): 36 - 37.

魏云洁 . 2007 . 细辛栽培技术 [M] . 长春: 吉林出版集团有限责任公司 .

吴德杰, 郭颖, 彭海燕 . 2007 . 射干的习性与栽培 [J] . 农村科学实验 (8): 23.

吴连举 . 2007 . 防风栽培技术 [M] . 长春: 吉林出版集团有限责任公司 .

吴志行 . 2000 . 实用园艺手册 [M] . 合肥: 安徽科学技术出版社 .

夏绍忠, 谢学勇, 马书田 . 1999 . 林冠下人参栽培技术 [J] . 辽宁林业科技 (3): 62 - 63.

肖培根, 连文琰 . 1999 . 中药植物原色图鉴 [M] . 北京: 中国农业出版社 .

肖培根, 王锋鹏, 高峰, 等 . 2006 . 中国乌头属植物药用亲缘学研究 [J] . 植物分类学报, 44 (1): 1 - 46.

肖小河, 方清茂 . 1997 . 药用鼠尾草属数值分类与丹参药材道地性 [J] . 植物资源与环境学报, 6 (2): 17 - 21.

肖智 . 2002 . 东北天南星的药用价值及人工栽培 [J] . 人参研究, 14 (4): 21 - 22.

谢凤勋 . 2001 . 中草药栽培实用技术 [M] . 北京: 中国农业出版社 .

谢中稳, 周良骝 . 1995 . 安徽贝母药用资源的分布及其利用 [J] . 安徽农业科学，23（1）：64-65.

新华社.2005.云南引种驯化上百种野生药用植物［J］.中成药，27（8）：937.

新疆植物志编辑委员会.1993.新疆植物志［M］.乌鲁木齐：新疆科技卫生出版社.

徐良.2010.中药栽培学［M］.北京：科学出版社.

徐凌川，张华，许昌盛.2003.白首乌化学成分与药理现代研究述评［J］.中医药学刊，21（11）：1893-1895，1959.

徐强.2008.紫菀（Aster）在园林绿化中的生产应用技术［J］.科技创新导报（29）：50.

徐姗，董必焰.2009.华北地区部分乌头属植物资源调查［J］.江苏农业科学（6）：421-425.

徐世义.2005.细辛林下栽培技术［J］.特种经济动植物（9）：25-26.

许亮，王冰，康廷国.2007.酸浆种质资源与规范化栽培［J］.现代中药研究与实践，21（3）：15-16.

薛振东，魏汉莲，庄敬华.2007.有机肥改土对人参生长发育及产量和品质的影响［J］.安徽农业科学，35（21）：6462，6527.

颜廷林，程世明，宋东萍，等.2005.黄花乌头规范化栽培技术［J］.中药研究与信息，7（6）：31-34.

杨亲二，顾志建.1994.云南乌头属牛扁亚属的核形态研究［J］.云南植物研究，16（1）：61-74.

杨秋红，周晓东.2003.防风及引种防风的鉴别［J］.中国中医药信息杂志，10（增刊）：21.

杨随庄，胡钺.1996.党参组织培养中的微型扦插繁殖［J］.甘肃农业科技（5）：37-38.

杨威.2006.黄芩药渣固态发酵生产单细胞蛋白［J］.哈尔滨商业大学学报自然科学版，22（5）：14-17.

杨新洲，唐春萍，柯昌强，等.2008.蔓生百部的化学成分研究［J］.天然产物研究与开发，20（3）：399-402.

杨玉琴，庄金学.2003.平贝母的采收、加工技术［J］.农村实用技术与信息（3）：48.

杨尊峰，何红，王涛.2009.杭白菊林下无公害栽培试验［J］.山东农业科学（5）：54‐55.

幺厉，程惠珍，杨智 .2005. 中药材规范化种植（养殖）技术指南［M］.
 北京：中国农业出版社 .

尹鸿翔，张浩，薛丹，等 .2007. 川滇地区重楼属药用植物资源质量初评
 ［J］. 中国中药杂志，32（13）：1344‐1346.

游燕 .2010. 贝母类药材的分类及其功效、化学成分、药理作用之比较
 ［J］. 江苏中医药，42（2）：57‐58.

于丽丽，黄荣，陈业高 .2003. 补骨脂抗癌成分的分离与鉴定［J］. 云南化
 工，30（5）：25‐27.

于舒怡，傅俊范，周如军，等 .2008. 辽宁省白头翁叶斑病发生初报［J］.
 植物保护，34（2）：147‐148.

于熙明，王丽凤，刘立岩 .2009. 天南星栽培技术［J］. 现代化农业，361
 （8）：29‐30.

余虹 .2003. 苍术栽培技术［J］. 四川农业科技（7）：28.

袁晓，袁萍，严海燕，等 .2004. 野生珍稀药用植物七叶一枝花的成分含量
 分析［J］. 武汉植物学研究，22（6）：575‐577.

岳才华，吉村春臣 .2005. 大深当归及其引种栽培技术［J］. 吉林农业
 （2）：24‐25.

展云成，鲁英，李方云 .2009. 平贝母栽培技术［J］. 中国林副特产，102
 （5）：72.

张宝华，安玉红，张继茂 .2010. 人参林下仿生栽培技术研究［J］. 中国林
 副特产，104（1）：63‐64.

张海洋，张守平 .2002. 龙胆草的价值与栽培技术［J］. 特种经济动植物
 （8）：28‐29.

张欢强，慕小倩，梁宗锁，等 .2007. 附子连作障碍效应初步研究［J］. 西
 北植物学报，27（10）：2112‐2115.

张丽萍，王斌，任小峙，等 .2004. 安徽亳州板蓝根种质资源的调查研究
 ［J］. 中国中药杂志，29（12）：1127‐1130.

张美淑，全雪丽 .2007. 远志丰产栽培技术［J］. 林业实用技术（10）：
 36‐37.

张培轩，段瑞，黄鹏 .2002. 中国远志属药用植物资源及地理分布［J］. 基
 层中药杂志，16（6）：42‐43.

张庆田，艾军，李昌禹，等．2009．紫菀种质资源研究［J］．特产研究，31（3）：43-46．

张娴，彭国平．2003．益母草属化学成分研究进展［J］．天然产物研究与开发，15（2）：162-166．

张兆英，秦淑英，王文全，等．2003．人工老化过程中黄芩种子发芽率、酶活性等变化规律的研究［J］．河北林果研究，18（2）：120-123．

张志环，刘立波．2003．防风栽培技术［J］．特种经济动植物，6（5）：22-23．

赵斌，王红，张爱军．2009．河流故道区梨树-药材立体种植技术研究及分析［J］．北方园艺（6）：24-27．

赵汝能．2004．甘肃中草药资源志：上册［M］．兰州：甘肃科学技术出版社．

赵守训，杭秉清．2005．蒲公英的化学成分和药理作用［J］．中国野生植物资源，20（3）：1-3．

赵天荣，施永泰，蔡建岗，等．2008．石蒜属植物生长发育习性的研究［J］．黑龙江农业科学（5）：89-91．

赵喜进，赵帅．2007．适宜林地间作的中药及栽培技术［J］．北京农业（5）：17-18．

赵亚会，辜旭辉，吴连举．2007．栽培人参种质资源的类别、特点和利用价值研究概况［J］．中草药，38（2）：294-296．

赵永华．2001．中草药栽培与生态环境保护［M］．北京：化学工业出版社．

赵玉良．2008．藿香的人工栽培［J］．农村实用科技信息（1）：22．

赵玉玲，许国臣．2001．林地知母栽培技术［J］．河北林业科技（6）：47-48．

赵云生，严铸云，李占林，等．2005．远志属药用植物有效物质群结构特点及其生理活性［J］．中医药学刊，23（8）：1420-1423．

赵则海，曹建国，付玉杰，等．2006．野生与栽培甘草不同部位甘草酸分布特点及其意义［J］．植物学通报，23（2）：164-168．

赵则海，杨逢建，曹建国，等．2005．野生与栽培乌拉尔甘草不同部位甘草酸含量分析［J］．植物研究，25（4）：444-448．

中国科学院中国植物志编辑委员会．1978—1999．中国植物志（1～80卷）

［M］．北京：科学出版社．

中国药物大全编委会．2005．中国药物大全·中药卷［M］．北京：人民卫
　　生出版社．

中国医学科学院药物研究所革命委员会．1971．常用中草药栽培手册［M］．
　　北京：人民卫生出版社．

中国医学科学院药用植物资源开发研究所．1991．中国药用植物栽培学
　　［M］．北京：农业出版社．

中华人民共和国卫生部药典委员会．1995．中华人民共和国药典中药彩色图
　　集［M］．广州：广东科技出版社．

钟志群，刘志敏．2009．天南星的来源考查［J］．临床医学工程，16（7）：
　　78－79．

周德本，朱有昌，季景．1988．西洋参林下栽培试验研究［J］．国土与自然
　　资源研究（3）：57－61．

周繇．2002．长白山区黄精属植物的种质资源及其开发利用［J］．中国野
　　生植物资源，21（2）：34－35．

周以良，等．2001．黑龙江省植物志［M］．哈尔滨：东北林业大学出版
　　社．

周应群，陈士林，赵润怀．2009．药用甘草植物资源生态学研究探讨［J］．
　　中草药，40（10）：1668－1671．

朱红宏．2006．细辛药用部位古今考［J］．中国中医药信息杂志，13（8）：
　　4－5．

朱强，李小龙，郑紫燕，等．2008．药用植物秦艽的研究概述［J］．农村科
　　学研究，29（3）：62－65，80．

邹新群．2002．药菊的栽培管理［J］．农友（11）：12．

图书在版编目（CIP）数据

林药间作/王俊英，郜玉钢主编 . —北京：中国
农业出版社，2011.10
ISBN 978 - 7 - 109 - 16004 - 0

Ⅰ.①林… Ⅱ.①王…②郜… Ⅲ.①药用植物—间
作 Ⅳ.①S567

中国版本图书馆 CIP 数据核字（2011）第 167526 号

中国农业出版社出版
（北京市朝阳区农展馆北路 2 号）
（邮政编码 100125）
策划编辑 舒 薇
加工编辑 田彬彬

北京通州皇家印刷厂印刷 新华书店北京发行所发行
2011 年 10 月第 1 版 2011 年 10 月北京第 1 次印刷

开本：850mm×1168mm 1/32 印张：9.5
字数：232 千字
定价：27.00 元
（凡本版图书出现印刷、装订错误，请向出版社发行部调换）